Puerto Rico X-Files
Die parallel Evolution

Martin von Auen

Wie oft richten wir unseren Blick gegen den Himmel und fragen uns, gibt es da oben jemanden?
Immerhin gibt es unzählige Berichte über UFO Sichtungen!
Aber sollten wir nicht auch einmal einen Gedanken daran verschwenden, das es Lebewesen gibt welche schon die ganzen Jahre und weit in die Vergangenheit unter uns leben?

Aber fangen wir die Geschichte einmal ganz am Anfang an, jedenfalls fast am Anfang!
Bei den ersten Sichtungen unserer Mitbewohner!

11.Oktober 1492, Columbus und seine Mannschaft übersegelten gerade einen der tiefsten Gräben des Ozeans. Es war eine Sternenklare Nacht.
Es soll so gegen 22 Uhr gewesen sein. Als sie genau hier im Gebiet des Bermudadreieckes gesegelt sind. Hier liegt der Puerto Rico Graben mit einer ungefähren tiefe von 9219 Metern. Als er und seine Mannschaft in der Tiefe unheimliche Lichter aufblitzen, gesehen haben!
Ein früherer Fall im selben Jahr, beschrieb Columbus wie folgt: Er befand sich an Deck, da noch auf der Santa Maria,
zusammen mit einem Matrosen, es war ein Tag vor der Landung in der neuen Welt.
Als beide ein Objekt, ein scheibenförmiges Objekt aus dem Wasser steigen sahen. Ein unheimlich heller Lichtblitz wäre aus dem Meer empor gestoßen und jagte der Mannschaft und Columbus selbst einen riesen Schrecken ein.

Hundertzwanzig Seeleute sahen dieses Ereignis, fünf Stunden bevor sie die neue Welt entdeckten. Columbus hatte ein Logbuch, darin ist von etwas die Rede, was man als ungewöhnliche Sichtung interpretieren könnte.
Laut Logbuch sahen sie wie sich das Flackern einer Kerze auf und ab bewegte, es konnte kein Lagerfeuer auf dem Boden sein, weil es am Horizont war.
Dieser Vorfall, soll mehr als Mythos und Legende sein. Da diese Sichtung kein Einzelfall war, die ganze zwei monatige Reise über ist immer wieder die Rede von seltsamen Sichtungen im Logbuch. Am 10. September 1492 schrieb Columbus in sein Logbuch: Halbzeit der Reise.
Die Crew der „Nina" sagte aus, sie habe eine Krähe und eine Wasserstelze gesehen, doch das war unmöglich, da sich diese Vögel kaum 25 Meilen vom Land entfernen. Am 11. September schrieb er dann wieder: Ich sah ein großes Stück eines Mastbaumes eines Schiffes von offensichtlich 120 Tonnen, konnte es aber nicht erfassen. Einträge vom 17 und 20. September deuten an, dass sich Sterne oder andere nicht identifizierbare Lichter am Himmel bewegten.
Und aus dem Eintrag vom 11.Oktober. Um 10 Uhr sah der Admiral von Achterdeck ein Licht und bat Pietro Gutierrez sich das Licht anzusehen, was dieser auch tat. Er sah das Licht ebenfalls.

Was wäre wenn....

Was wäre wenn sich die Evolution nicht einfach immer gerade aus entwickelt hätte, sondern an einem bestimmten Punkt, einmal nach links und ein anders mal nach rechts abgebogen ist?

Aber alles von Anfang an!

Fast eine Milliarde Jahre lang spielte sich das Leben ausschließlich im Wasser ab. Erst vor ca. 380 Millionen Jahren gingen die ersten Wirbeltiere an Land. Zur Fortbewegung dienten ihnen vier Gliedmaßen mit je fünf Fingern oder Zehen – das ist eine der Anpassungen, die wir von den Amphibien übernommen haben.

Sie sind die Pioniere des Landlebens: die Lurche oder Amphibien verließen im Devon, vor rund 360 Millionen Jahren, die aquatische Heimat ihrer Vorfahren, der Knochenfische, um neue Habitate zu erobern. Das Klima war trocken und hatte die Entstehung von Flüssen, Seen und flachen Tümpeln begünstigt.
Es waren vermutlich paradiesische Zustände: viele, neue Nahrungsquellen, wenig Konkurrenz und vor allem die Abwesenheit gefährlicher Raubfische machten das Land als Lebensraum attraktiv.

Die Amphibien waren die ersten Wirbeltiere, die zumindest zeitweilig auf dem Land leben konnten. Diese Charakteristik kennzeichnet ihren Namen: Das Wort „Amphibion" kommt aus dem Griechischen und bedeutet „auf beiden Seiten lebend". Auch die meisten modernen Amphibien, zu denen Frösche und Kröten, Salamander und Molche sowie Blindwühlen gehören, sind sowohl auf Gewässer als auch auf terrestrische Lebensräume angewiesen.

Die Haut der Lurche hat keinen ausreichenden Austrocknungsschutz und die Eiablage sowie die Entwicklung der Larven (Kaulquappen) sind, bei den meisten Arten, ans Wasser gebunden. Bevor ein Frosch aus dem Wasser springen kann, durchläuft er verschiedene Stadien: die Kiemen werden durch Lungen ersetzt, Vorder- und Hinterbeine wachsen, der Schwanz bildet sich zurück.

Auch der menschliche Embryo ist erst einmal ein Wassertier, seine Entwicklung erinnert an unsere aquatische Herkunft: Die ersten neun Monate verbringt der Mensch in einer mit Fruchtwasser gefüllten Fruchtblase. Die Flüssigkeit ist lebensnotwendig, denn sie schützt den Fötus vor dem Austrocknen und ist eine Art Stoßdämpfer gegen äußerliche Erschütterungen.

Luft zum Atmen[1]

Die Fähigkeit Sauerstoff aus der Luft über Lungen einzuatmen, erbten die Amphibien vermutlich von ihren Urahnen, Verwandte der noch heute lebenden Lungenfische. Fossile Funde dieser zur Klasse der Fleischflosser gehörenden Fische zeigen verhältnismäßig einfach gebaute Atmungsorgane, die aus Darmtaschen entstanden sind, - so wie es noch immer bei den modernen Lungenfische zu beobachten ist, deren Lungen am Darm liegen. Ganz ähnlich entwickeln sich auch unsere Lungen, sie bilden sich embryonal als Ausstülpung des Darms. Neben den primitiven Lungen besitzen die meisten Arten der Lungenfische zusätzlich noch Kiemen, genauso wie auch Kaulquappen beide Atmungsorgane nutzen. An der Oberfläche bekommen sie Luft über die Lungen, unter Wasser verschließen sie diese und atmen über die Kiemen weiter. Da bei der Umstellung von Lungen- auf Kiemenatmung jedoch kein Wasser in die Lungen gelangen darf, muss die Luftröhre sehr schnell verschlossen werden. Dazu reagiert das Nervensystem beim Abtauchen automatisch mit einem Reflex, der sich in einer Art Schluckauf äußert. Auf das Einatmen erfolgt das sofortige Schließen der Glottis, ein Gewebelappen hinten im Rachen, der die Luftröhre abdeckt. Eine weitere Form des Schluckaufartigen Mechanismus löst dann die Kiemenatmung aus. Die Nervenzellen, die für diese Aufgabe verantwortlich sind, finden sich auch beim Menschen und übernehmen gerade bei menschlichen Embryos und Säuglingen eine sehr wichtige Aufgabe. Hier verhindert das Phänomen „Schluckauf" das unabsichtliche Einatmen von Fruchtwasser oder Muttermilch. Da der Kehlkopf von Ungeborenen und Säuglingen noch nicht vollständig entwickelt ist verhindert der Schluckauf, dass Flüssigkeit in die Lunge gelangt. Bei Erwachsenen ist der lästige Schluckauf nichts anderes als ein fehlgeleiteter Nervenimpuls ohne Funktion, bei dem sich nach wie vor die Glottis schließt. Als Erklärung sehen Wissenschaftler eine Störung des Nervus phrenicus, der das Zwerchfell innerviert. Ursachen dieses „Fehlalarms" sind unter anderem Reizungen des Zwerchfells durch kohlensäurehaltige Getränke, scharfes Essen oder Alkoholkonsum.

Auf allen Vieren[1]

Die Vorläufer der ersten Landwirbeltiere erinnern mit ihren paddelförmigen Extremitäten, den Flossenschwänzen und ihrer schuppigen Haut mehr an Fische als an Amphibien. Und tatsächlich belegen Fossilien, dass die Vierfüßigkeit bereits im Wasser entstanden sein muss.
Schon die frühen Lungenfische konnten sich mit Hilfe ihrer muskulösen Brust- und Bauchflossen am Gewässerboden kriechend fortbewegen. Wissenschaftler fanden heraus, dass der genetische Bauplan von Lungenfischen die stammesgeschichtliche Basis aller Wirbeltiere ist, sie sind die Vorfahren aller Amphibien, Reptilien, Vögel und Säugetiere. Aus den Flossen entwickelten sich in vielen kleinen Schritten unsere Beine. Die Verwandlung vom Fisch zum Amphib war ein langer Weg, der bis zu 14 Millionen Jahren dauerte. Gehversuche auf einem mit Wasserpflanzen bewachsenen schlammigen Untergrund machten Arten, wie der Ur-Lurch Acanthostega mit vier beinartigen Extremitäten, die den fleischigen Flossen der Lungenfische ähnelten. Seine Gliedmaßen verfügten bereits über Hand- und Fußgelenke mit strahlenförmig angeordneten Fingern und Zehen. Für ein Leben auf dem Land war der Tetrapode (Vierfüßer) allerdings nicht reif: sein Körper war viel zu schwer und er besaß ausschließlich Kiemen.
Zu den ältesten bekannten Tetrapoden, die zumindest zeitweise auf dem Trockenen leben konnten, gehört Ichthyostega. Seine ungefähr 380 Millionen Jahre alten versteinerten Knochen wurden in Grönland gefunden. Der etwa ein Meter lange Riesenlurch besaß Lungen,

einen muskulösen Körperbau und stand auf kräftigen Beinen. Ohne den Auftrieb durch das Wasser müssen Landbewohner der Erdanziehung in besonderem Maße standhalten. So sind eine verstärkte Wirbelsäule, eine kräftige Skelettmuskulatur sowie stabile Extremitäten zum Tragen des Körpergewichts eine wichtige Voraussetzung für das Landleben. Im Laufe der Evolution wurden die Schulter- sowie Beckenknochen der Lurche stärker, die Muskeln der Gliedmaßen ausdauernder, so dass sie sich immer besser auf dem Trockenen fortbewegen konnten. Bis heute jedoch haben Amphibien einen reduzierten Knochenbau, den meisten fehlen etwa echte Rippen, die die Organe umschließen und schützen.
Die Reptilien entwickelten sich aus den Amphibien und traten vor etwa 300 Millionen Jahren, im Zeitalter des Karbon, auf. Sie sind die ersten Wirbeltiere, denen die Besiedlung des Festlandes vollständig gelang. Im Erdmittelalter (Mesozoikum) besetzten sie die unterschiedlichsten Ökosysteme in einer beachtlichen Artenvielfalt:
Neben Schildkröten und Krokodilen, Eidechsen und Schlangen, die sich in Aussehen und Lebensweise zum Teil bis
heute kaum verändert haben, eroberten sie zudem als Flugsaurier die Luft oder kehrten als Fischsaurier zurück ins Wasser. Auch die berühmt-berüchtigten Dinosaurier sind Reptilien. Der Name „Reptil" stammt aus dem lateinischen "repere" und bedeutet "kriechen". Typische Kennzeichen der Kriechtiere sind eine mit Schuppen besetzte Haut, ein Schwanz und vier Beine, die sich jedoch u.a. bei Schlangen wieder zurückgebildet haben. Alle Reptilien atmen über Lungen. Es sind

wechselwarme Tiere, deren Körpertemperatur abhängig von der Umwelt ist. Durch bestimmte Verhaltensweisen, wie beispielsweise das Sonnenbaden, kann sie jedoch beeinflusst werden.

Reif für das Landleben[1]

Die meisten Reptilien legen Eier, (einige wenige Arten, wie z.B. die Blindschleichen, gebären lebende Nachkommen). Im Gegensatz zu ihren amphibisch lebenden Verwandten müssen Reptilien ihre Eier nicht ins Wasser ablegen, um sich fortzupflanzen.
Damit die Eier an Land nicht austrocknen oder anderweitig beschädigt werden, haben sie entweder eine harte oder eine lederartige, weiche Schale, die zugleich durchlässig für den Austausch von Sauerstoff und Kohlendioxid ist.
Die Eischale besteht aus Kalziumcarbonat und einer proteinhaltigen Unterschicht. Unter der Schale befindet sich das Amnion, eine dünne, durchsichtige Membran, die einen mit Flüssigkeit gefüllten Hohlkörper umgibt, in dem der Embryo geschützt heranwächst. Im Ei ist ein hoher Dottervorrat.
Er enthält wichtige Spurenelemente, Vitamine und Mineralstoffe, um den heranwachsenden Embryo zu versorgen. Kriechtiere entwickeln sich direkt, ohne - wie etwa die Amphibien oder Fische - ein Larvenstadium zu durchlaufen. Alle Landwirbeltiere, die zur Embryonalentwicklung ein Amnion ausbilden, werden als Amnioten (Amniota) bezeichnet, dazu gehören neben den Reptilien die Vögel und Säugetiere. Auch der menschliche Embryo schwimmt während seiner gesamten Entwicklung in einer mit Fruchtwasser

gefüllten Hülle, der Amnionhöhle, die ihn vor Austrocknung und Stößen schützt.

Ein Stoff gegen Austrocknung[1]

Ein weiteres Erfolgsrezept der Reptilien für ein dauerhaftes Leben auf dem Trockenen basiert auf einem Protein, dem Keratin. Diese feste und zugleich elastische Substanz ist in der schuppigen Haut der Kriechtiere zu finden. Der Wasser abweisende Baustoff schützt vor Austrocknung und Verletzungen. Die verhornte Haut der Echsen und Schlangen wächst nicht mit, sie müssen sich immer wieder häuten. Bei Schildkröten und Krokodilen bilden die Schuppen große, schützende Platten aus, die zeitlebens mitwachsen. Keratine sind u.a. auch in Krallen, Vogelfedern, Hörnern und Haaren der Säugetiere zu finden. Fingernägel, Haut und Haare des Menschen bestehen ebenfalls aus dem Hornstoff. Die menschliche Oberhaut etwa enthält Keratinozyten, Hornzellen, die das Keratin produzieren und die Haut damit widerstandsfähig machen. Die verhornten Zellen schieben sich mit der Zeit immer weiter nach oben, wo sie dann absterben: Etwa alle 27 Tage stößt der Mensch eine Generation von Hornschuppen ab, er „häutet" sich.

Ein großer Schritt nach vorn[1]

Die frühen Kriechtiere machten ihrem Namen alle Ehre, ihre Anatomie erlaubte ihnen nur eine kriechende Bewegung. Ähnlich wie bei den heute lebenden Eidechsen besaßen sie seitlich abstehende Beine und konnten beim Laufen ihren Körper nicht oder nur kaum vom Boden abheben. Im Laufe der Evolution verbesserte sich schrittweise, durch den Umbau der Beinstellung, die Gangart.

Zur fortschrittlichsten Reptiliengruppe gehören die Therapsiden, die früher auch als „säugetierähnliche Reptilien" bezeichnet wurden. Unter ihnen sind die Vorfahren der Säugetiere zu finden. Sie standen auf kräftigen Beinen, die sich senkrecht unter dem Rumpf befanden, so dass sie ihr Körpergewicht nicht erst hochstemmen mussten, um sich fortzubewegen. Diese Entwicklung sparte Energie und ließ die Tiere schneller und weiter laufen.

Ein anderer Schwachpunkt des Körperbaus, der bislang ein flinkes Fortkommen verhindert hatte, löste sich bei den Therapsiden buchstäblich in Luft auf:
Während die vor den Hinterbeinen sitzenden Rippen ihrer Vorfahren bei der Vorwärtsbewegung noch gestaucht wurden und störten, verschwanden bei dieser erfolgreichen Gruppe allmählich die Rippen im unteren Bauchraum. Das menschliche Skelett hat diese verbesserte Architektur übernommen: auch wir haben heute weder Rippen vor dem Magen noch im unteren Rücken, der Lendenregion.

Die Säugetiere (Mammalia) haben einst klein angefangen: unsere frühesten Vorfahren waren ratten- bis katzengroße, nachtaktive Räuber, die sich von Insekten und Eiern ernährten. Sie entwickelten sich im Trias, vor rund 200 Millionen Jahren, aus den Reptilien, an deren Seite sie lange Zeit ein Schattendasein führten. Erst als vor 65 Millionen Jahren etwa 85 Prozent aller Arten ausstarben, darunter auch die das Erdmittelalter dominierenden Dinosaurier, kamen die Säugetiere ganz groß raus: In der Erdneuzeit (Känozoikum) besiedelten

sie alle Lebensräume an Land – von der eiskalten Arktis bis zur heißen afrikanischen Wüste - sowie die Meere und den Luftraum. Säugetiere werden heute in drei Unterklassen
eingeteilt: die eierlegenden Ursäuger (Protheria), die Beutelsäuger (Metatheria)
und die Plazentatiere (Eutheria), zu denen auch der Mensch zählt.

Säugende Tiere[1]

Die namens gebende Eigenschaft aller Säugetiere ist, dass die Weibchen ihre Jungen mit Milch ernähren, sie werden gesäugt. Nur Säugetiere besitzen Milchdrüsen, in denen die fett- und nährstoffreiche Milch produziert wird. Die Milchdrüsen sind abgewandelte Schweißdrüsen und entstehen während der embryonalen Entwicklung aus der Milchleiste. Jede Milchdrüse ist eine Ansammlung vieler Drüsen (Mammarkomplexe), die in einer Warze, - der Zitze oder Brustwarze - enden. Je nach Tierart und Anzahl der Jungtiere gibt es unterschiedlich viele Drüsenkomplexe: beispielsweise bei Katzen vier, bei Schweinen sechs, bei den Vielzitzenmäusen sogar 24. Der Mensch hat zwei, in seltenen Fällen können aber auch zusätzliche, überzählige Brustwarzen auftreten. Diese angeborene Fehlbildung ist funktionslos, ein anatomischer Rückfall in unsere
entwicklungsgeschichtliche Herkunft und
damit ein Beleg für die Evolution. Das Wiederauftauchen von Merkmalen sowie von Verhaltensweisen, die im Laufe der Stammesgeschichte bereits verschwunden waren, wird als „Atavismus" (Rückschlag) bezeichnet.

Vom Ei zum Mutterkuchen[1]

Die frühesten Säugetierjungen schlüpften vermutlich noch aus Eiern, wurden aber bereits mit Milch gesäugt. Die einzigen heute noch lebenden Vertreter der Ursäuger sind die Kloakentiere, zu denen das Schnabeltier und die Ameisenigel gehören. Anstelle der Zitzen haben die Weibchen viele Milchdrüsen in einem begrenzten Bereich im Fell, ein so genanntes Milchdrüsenfeld, in dem sie die Milch ausscheiden.
Zu den ursprünglicheren Säugetieren zählen auch die Beutelsäuger, wie etwa das Känguru. Beuteltiere bringen lebende Junge zur Welt, die allerdings nicht voll entwickelt sind und nach der Geburt noch einige Monate in einer schützenden Hauttasche im Bauchfell des Muttertieres verbringen und dort gesäugt werden.
Die bedeutendste Säugergruppe sind die Plazentatiere, sie umfassen die meisten Arten, auch den Menschen. Ihnen ist mit Hilfe der Plazenta eine besonders erfolgreiche Fortpflanzungsmethode gelungen. Das bei einer Schwangerschaft in der Gebärmutter eingenistete Organ, auch Mutterkuchen genannt, sorgt für eine effizientere Ernährung des Embryos, bis dieser möglichst weit entwickelt ist.

Warm und wollig[1]

Ob kalt oder warm: die Körpertemperatur der Säugetiere bleibt immer konstant und ist stets ziemlich hoch: Alle Säuger sind warmblütig (homöotherm). Um unabhängig von den Außentemperaturen zu werden, tauschten die

Säugetiere den Schuppenanzug der Reptilien in ein wolliges Haarkleid um. Das Fell ist vermutlich entstanden, als die Dinosaurier unsere frühesten Vorfahren zu einer nachtaktiven Lebensweise zwangen, und diese sich mangels wärmender Sonne gegen die Kälte isolieren mussten.
Der flauschige Pelz dient jedoch nicht nur als Wärmedämmung, er kann auch bei Hitze schützen: Wird es zu heiß, schaltet das körpereigene Thermostat auf „Schwitzen", so dass die Schweißdrüsen der Haut überschüssige Feuchtigkeit abgeben. Die Haare vergrößern die Oberfläche und der Schweiß verdunstet schneller. Haare sind die typische Körperbedeckung aller Säugetiere. Das Haarwachstum auf dem menschlichen Körper wird bereits im Mutterleib angelegt. Der Fötus ist am ganzen Körper mit feinem Haarflaum, dem Lanugo, bedeckt. Es dient als Schutz für die Haut des Ungeborenen und bildet sich zum Ende der Schwangerschaft zurück. Bei manchen Säuglingen, vor allem Frühgeborenen, sind manchmal noch Überreste des Lanugohaares zu sehen, - ein Atavismus.

Knochen zum Hören und Kauen[1]

Der Werdegang vom Reptil zum Säuger ist charakterisiert durch folgenreiche Umbauten im Kiefergelenk. Bei den Säugetieren verkleinerten sich zwei Kieferknochen, wanderten ins Ohr und wurden dort bei den
Säugetieren zu den Mittelohrknochen, mit denen auch wir heute hören können.
Die Veränderung des Kiefers führte gleichzeitig dazu, dass Ober- und Unterkiefer der Säugetiere ganz genau

aufeinander passen und kraftvoll kauen können. Auch die Form der Zähne spezialisierte sich in Schneide-, Eck- und Backenzähne, mit denen das Beißen, Festhalten und Zermahlen der Nahrung viel besser gelingt. Während die Reptilien mit nur einem Zahntyp fressen, haben Säugetiere ein ausgeklügeltes Gebiss entwickelt. Ihm verdankt der moderne Mensch einen reichhaltigen Speiseplan, mit seinen unterschiedlich geformten Zähnen kann er sowohl pflanzliche als auch tierische Kost zerkleinern: Wir Menschen sind Allesfresser.

Vor knapp sieben Millionen Jahren begann in Afrika die Erfolgsgeschichte des Menschen. Mit vielen, vielen Zwischenstufen wurde daraus der heutige Mensch. Und der eroberte bald fast den gesamten Erdball.

Wann begann eigentlich die Geschichte des Menschen? Das ist noch unbekannt. Sicher ist, dass unsere frühen Ahnen in Afrika lebten und gemeinsame Vorfahren mit den Affen hatten. Die ältesten menschlichen Schädel, die Forscher bislang entdeckt haben, sind rund sieben Millionen Jahre alt und wurden im Tschad, in Zentralafrika, gefunden. Die Schädelknochen lassen ein kleines Gehirn vermuten, ganz wie bei einem Schimpansen, doch sind die Eckzähne schon deutlich kürzer. Und in dem ebenen Gesicht fehlt der vorspringende Mund.

Australopithecus und Homo

Nach diesem Urahn haben sich bis heute so viele Verwandte von uns entwickelt, dass selbst Forscher den Überblick verlieren: die älteren Vorfahren wurden oft "Australopithecus" getauft, das heißt: "der südliche Affe". Den uns ähnlichen Arten haben Experten den Namen "Homo" gegeben – Mensch.

Wir selbst heißen übrigens Homo sapiens sapiens, was übersetzt so viel wie "der
wissende wissende Mensch" bedeutet.
Wie ist die neue Art entstanden? In Ostafrika, wo sich Teile des Kontinents aneinander reiben, türmen sich vor Millionen Jahren Berge auf.
Im feuchtheißen Westen dieses Gebirges hangeln sich unsere Vorfahren von Baum zu Baum.
Ihre Verwandten im Osten dagegen, wo eine trockeneres und kühleres Klima herrscht, müssen sich an eine schier endlose Savanne anpassen, in der urzeitliche Löwen und Geparde herrschen.
Mit knapp über einem Meter Größe ist unser Vorfahr dort ein unauffälliger Bewohner.
Er ernährt sich hauptsächlich von Pflanzen.
Manchmal stürzt er sich mit den Geiern auf
Aas, das ihm satte Raubtiere übrig lassen.
Das Gras der Savanne ist oft über einen Meter hoch.
Bessere Überlebenschancen hat hier, wer es überschaut.
Möglicherweise richten sich unsere Ahnen deshalb auf.
Jedenfalls entdeckten 1974 Wissenschaftler in Äthiopien das gut drei Millionen Jahre alte Skelett eines Weibchens, dessen Beckenknochen auf einen aufrechten Gang hinweisen.

Die Forscher haben das Weibchen Lucy genannt. Bis heute ist es das wohl berühmteste Skelett der Welt.

AUSTRALOPITHECUS © Heiner Müller-Elsner

Unsere Vorfahren haben nun die Hände frei! Langsam, über viele hunderttausend Jahre hinweg, lernen sie, die Greifgeräte zu benutzen.
Anfangs sammeln sie vielleicht Steine, um mit ihnen Knochen gefundener Tiere zu

zertrümmern und das nahrhafte Mark auszusaugen. Später fertigen sie kompliziertere Werkzeuge an: Sie schlagen Steine zu groben Messern zurecht, mit denen sich Nahrung zerkleinern lässt; Holzknüppel und spitze Keile eignen sich als Waffen. Immer besser kann sich der schwache Zweibeiner vor Raubtieren schützen und selbst Tiere erlegen.

Wie die Werkzeuge nun das Leben ändern! Bis dahin mussten die Bewohner der Steppe schnell laufen, um zu überleben.

Jetzt ist Intelligenz gefragt: Wer schlau ist und mit Werkzeugen umgehen kann, kommt an Fleisch.

Das wiederum enthält viel Fett und Eiweiß, die das Wachstum des Gehirns fördern - und mit mehr Gehirn kann man sich noch bessere Werkzeuge ausdenken!

So wachsen allmählich die Denkapparate unserer Vorfahren: Lucy kam noch mit 400 bis 500 Kubikzentimeter Gehirnmasse aus, so viel, wie heute ein Schimpanse hat.

Ihr Nachfahre, der Homo erectus (übersetzt: der aufrechte Mensch), der vor knapp zwei Millionen Jahren auftaucht, ist mit rund 1000 Kubikzentimetern schon ein Megahirn der Steinzeit.

Dieser 1,65 Meter große und 65 Kilogramm schwere Urmensch wird zum ersten Weltenbummler. Schon vor 1,7 Millionen Jahren siedelt er im Kaukasus und auf Java. Manche Forscher glauben, dass er sogar hochseetaugliche Flöße bauen konnte und damit von Indonesien nach Australien übersetzte! Aber was ist, wenn die Evolution sich in zwei Richtungen entwickelt hat? Einmal in den modernen Menschen, welcher das Land bevölkert und einmal in die menschenähnlichen Wesen, welche tief in den Weltmeeren in Unterseebasen leben!

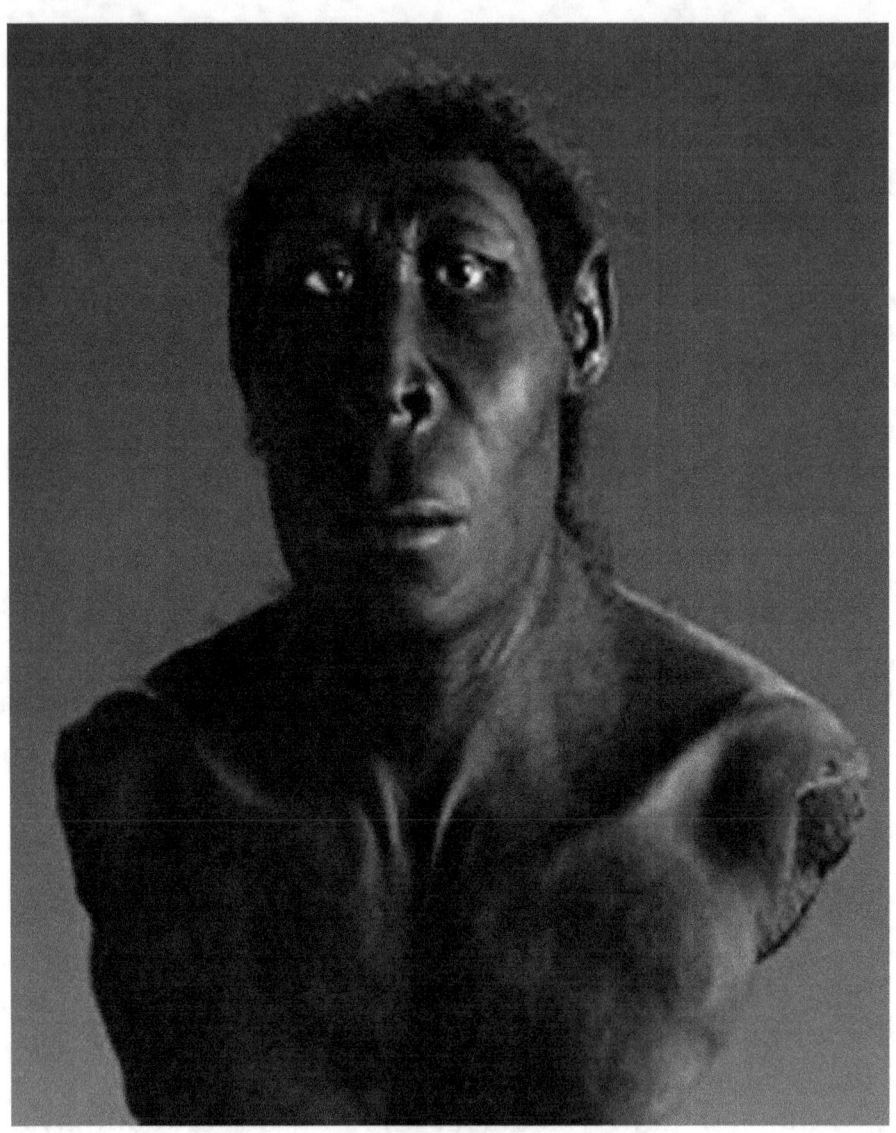

Homo erectus © Heiner Müller-Elsner

Was spricht dafür und was dagegen?

Ist Meerwasser ein Lebensraum? Welche Voraussetzungen müssen vorhanden sein, um ein Leben im dunklen und Sauerstoffarmen Gefilde zu ermöglichen? Ist überhaupt ein Leben möglich? Ja!
Wie man seit Jahren weiß, leben in der Tiefsee, viele Arten von Fischen, welche sich den Lebensbedingungen angepasst haben!
Auch Bakterien und Mikroben, welche nicht unbedingt Sauerstoff zum Leben benötigen!

Ohne Sauerstoff kein Leben?[2]

Diese Annahme widerlegt ein Tier, mit dem sich nun Wissenschaftler aus Israel näher auseinandersetzen. Es verändert unsere Sicht auf die Existenz von Lebensformen entscheidend.
Einige Tiere leben unter Wasser, andere können fliegen. Manche sind winzig klein, andere tonnenschwer.
Eines haben aber alle gemeinsam: Sie brauchen Sauerstoff, um zu überleben.

Dieses Paradigma stellen nun jedoch einige Forscher der Tel Aviv University infrage:

Das Team entdeckte einen quallenartigen Parasiten namens "Henneguya salminicola", der vor allem in Lachsen vorkommt und keinen Sauerstoff zum Überleben benötigt. Bislang kannte man diese Fähigkeit nur von einigen Einzellern, die in extrem sauerstoffarmen Umgebungen leben.

Im Wissenschaftsportal "PNAS" gehen die Forscher um Dayana Yahalom und der Zoologin Dorothée Huchon näher ins Detail. Demzufolge besitzt der Parasit kein mitochondriales Genom.
Das bedeutet, dass er nicht atmet, sondern ein Leben ohne Sauerstoffabhängigkeit führt.
Die Energie, die der Parasit zum Überleben braucht, entzieht er sehr wahrscheinlich den Lachsen – wie der Prozess genau abläuft, ist jedoch nicht bekannt.

Darum benötigen wir Sauerstoff[2]

Wie kam es überhaupt dazu, dass Organismen atmen? Vor mehr als 1,45 Milliarden Jahren begann das Leben die Fähigkeit zu entwickeln, Sauerstoff zu verstoffwechseln – das heißt zu atmen", schreibt das Wissenschaftsportal "Sciene Alert". Vereinfacht gesagt verschluckte irgendwann ein Archaea (auch Urbakterium genannt) ein kleineres Bakterium.
Diese symbiotische Beziehung war für beide Seiten vorteilhaft, sodass sie sich gemeinsam weiterentwickelten – aus den angesiedelten Bakterien wurden im Laufe der Zeit Mitochondrien, auch bekannt als Kraftwerke der Zellen.
Jede Körperzelle mit Ausnahme der roten Blutkörperchen besitzt eine große Zahl von Mitochondrien, die für den Atmungsprozess unerlässlich sind.

Parasit passte sich Umgebung an[2]

Henneguya salminicola - der Lachs-Parasit - ist ein Nesseltier, das zum gleichen Stamm wie Korallen, Quallen und Anemonen gehört.
Obwohl die Zysten, die er im Fleisch des Fisches erzeugt, den Forschern zufolge äußerst unansehnlich sind, wirken die Parasiten nicht schädlich und leben mit dem Lachs während seines gesamten Lebenszyklus.
Um zu verstehen, wie sich der Parasit an seine Umgebung angepasst hat, untersuchten ihn die Forscher mittels Tiefensequenzierung und Fluoreszenzmikroskopie. Dabei stellten sie fest, dass er auch die Fähigkeit zur aeroben Atmung sowie fast alle Kerngene verloren hat, die an der Entstehung der Mitochondrien beteiligt sind. Wie die bereits bekannten Einzeller, die ohne Sauerstoff auskommen, hatte der Parasit stattdessen Mitochondrien-ähnliche Organellen entwickelt.

Interessant: Der Parasit hat den größten Teil des ursprünglichen Quallengenoms verloren, "aber - seltsamerweise - eine komplexe Struktur beibehalten, die den Nesselzellen ähnelt", schreibt "Science Alert". Diese würden jedoch nicht benutzt, um zu stechen, sondern um sich an ihren Wirten festzuhalten – der Parasit hat sich somit erfolgreich an seine Umgebung angepasst.

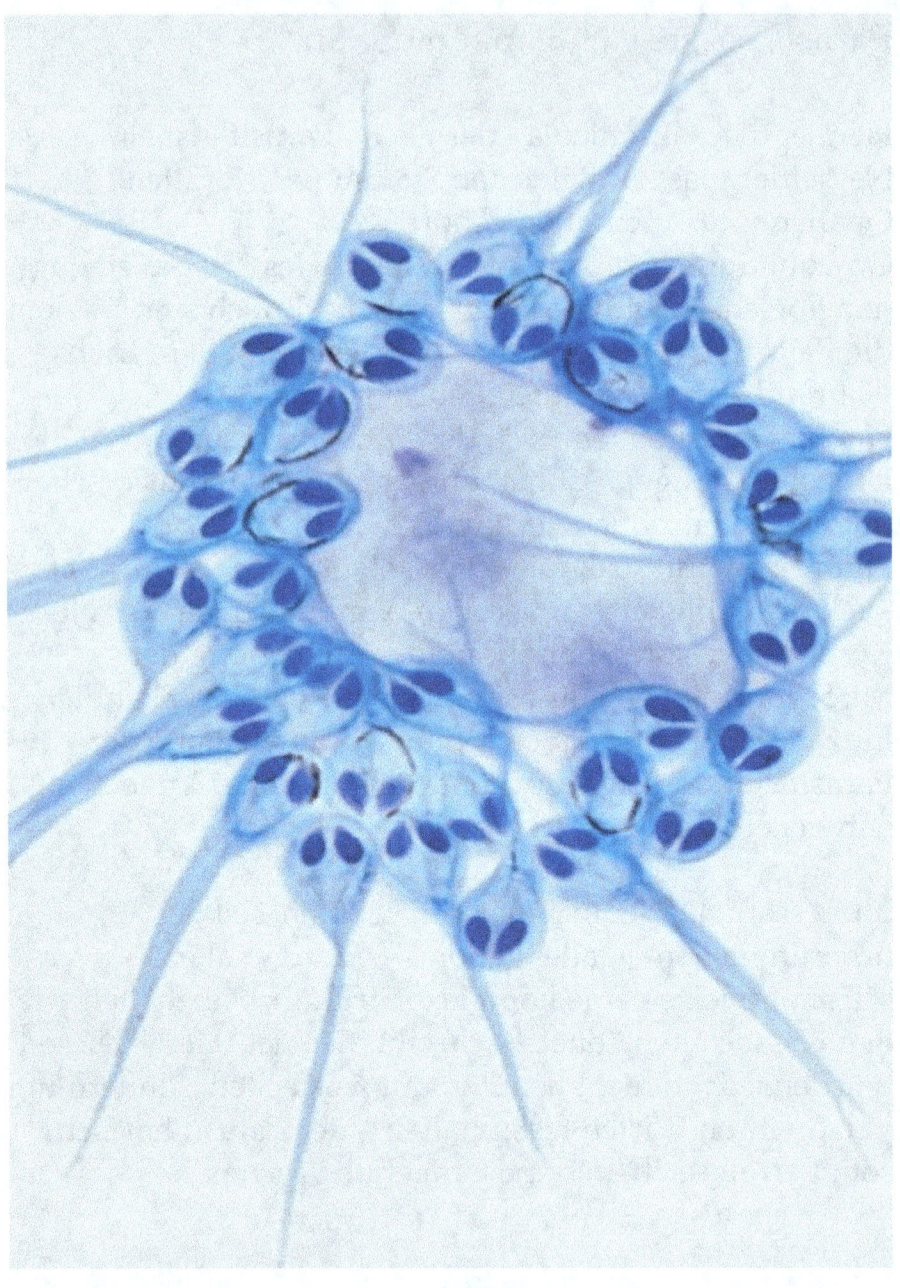

"Henneguya salminicola" ist ein mehrzelliges Lebewesen, das keinen Sauerstoff benötigt.
© Stephen Douglas Atkinson/PNAS

Die Ähnlichkeit zu unserer Vorstellung von außerirdischen Leben ist verblüffend!

Aber es gibt nicht nur Lebewesen, welche ohne Sauerstoff auskommen.

Die NASA entdeckte auch eine andere spektakuläre Lebensform![3]

Das Leben auf der Erde besteht aus sechs chemischen Elementen - jetzt haben Nasa-Forscher ein Bakterium entdeckt, das mit einem siebten umgehen kann: dem giftigen Halbmetall Arsen.
Der Fund ist eine Sensation, er verändert die Vorstellung vom irdischen und außerirdischen Leben.

Es kommt selten vor, dass ein wissenschaftlicher Fachartikel bereits vor seiner Veröffentlichung große Beachtung erfährt. Wenn zudem die Nasa noch eigens eine Pressekonferenz zum Thema ankündigt, in der es heißt, man werde "eine astrobiologische Entdeckung vorstellen, die die Suche nach außerirdischem Leben beeinflussen wird", ist die Aufregung groß!

Astrobiologin Felisa Wolfe-Simon und ihre Kollegen präsentieren nun zwar keinen Alien, aber tatsächlich eine wissenschaftliche Sensation: ein Bakterium, das einen der sechs chemischen Grundbausteine des Lebens durch eine giftige Substanz ersetzen könne - durch Arsen. "Es handelt sich um irdisches Leben, aber nicht um Leben, wir wir es bisher kennen", sagte die Astrobiologin Mary Voytek von der Nasa auf der Pressekonferenz.Ihre Erkenntnisse haben die Gutachter des Magazins "Science" überzeugt, eines der bedeutendsten Wissenschaftsjournale, in dem die Studie nun erschienen ist. "Wir haben die Tür ein klein wenig geöffnet - und gesehen, was für Leben woanders im Universum möglich sein könnte", sagt Wolfe-Simon. Mit den neuen Erkenntnissen ließe sich außerirdisches Leben vermutlich leichter aufspüren.

Kohlenstoff, Wasserstoff, Stickstoff, Sauerstoff, Schwefel und Phosphor - das sind die Elemente, aus denen organisches Leben auf der Erde aufgebaut ist.

Jedes Lebewesen auf der Erde existiert auf der gleichen chemischen Basis: von der exotischen Mikrobe, die in der lichtlosen

Tiefsee an einer ultraheißen Quelle von Schwefelverbindungen lebt, bis hin zum Menschen.

Dass die Grundsubstanzen ersetzbar sind, war bisher nur eine Theorie einiger Astrobiologen. Jetzt meinen Wolfe-Simon und ihre Kollegen, die Idee durch die Mikrobe "GFAJ-1" bestätigt und damit ein biologisches Dogma umgeworfen zu haben. Lehrbücher müssten nun umgeschrieben werden, sagte Nasa-Forscherin Mary Voytek am Donnerstagabend. Für Experten sei es deshalb eine geradezu "schockierende Entdeckung", ergänzte James Elser von der Arizona State University.

Es sind zwar schon Bakterien bekannt, die mit dem giftigen Halbmetall Arsen zurechtkommen. Doch die jetzt beschriebenen Mikroorganismen halten es nicht nur aus - sie bauen es der "Science"-Studie zufolge sogar in die Moleküle ein, aus denen sie bestehen und nutzen es, um zu wachsen.

Phosphor und Arsen sind sich chemisch ähnlich. Die Ähnlichkeit macht Arsen so gefährlich, denn sie führt dazu, dass das Gift problemlos seinen Weg in

Körperorgane und Zellen findet.
Verbindungen des Halbmetalls, so genannte Arsenate, werden im Körper eingebaut - sie stören aber später den Stoffwechsel.
Das nun untersuchte Bakterium aus der Familie der Halomonadaceae dagegen kann offensichtlich auch überleben, wenn es Arsenverbindungen in Eiweiße, Fette und sogar ins Erbgutmolekül DNA integriert hat. Felisa Wolfe-Simon vom Astrobiologischen Institut und ihre Kollegen haben "GFAJ-1" im Schlamm des kalifornischen Mono Lake entdeckt, eines Salzsees, in dem hohe Arsenkonzentrationen herrschen. Aus dort entnommenen Proben haben sie im Labor Bakterienkulturen gezüchtet - unter steter Zugabe von Arsen.

"Die Mikroben sollten eigentlich eingehen, aber sie gediehen prächtig", berichtete Wolfe-Simon. Es zeigte sich, dass das Bakterium Phosphor und Arsen gleichermaßen nutzen konnte. Die Fähigkeit mache die Bakterie zu etwas ganz Besonderem, meint der erfahrene Astrobiologe Paul Davies, der ebenfalls an der Studie beteiligt war. "Allerdings handelt es sich nicht um eine gänzlich fremdartige Lebensform, die einen anderen Ursprung hat als das uns bisher bekannte Leben.
„Eine Bakterie zu entdecken, die überhaupt keine Phosphorverbindungen mehr enthalte, sei jetzt ein neues Ziel. Das Ergebnis müsse nun in weiteren Studien bestätigt werden, betonte der Chemiker Steven Benner von der Foundation for Applied Molecular Evolution in den USA auf der Nasa-Pressekonferenz. Noch sei nicht gänzlich klar, wie genau die Mikroben das Arsen verwerteten. Doch allein der Stoffwechsel der Mikrobe

gilt als Sensation: "Wenn ein Wesen unseres eigenen Planeten schon so etwas Unerwartetes tun kann, wirft das ein neues Licht auf die Möglichkeiten des Lebens generell", sagt Studienleiterin Wolfe-Simon. Ihre Entdeckung werde die Suche nach Leben im All verändern.

„Ein Grundprinzip bei der Erforschung von möglichem Leben außerhalb der Erde war es, uns an die Verfügbarkeit der vermeintlichen sechs Lebens-Elemente zu halten", sagte Ariel Anbar von der Arizona State University in Tempe, ein weiterer Co-Autor der Studie. "Die neuen Erkenntnisse zeigen, dass wir auch diesbezüglich weiterdenken müssen: Das Leben kann sogar auf unserem Planeten ganz anders sein, als wir es bisher kannten."
Inbesondere bei großer Kälte böte Arsen durchaus Vorteile für Lebensformen, meint der Chemiker Benner. Denn Arsen sei "chemisch flexibler als Phosphor" und deshalb leichter verfügbar.
Es wäre also möglich, dass es auch in der angeblich lebensfeindlichen Umwelt anderer Planeten Leben gebe. Er schloss mit einer Forderung an Astronomen, die mittels Strahlung die chemischen Bestandteile fremder Planeten analysieren: Die Forscher sollten, sagte Benner, nun auch nach Arsen suchen - es könnte ein Hinweis auf Leben sein.

Nun, wie man sieht ist es nicht zwingend notwendig, das Sauerstoff für ein Leben notwendig ist!
Kann es also Wesen geben, welche mitten unter ums, in den Tiefen der Ozeane leben? Wie gefährlich ist das Meerwasser?

Hat die Evolution, nicht nur für Fische einen Lebensraum erschaffen, sondern auch für die parallele Entwicklung eines humanoiden Lebewesens?

Meerwasser

Salzgehalt

Das Meerwasser ist eine Mischung aus 96,5 Prozent reinem Wasser und 3,5 Prozent anderer Bestandteile, wie Salzen, gelösten Gasen, organischen Substanzen und ungelösten Partikeln.
Die Zusammensetzung dieser Salzlösung ist nahezu konstant, besitzt aber unterschiedliche Konzentrationen. Alle Salze kommen als Ionen vor (elektrisch geladene Atome) oder als Moleküle (Gruppen von Atomen).
Der Salzgehalt von Meerwasser wird durch die Salinität angegeben und ist in den verschiedenen Gewässern unterschiedlich.
Der Salzgehalt in der Ostsee liegt im Durchschnitt bei 0,8 Prozent (wobei er von West nach Ost abnimmt), in der Nordsee bei ca. 3,3 Prozent, im Mittelmeer bei 3,7 Prozent und im Toten Meer bei 27 Prozent.
Der Gesamtsalzgehalt der drei Ozeane liegt nahezu einheitlich bei ca. 3,5 Prozent.

Mineralstoffe und Spurenelemente

Meerwasser
enthält neben Natrium zahlreiche Mineralstoffe (wie Kalium, Kalzium, Schwefel, Magnesium, Chlorid) und lebenswichtige Spurenelemente (Kupfer, Zink, Mangan,

Jod). Die Salzmischung des Meerwassers ist in ihrer grundsätzlichen Zusammensetzung zum großen Teil identisch mit der des menschlichen Blutes. Daher werden sie vom Körper besonders gut aufgenommen und schnell weiterverwertet. Durch seine hohe Bioverfügbarkeit fördert Meerwasser die Ernährung der Zellen.

Natrium
ist notwendig für den Stoffwechsel der Zellen. Es aktiviert das Transportsystem und ermöglicht so das Ein- und Ausdringen von anderen Mineralien. Der Transport in die Zelle ist notwendig zur Versorgung mit allen lebensnotwendigen Stoffen; der Abtransport wiederum, um Stoffwechselprodukte, die schädlich auf die Zellen wirken können, aus diesen zu entfernen.

Kalium
wirkt entschlackend und antiallergen. Es ist wichtig für das Säure-Basen-Gleichgewicht, reguliert zusammen mit Natrium und Chlorid den Wasserhaushalt im Körper und hat eine zentrale Stellung im Stoffwechsel von Muskel- und Nervenzellen.

Kalzium
ist wichtig für die Kapillar- und Membrandurchlässigkeit, den Wasser-Elektrolyt-Haushalt, die Erregungsübertragung in der Nervenleitung und den Sinneszellen, für Enzymreaktionen und Übertragung hormoneller Signale. Zudem stärkt es die Zellmembran und aktiviert Enzyme in den Zellen. Es hilft, Feuchtigkeit zu binden und wirkt Entzündungen entgegen.

Magnesium
ist ein wichtiger Mineralstoff, der den Stoffwechsel stärkt und die Durchblutung fördert. Es ist in den Zellen bei 300 Enzymsystemen beteiligt, z.B. bei der Aktivierung von Enzymen und der Proteinsynthese.

Chlorid
ist verantwortlich für die Fortleitung von Reizen entlang von Nerven. Zudem hält es die Funktion der Zellmembran und die Aktivierung zahlreicher Enzyme aufrecht und wirkt auf den Wasserhaushalt im Gewebe ein.

Brom
hat eine besondere Wirkung bei Hautkrankheiten wie z.B. Schuppenflechten und wirkt zudem antiseptisch, schmerzlindernd und beruhigend.

Schwefel
ist Bestandteil einiger körpereigener Eiweißstoffe und dient zur Unterstützung bei Behandlungen von Hautleiden und Gelenkerkrankungen.

Jod
ist ein Spurenelement, welches vom menschlichen Organismus in der Schilddrüse zur Herstellung zweier wichtiger Hormone benötigt wird.
Allgemein führt Jodmangel zu chronischer Müdigkeit, gesteigerter Infektanfälligkeit,

Muskelschwäche, erhöhtem Kälteempfinden, verlangsamten Reflexen, Kropfbildung etc. Um bei Menschen mit einer Schilddrüsenüberfunktion oder Jodunverträglichkeit schädliche Auswirkungen zu verhindern, sollte bei entsprechendem Verdacht unbedingt der Arzt konsultiert werden.
Neben Mineralien und Spurenelementen ist auch der hohe Sauerstoffanteil des Meerwassers bedeutsam. Während er in der Luft nur etwa 20 Prozent beträgt, liegt der Sauerstoffanteil im Meerwasser bei 30 bis 35 Prozent.

Was also den Nährstoffgehalt des Wassers angeht so liegt dieser höher und ist im wesentlichen gesünder als der von Luft!Reine, trockene Luft hat in bodennahen Schichten der Atmosphäre etwa folgende Zusammensetzung (in Volumen-%):78% Stickstoff, 20,94% Sauerstoff, 0,93% Argon, 0,04% Kohlenstoffdioxid. Weitere Edelgase und Bestandteile nehmen zusammen deutlich weniger als 1% ein (Global Monitoring Laboratory)
Inzwischen vermuten die Forscher bis zu zehn Millionen verschiedene Arten im Meer.
Das wären achtmal mehr Arten als an Land bisher bekannt sind.
Was spricht nun gegen eine zweite humanoide Entwicklung unter Wasser?

Nichts!

Was ist wenn sich das humanoide Leben früher, als auf der Erdoberfläche entwickelt hat und uns um Jahre voraus ist?

Das Leben unter Wasser möglich ist, wissen wir seit wir laufen können. Aber wie schaut es aus mit einem Leben in der Tiefsee?
Und was ist die Tiefsee überhaupt?

In den Abgründen unserer Ozeane herrschen Dunkelheit, Kälte und ein extrem hoher Druck. Tatsächlich gibt es keine einheitliche Definition, wo die Tiefsee beginnt. Häufig spricht man von Tiefsee schon ab 200 Metern Wassertiefe. Dort beginnt die Übergangszone zwischen Kontinentalrand und Kontinental(ab)hang. Definitionen, die auf der Temperatur oder der Eindringtiefe von Licht basieren, sind aber ebenso gültig.

Tiefster Punkt der Tiefsee bei elf Kilometern[4]

Ihren tiefsten Punkt erreicht die Tiefsee jedenfalls bei etwas über elf Kilometern Tiefe im pazifischen Challengertief im Marianengraben. Der Meeresgrund kann außerordentlich vielgestaltig sein. Neben Tiefseegräben gibt es hier weite Ebenen und eindrucksvolle Gebirgsketten, sogenannte Mittelozeanische Rücken. Obgleich scheinbar unwirtlich, beherbergt die Tiefsee als wüstenähnlicher Lebensraum eine ganze Reihe von Tierarten.
Oft vergleichen Wissenschaftler:innen die Tiefsee sogar mit Regenwäldern, weil hier eine vergleichbar hohe Artenvielfalt zu finden ist. Doch was vielleicht noch bemerkenswerter ist: Die Tiefsee ist das größte Ökosystem der Erde. Unsere Meere bedecken 71 Prozent der Erdoberfläche und hiervon haben bereits 50 Prozent eine Tiefe von drei Kilometern.

Zwei Drittel der Tiefseelebewesen unbekannt. Wissenschaftler:innen des Senckenberg Forschungsinstituts haben gemeinsam mit einem internationalen Team aus Forschenden zwei Milliarden DNA-Sequenzen von 15 Tiefsee-Expeditionen ausgewertet.
In ihrer Studie zeigen sie, dass fast zwei Drittel der auf dem Meeresboden lebenden Organismen keiner bislang bekannten Gruppe zugeordnet werden können.
Auf dem Tiefseeboden herrscht ein reges Treiben: Eine Vielzahl verschiedener Organismen sorgt in Tiefen von bis zu 9.585 Metern dafür, absinkende, meist von Plankton stammende, organische und anorganische Stoffe zu recyceln oder zu binden.
Das Leben auf den Tiefseeböden ist darum als Grundlage für wichtige Leistungen des Ökosystems zu sehen. Nahrungsnetze in den Ozeanen können so erst richtig funktionieren und atmosphärischer Kohlenstoff wird gebunden. Beides beeinflusst unser Weltklima entscheidend.

Warum weiß man so wenig über die Tiefsee?[4]

Falsche Annahmen bremsen die Forschung

Mitte des 19. Jahrhundert sind Forschende noch davon ausgegangen, dass die Tiefsee unbelebt ist. Dies beruhte auf kühnen Schlussfolgerungen von Edward Forbes. Er konnte bei Untersuchungen im Mittelmeer unterhalb von 600 Metern Wassertiefe nämlich keine Tiere mehr nachweisen. Im Vergleich zu anderen Ozeanen sind die Tiefen des Mittelmeers

allerdings eher spärlich besiedelt, doch das wusste man zu diesem Zeitpunkt noch nicht. Zum Glück führten andere Wissenschaftler:innen Untersuchungen in anderen Meeren durch und entdeckten auch unterhalb von 600 Metern noch Leben. So kam die Erkundung der Tiefsee langsam in Gang.
Der eigentliche Umfang der Artenvielfalt der Tiefsee wurde aber erst in den 1960er Jahren erkannt. Die ganz kleinen Tiere rutschten den Forschenden früher nämlich noch durch die grobmaschigen Netze und Fallen und wurden deshalb jahrzehntelang übersehen.
Doch gerade diese Winzlinge sind häufig massenhaft in der Tiefsee vertreten und zeigen eine unglaubliche Artenvielfalt. Auch wenn einige Faktoren die Forschung noch immer erschweren, gibt es heutzutage viele hochmoderne Geräte und neue Methoden, die es ermöglichen, selbst kleinste Tiere zu sammeln.

Hohe Kosten und wenig Zeit zur Erkundung des größten Ökosystems der Erde

Die Abgeschiedenheit und die bemerkenswert große Fläche der Tiefsee sind weitere Gründe, warum wir heute immer noch sehr wenig über diesen Lebensraum wissen. Ausrüstung und Geräte zur Erforschung der Tiefsee müssen dem enormen Druck standhalten und sind daher sehr kostspielig. Auch die Expeditionen selbst verursachen hohe Kosten. Hierzu zählen beispielsweise die Betriebskosten der Schiffe,
aber auch der Versand von wissenschaftlichen Gerätschaften von Deutschland nach Übersee. Die Schiffszeit,

die Zeit, welche für eine Expedition zur Verfügung steht, ist ein knappes und begehrenswertes Gut.
Tatsächlich gibt es mehr forschungswillige Wissenschaftler:innen als Plätze auf den deutschen Forschungsschiffen. Trotzdem zählt Deutschlands Forschungsflotte mit den bekannten Forschungsschiffen „Sonne" und „Polarstern" zu den größten der Welt. Neben staatlich betriebenen Schiffen gibt es auch noch eine Reihe anderer Forschungsschiffe, die zu einzelnen Bundesstaaten oder Forschungsinstituten gehören. Insgesamt verfügt Deutschland über 29 Forschungsschiffe. Russland 31, Frankreich 25 und Spanien 16 Forschungsschiffe.
Ein weiteres Problem bei der Erforschung der Tiefsee ist die wissenschaftliche Beschreibung neuer Arten. Forschende kommen nämlich bei der Masse von neuen Arten nicht mehr mit der Beschreibung hinterher. Außerdem gibt zu wenige Spezialist:innen, die diese Arbeit überhaupt leisten können. Somit sind andere, neue Methoden und Technologien gefragt. Moderne Computervorhersagen und entwicklungsgeschichtliche Untersuchungen können hier im wahrsten Sinne des Wortes „Licht ins Dunkle bringen"

Die Abgründe des Marianengrabens sind auch mit Tauchfahrzeugen fast unerreichbar[4]

Weltweit gibt es nur sehr wenige Tauchfahrzeuge, die überhaupt bis in die tiefsten Winkel vordringen konnten. Der Schweizer Jacques Piccard und der Amerikaner Don Walsh waren 1960 die ersten, die mit ihrem Tauchboot „Trieste" rund elf Kilometer tief in den Mariannengraben hinabtauchten. Danach folgte erstmal ein halbes Jahrhundert ohne Tauchgang, bis der kanadische Filmemacher James Cameron 2012 mit der „Deepsea Challenger" ebenfalls den Marianengraben in elf Kilometern Tiefe aufsuchte.
Seit Dezember 2018 ist das US-amerikanische Tauchboot „Limiting Factor" mit seinem Piloten Victor Vescovo im Einsatz. Es ist bereits im Puerto Rico Graben auf 8375 Meter getaucht, soll aber theoretisch eine Tiefe von elf Kilometern erreichen können.
Der ferngesteuerte japanische Tauchroboter „Kaiko" konnte ebenfalls bis auf elf Kilometer tauchen, ist aber inzwischen nicht mehr im Dienst.
Sein Nachfolger, „Kaiko II", erreicht immerhin noch sieben Kilometer Tiefe.

Autonome Tauchfahrzeuge kartieren den Meeresboden[4]

Unbemannte Tauchroboter wie „Kaiko" haben einen entscheidenden Vorteil: Sie können viel länger unter Wasser bleiben und sind vor allem eins: billiger! Denn Rettungs- und Lebenserhaltungssysteme sind bei ihnen nicht nötig. So kann das vom deutschen Meeresforschungsinstitut GEOMAR betriebene

Unterwasserfahrzeug AUV ABYSS beispielsweise bis zu 22 Stunden am Stück tauchen. Das Besondere: Das AUV ist nicht über ein Kabel mit einem Schiff verbunden, sondern taucht nach dem Einprogrammieren seiner Mission selbstständig in Tiefen bis zu 6 Kilometer hinab. Es besitzt mehrere Echolote und kann den Meeresboden damit detailliert kartieren.

Echolote senden Schallsignale aus, die vom Boden zurückgeworfen werden. Die Zeit, die der Schall dafür braucht, wird dann in Längen umgerechnet, um die unterschiedlichen Tiefen auf Karten darzustellen. Satelliten sind zwar auch in der Lage, Karten des Meeresbodens abzubilden, doch sind diese Karten dann vergleichsweise ungenau. Während Satelliten nur kilometergroße Formationen erfassen können, messen Echolote von Schiffen nämlich auch kleine Strukturen die weniger als 100 Meter groß sind. Echolote von Tauchfahrzeugen können Strukturen sogar im Zentimeterbereich vermessen. Diese detaillierten Karten sind wichtig, weil sie zum Beispiel bei Tsunami-Vorhersagen hilfreich sein können oder aber auch bei der Suche nach abgestürzten Flugzeugen helfen.

Von den etwa 300 Millionen Quadratkilometern Meeresboden sind bislang gerade mal 5 Prozent erforscht. Denn ab 200 Metern Wassertiefe ist es so dunkel, kalt und der Druck ist so hoch, dass die Tiefsee lange als ähnlich lebensfeindlich galt wie das Weltall.

Interessant ist auch der Aspekt, was sah James Cameron 2012 im Marianengraben?
Haben ihn diese Eindrücke zu AVATAR 2 -
„The Way of Water" verleitet?

Immerhin sehen die Protagonisten beider Teile unseren Vorstellungen von Aliens sehr ähnlich!

Aber nun stellen sich weitere Fragen. Mit Freunden der Preastronautik haben wir den Aspekt besprochen, wie könnten humanoide Lebewesen in der Tiefsee überhaupt sehen?

Ein internationales Forschungsteam hat mehr als 100 Genome von Fischen analysiert. Besonderes fanden sie bei den Rhodopsin-Genen von Tiefseefischen heraus. In der Tiefsee leben Fische, die in fast absoluter Dunkelheit Licht verschiedener Wellenlängen sehen können. Im Gegensatz zu anderen Wirbeltieren besitzen sie nämlich mehrere Gene für das lichtempfindliche Sehpigment Rhodopsin. Damit sind die Fische in der Lage, unterschiedliche Lichtsignale von Leuchtorganen wahrzunehmen, wie ein internationales Forschungsteam unter Leitung von Evolutionsbiologen der Universität Basel in der Zeitschrift «Science» berichtet.
Das Farbensehen kommt bei den Wirbeltieren normalerweise durch das Zusammenspiel von unterschiedlichen Sehpigmenten in den Zapfenzellen der Netzhaut zustande. Diese Zellen reagieren jeweils auf eine bestimmte Wellenlänge des Lichts, beim Menschen etwa auf dessen roten, grünen und blauen Anteil. Doch funktioniert die Farbwahrnehmung nur bei Tageslicht – bei Dunkelheit können Wirbeltiere die wenigen Lichtteilchen nur mittels der lichtempfindlichen Stäbchenzellen erkennen. Diese enthalten nur eine einzige Form des Sehpigments Rhodopsin – dies ist der Grund, weshalb die allermeisten Wirbeltiere in der Nacht farbenblind sind.

Gen-Rekord beim Silberkopf [5]

Ein internationales Forschungsteam um Prof. Dr. Walter Salzburger von der Universität Basel hat nun mehr als 100 Genome von Fischen analysiert, darunter vielen, die in der Tiefsee leben.
Die Zoologen fanden heraus, dass bestimme Tiefseefische ihr Repertoire an Rhodopsin-Genen vervielfältigt haben. Besonders sticht dabei der Silberkopf (Diretmus argenteus)
heraus, der nicht weniger als 38 Kopien des Rhodopsin-Gens besitzt, zusätzlich zu zwei weiteren Opsinen eines anderen Typs. Damit sei der im Dunkeln lebende Silberkopf das Wirbeltier mit den mit Abstand meisten Genen für Sehpigmente, erklärt Salzburger.

Computersimulationen und Untersuchungen an Rhodopsin-Proteinen aus dem Labor [5]

Die vielen unterschiedlichen Rhodopsin-Genkopien der Tiefseefische sind jeweils auf die Wahrnehmung einer bestimmten Wellenlänge des Lichts angepasst, berichten die Forscher weiter. Zeigen ließ sich dies durch Computersimulationen und funktionelle Experimente an Rhodopsin-Proteinen, die im Labor hergestellt wurden. Dabei decken die Gene genau den Wellenlängenbereich des durch Leuchtorgane «hergestellten» Lichts ab, der sogenannten Biolumineszenz. Als Biolumineszenz wird die Fähigkeit von Lebewesen bezeichnet, selbst oder mithilfe von andern Organismen Licht zu erzeugen. So lockt etwa der Anglerfisch mit seinen Leuchtorganen Beutefische an.

Signale im Dunkeln erkennen [5]

Die Tiefsee ist der größte belebte Lebensraum der Erde und gleichzeitig wegen seiner Unzugänglichkeit einer der am wenigsten erforschten. Viele Organismen haben sich an das Leben in dieser unwirtlichen Umwelt und in fast vollständiger Dunkelheit angepasst. Beispielsweise haben viele Fische hoch empfindliche Teleskop-Augen entwickelt, um das minimale Restlicht in den Tiefen der Ozeane wahrnehmen zu können.
Bei Wirbeltieren sind im Protein für Rhodopsin 27 Schlüsselpositionen bekannt, die einen direkten Einfluss darauf haben, welche Lichtwellenlänge wahrgenommen wird. In den verschiedenen Gen-Kopien der Silberköpfe in der Tiefsee waren allein 24 dieser Positionen durch Mutationen verändert, fanden die Forscher.
«Es scheint, als ob Tiefseefische mehrmals unabhängig voneinander diese auf vielen Rhodopsin-Kopien basierte Form des Sehens entwickelt haben, ebenso dass dies speziell dem Erkennen von Signalen der Biolumineszenz dient», sagt Salzburger.
Dies könnte den Tiefseefischen einen evolutionären Vorteil verschafft haben,
indem sie potenzielle Beute oder Fressfeinde sehr viel besser sehen können.
«In jedem Fall helfen unsere Ergebnisse, das gängige Paradigma in Bezug auf die Rolle von Stäbchen- und Zapfenzellen bei der Farbwahrnehmung zu verfeinern», schreiben die Zoologen.
Einmal mehr zeigt sich, dass die Analyse von ganzen Genomen zu neuen Erkenntnissen in der Biologie führen kann.

Für diese ganzen Erkenntnisse sprechen die immer wieder dargestellten großen Mandelaugen, der sogenannten Aliens.
Die Größe lässt, wie bei unseren Pupillen darauf schließen, das sie sich dadurch der Welt in der Tiefsee angepasst haben.

In vielen Darstellungen von Außerirdischen ist auffallend, eine kleine Nase.
Wird die Atmung hier durch Kiemen ersetzt? Können Diese Wesen sowohl auf Land und unter Wasser atmen? Es gibt Lebewesen auf der Erdoberfläche, welche dies können!

Alle Tiere brauchen Sauerstoff zum Überleben. Bei einigen Lebewesen ist die Sauerstoffaufnahme ohne größeren Aufwand möglich, da zum Beispiel bei Einzellern der Sauerstoff über die gesamte Zelloberfläche einwandern kann (Diffusion). Einfache mehrzellige Organismen können den Sauerstoff zwar über die Körperoberfläche aufnehmen, brauchen dann aber ein Transport- oder Verteilersystem. Höher entwickelte Vielzeller besitzen spezielle Organe, um genügend Sauerstoff in den Körper zu bringen - die Atmungsorgane. Sie nehmen den Sauerstoff auf und leiten ihn weiter.
Wer im Wasser lebt, hat mit so manchen Problemen zu kämpfen: Der Sauerstoffgehalt des Wassers ist weit geringer als der der Luft. Außerdem muss der im Wasser gelöste Sauerstoff irgendwie vom Wasser getrennt werden.
Wasser erzeugt zudem einen mit der Tiefe zunehmenden Druck, der auf dem Körper lastet.

Entgegen diesem Druck muss auch das Abfallprodukt der Atmung, das Kohlenstoffdioxid, wieder ausgeschieden oder ausgeatmet werden.
Die Wasserbewohner haben unterschiedliche Strategien entwickelt, um mit diesen Problemen fertig zu werden:

Atmen durch Diffusion[6]

Auf Atmungsorgane kann nur dann verzichtet werden, wenn durch Diffusion genügend Sauerstoff in den Körper gelangt. Wenn die Tiere sehr klein sind (Mikroorganismen wie zum Beispiel Rädertierchen), profitieren sie von einem kurzen Diffusionsweg. Andere haben eine sehr geringe Stoffwechselrate und brauchen daher wenig Sauerstoff (zum Beispiel Quallen, Polypen und Schwämme) oder sie haben einen sehr flachen Körper, der im Verhältnis zur Körpergröße extrem viel Oberfläche bietet, in die der Sauerstoff von allen Seiten leicht durch Diffusion gelangen kann (z. B. Plattwürmer).

Hautatmung[6]

Für einige Lebewesen ist die Hautatmung die einzige Sauerstoffquelle. Hier überwindet der Sauerstoff auch durch Diffusion die äußerste
Körperbarriere (die Haut), wird dann aber
aktiv durch ein Transportsystem im ganzen Körper verteilt.
Die Ringelwürmer (Annelida) z. B. haben eine Haut, die von ganz feinen Blutäderchen durchzogen ist. Ihr Blut ist, wie bei uns Menschen, mit einem Blutfarbstoff ausgestattet, der Sauerstoff bindet und dann ins

Körperinnere transportiert. Wo der Blutfarbstoff den Sauerstoff an die Zellen abgibt, nimmt er das Abfallprodukt Kohlendioxid auf und transportiert dieses wieder an die Körperoberfläche, um es an die Umwelt abzugeben. Hautatmung funktioniert nicht nur im Wasser, sondern auch an der Luft - allerdings nur solange die Haut feucht ist. Trocknet sie aus, bildet sich eine Barriere, die nicht durch Diffusion überwunden werden kann.

Für andere Tiere ist die Haut ein zusätzliches Atmungsorgan. Amphibien zum Beispiel atmen unter Wasser über ihre Haut, an Land aber über ihre effektiveren Lungen. Manche Tiere, wie z. B. die Europäische Sumpfschildkröte, müssen normalerweise an die Wasseroberfläche kommen, um ihre Lungen mit Luft zu füllen.

Aber während der Winterruhe reduzieren sie ihren Stoffwechsel so weit, dass der geringe Sauerstoffbedarf ausschließlich durch Hautatmung gedeckt wird. Auf diese Weise können sie sogar am Grund zugefrorener Seen überwintern.

Kiemenatmung[6]

Kiemen sind Hautausstülpungen, die an bestimmten Stellen des Körpers vorkommen. Es gibt Kiemen, die geschützt und versteckt liegen (innere Kiemen), und solche, die frei an der Körperaußenseite sitzen (äußere Kiemen). Kiemen müssen sehr fein und zart sein, damit sie Sauerstoff aufnehmen können. Da im Wasser weniger Sauerstoff vorhanden ist als in der Luft, muss sehr viel Wasser an den Kiemen vorbei strömen, um genügend Sauerstoff filtern zu können.

Fische[6]

Fischkiemen bestehen aus dünnhäutigen Lamellen, die an Kiemenbögen befestigt sind. Indem die Fische ihren Kiefer und die Kiemendeckel bewegen, entsteht ein Wasserstrom, der an den Kiemenlamellen vorbei fließt. Das sauerstoffreiche Wasser wird an dem sauerstoffarmen Blut, das aus dem Körper kommt, vorbeigeführt.
Durch den Konzentrationsunterschied und mit Hilfe des Blutfarbstoffs Hämoglobin wird der Sauerstoff ins Blut aufgenommen und gleichzeitig Kohlendioxid abgegeben. Zusätzlich können auch Fische einen Teil ihres Sauerstoffbedarfs über Hautatmung decken.
Vor allem bei Fischen, die kurze Zeit an Land gehen können, wie zum Beispiel dem Aal, ist die Hautatmung von großer Bedeutung.
Diese Fische haben meist keine oder nur wenige Schuppen. Dadurch wird die Atmung über die Haut erleichtert. Bei hoher Luftfeuchtigkeit und niedrigen Temperaturen trocknet die Haut nur langsam aus: Bei entsprechenden Witterungsbedingungen kann der Aal sehr lange an Land bleiben.
So schaffen es Aale auf ihren Wanderungen zwischen Meer und Fluss Hindernisse,
wie z. B. Staustufen, zu umgehen, indem sie sich über feuchte Wiesen schlängeln.

Hintergrund: Blutfarbstoff und Funktion[6]

Blut besteht aus kleinen Blutkörperchen (roten und weißen), die im Plasma zirkulieren. Für den Transport von Sauerstoff sind die roten Blutkörperchen (Erythrozyten) verantwortlich. Einer der wichtigsten Bestandteile der roten Blutkörperchen der Wirbeltiere und vieler Wirbelloser ist der eisenhaltige Blutfarbstoff Hämoglobin. Bei Gliederfüßern und Weichtieren kommt das blaue, kupferhaltige Hämocyanin vor. Blutfarbstoff besitzt die Fähigkeit, Sauerstoff aus der Atemluft an sich zu binden und im Gewebe wieder freizusetzen. Ohne diesen Blutfarbstoff könnte Sauerstoff nicht so effektiv vom Blut aufgenommen werden, da er dann nur in das Blut diffundieren könnte.
Die Menge wäre abhängig von dem Konzentrationsunterschied von Sauerstoff im Blut und der Umgebung (also Wasser oder Luft). Vor allem in sauerstoffarmen Gewässern wäre diese Menge nicht ausreichend, um den Körper mit genügend Sauerstoff zu versorgen.
Der Blutfarbstoff erhöht die Menge des aufgenommenen Sauerstoffs.
Je nach Lebensweise und Lebensraum kann Hämoglobin unterschiedliche Formen und dadurch etwas andere Fähigkeiten haben. Tiere, die in sehr sauerstoffreichen Lebensräumen leben, wie zum Beispiel die Mückenlarve Chronomus, besitzen eine Form des Hämoglobins, die Sauerstoff sehr stark an sich bindet. Bei geringeren Sauerstoffkonzentrationen wäre diese Bindung zu stark, um den Sauerstoff im Gewebe wieder freizusetzen. Es gibt aber auch Tiere, die gar kein Hämoglobin oder Hämocyanin besitzen. Allerdings leben sie in einer

Umwelt, die sehr sauerstoffreich ist und deren Stoffwechsel nur sehr wenig Sauerstoff benötigt (zum Beispiel Eisfische, die in der Antarktis leben).

Frosch und Schwanzlurche[6]

Büschelkiemen sind eine Form von Kiemen, die man bei Frosch- und Schwanzlurchen antrifft. Diese Kiemen erhielten ihren Namen, da sie nicht aus aneinander gereihten Lamellen bestehen, sondern verzweigt und verästelt sind und somit wie kleine Büsche aussehen. Bei den Kaulquappen der Frösche werden die Kiemen bald nach dem Schlüpfen unter Kiemendeckeln versteckt. Offene Büschelkiemen findet man bei den Larven der Schwanzlurche. Kiemen ohne Schutz zu tragen ist gefährlich, da sich leicht Sand und Schlamm darauf ablagern können, was die Sauerstoffaufnahme reduziert. Außerdem knabbern Fische gerne ab und zu an fremden Kiemen.

Lungenatmung[6]

Lungen sind Körpereinstülpungen, die bei den Wirbeltieren aus dem Mund-Darmtrakt hervorgegangen sind. Lungen sind speziell an das Atmen von Luft angepasst. Sie können Sauerstoff nicht direkt aus dem Wasser filtern. Lungenatmer halten daher beim Tauchen die Luft an und müssen regelmäßig zum Ein- und Ausatmen an die Wasseroberfläche kommen.
Zu diesen Tieren gehören alle Säugetiere, wie zum Beispiel der Fischotter und die Schermaus, Vögel wie zum Beispiel die Stockente und der Eisvogel, aber auch

Reptilien und einige Amphibien.
Letztere können dank der Hautatmung als zusätzlichem Atmungssystem länger unter Wasser bleiben oder nutzen die Lungenatmung nur, wenn sie an Land sind.

Buch oder Fächerlungen[6]

Spinnentiere haben Buchlungen, die den Lungen der Wirbeltiere sehr ähneln, aber aus Einstülpungen der äußeren Haut entstanden sind.
Die Lungenlamellen sind gestapelt wie die Seiten eines Buches.
Sie sind doppellagig und mit Luft gefüllt. Damit der Stapel nicht zusammenfällt und der Abstand der einzelnen Lagen erhalten bleibt, befinden sich zwischen den Lamellen kleine Chitin-Säulen als Abstandshalter. Auch Buchlungen können Sauerstoff nicht direkt aus dem Wasser aufnehmen, weshalb die Wasserspinne zum Atmen ihre selbstgesponnene Taucherglocke aufsucht.

Tracheen[6]

Insekten haben ein offenes Röhrensystem (Tracheen), das den Sauerstoff im Körper verteilt. Sie benutzen dazu kein Blut. Diese Röhren werden immer kleiner und kleiner bis schließlich ganz feine Röhrchen (Tracheolen) den Sauerstoff direkt in die Köperzellen bringen. Dieses System ist um vieles effektiver als das Verteilen des Sauerstoffes über das Kreislaufsystem der Wirbeltiere - allerdings nur bis zu einer gewissen Körpergröße.
Tracheen sind ein passives Transportsystem, das nur vom Konzentrationsgefälle zwischen Körper und Umgebung angetrieben wird.

Solch ein System funktioniert nur über kurze Distanzen. Wird der Körper zu groß, erhalten nicht mehr alle Zellen ausreichend Sauerstoff. Deshalb liegt die Maximalgröße von Tracheenatmern bei ca. 20 cm (Goliathkäfer, Stabschrecken). Die Tracheenöffnungen werden bei den meisten Insekten durch verschließbare Öffnungen, die Stigmen, geschützt.
Dadurch kann der Luftstrom kontrolliert werden. Spinnen besitzen zwar Buch- oder Fächerlungen, besitzen aber als zusätzliches Atmungssystem ebenfalls Tracheen. Bei einigen Insektenlarven ist das Tracheensystem mit Flüssigkeit gefüllt und wird nicht benutzt, bis sie sich zu erwachsenen Insekten entwickeln. Bis dahin atmen sie über die Haut. Bei einigen aquatischen Insekten ist das Tracheensystem mit Luft gefüllt und verschlossen (zum Beispiel bei den Larven von Eintagsfliegen, Steinfliegen und Köcherfliegen). Gase werden über Tracheenkiemen zwischen Wasser und Luft ausgetauscht. Diese Kiemen sind Tracheen mit Ausstülpungen, in die dank dünner, großer Oberfläche der im Wasser gelöste Sauerstoff hinein diffundiert.
Tiere, die mit Tracheen atmen und keine Tracheenkiemen besitzen, müssen sich ebenso wie die Lungenatmer den Sauerstoff aus der Luft besorgen. Das geschieht auf unterschiedlichste Art und Weise: Einige Insekten und Insektenlarven benutzen zum Beispiel eine Röhre, die über die Wasseroberfläche hinausragt.
Zu diesen „Schnorchlern" gehören u. a. Wasserskorpion und Stabwanze. Auch die Larven der Stechmücke hängen an der Unterseite des Wasserhäutchens und atmen

mit Hilfe ihres Atemrohrs. Der Blaugraue Rückenschwimmer transportiert seine Atemluft in zwei speziell dafür vorgesehene Rillen auf dem Bauch. Die Larven des Schildrandkäfers bohren Pflanzenstängel an und versorgen sich aus den Luftgängen der Wasserpflanzen mit Atemluft. Die Wassertreter, zu denen der Gelbrandkäfer gehört, haben am letzten Körpersegment röhrenförmige Atemöffnungen, mit denen sie an der Wasseroberfläche Luft aufnehmen. Käfer der Familie der Wasserfreunde und Langtaster-Wasserkäfer nehmen die Atemluft an der Wasseroberfläche über ihre keuligen Fühler auf.

Darm als Atmungsorgane[6]

Darmatmung klingt vielleicht etwas merkwürdig, ist aber keinesfalls so außergewöhnlich. Die Lungen der Wirbeltiere haben sich zum Beispiel aus dem Darm entwickelt. Zudem hat der Darm dünne Schleimhäute, die eine Aufnahme von Gasen erleichtern. Vor allem in sauerstoffarmen Gewässern ist die Darmatmung von Vorteil, da mit dem
Einsaugen und Herauspressen des Wassers durch den After immer frisches Atemwasser herantransportiert wird.
Der Schlammröhrenwurm Tubifex benutzt dieses Atemsystem. Da er im sauerstoffarmen Schlamm lebt, kann er über die Hautatmung nicht genügend Sauerstoff erhalten. Darum lässt er sein Hinterteil aus dem Schlamm herausragen und pumpt mit ihm frisches Atemwasser heran. Auch andere Tiere nutzen die Darmatmung. Die Larven der Großlibellen zum Beispiel haben keine Tracheenkiemen, sondern versorgen sich über die

Darmatmung mit Sauerstoff. Sie leben meist in stehenden Gewässern, die vor allem im Sommer geringe Sauerstoffkonzentrationen aufweisen.

Bei allen Betrachtungen, der Möglichkeit, kann man eine Atmung über die Haut, bei humanoiden Lebewesen nicht ausschließen.
Letztendlich sind bisher kaum behaarte Darstellungen in der Geschichte aufgefallen.
Immerhin haben wir Menschen auch bestimmte Merkmale unseres Ursprungs unter Wasser in unserer Genetik! So machte man 2012 eine gravierende Entdeckung bei einem sieben jährigen Jungen.
Verzweigungsfisteln werden aufgrund der abnormalen Persistenz der embryonalen Verzweigungsspalten gebildet. Eine komplette Kiemenfistel mit innerer und äußerer Öffnung ist äußerst selten. Wir berichten über einen seltenen Fall kompletter Kiemenfisteln des zweiten Bogens bei einem 7-jährigen Jungen, der durch ein Fistulogramm bestätigt wurde. Der Trakt wurde vollständig exzidiert und der Patient erfolgreich behandelt.

Zur Einführung[7]

Anomalien in der Entwicklung von Kiemenspalten können zu vier einzigartigen, aber eng verwandten Läsionen führen: Zysten, äußere Nebenhöhlen, innere Nebenhöhlen und vollständige Fisteln. Vollständige Kiemenfisteln sind extrem selten, mit nur sehr wenigen berichteten Fällen in der Literatur.[7.1] Der Nachweis solcher vollständiger Fisteln durch Fistulogramm gilt als selten.[7.2]

Die von jedem Bogen ausgehende Kiemenfistel kann anhand der Position der inneren und äußeren Öffnung identifiziert
werden. Branchiale Fisteln werden aufgrund der abnormalen Persistenz der embryonalen zweiten Kiemenspalte gebildet. Branchiale Fisteln, die aus dem zweiten und dritten Bogen entstehen, sind häufiger als aus dem ersten und vierten Bogen. In den meisten Fällen enden die Bahnen blind, was zur Bildung von Nebenhöhlen führt. Eine komplette Kiemenfistel ist extrem selten. [7,3.]
Wir berichten über einen seltenen Fall einer kompletten Zweigfistel des zweiten Bogens bei einem 7-jährigen Kind, der erfolgreich durch Exzision behandelt wurde.

Der Fallbericht[7]

Ein 7-jähriger Junge stellte sich mit Beschwerden über wässrigen Ausfluss aus einer Öffnung in der linken Halsseite vor, der seit seinem 4. Lebensjahr immer wieder auftrat. Der Ausfluss erfolgte nur beim Essen oder Trinken. An der Stelle der Öffnung gab es in der Vorgeschichte einige Episoden von Schwellungen, verbunden mit Fieber.
Bei der Untersuchung war eine stecknadelkopfgroße Öffnung an der Verbindung des mittleren und unteren Drittels des linken Sternocleidomastoideus an seiner vorderen Grenze zu sehen Abb.1.. Wässriger Ausfluss war zu sehen, der aus der Öffnung kam, um das Kind zum Wassertrinken zu bringen [Video 1]. Es wurde eine klinische Diagnose einer Kiemenfistel gestellt.
Die präoperative Pharyngoskopie war normal. Eine Kontraststudie wurde durchgeführt, indem Gastrografin

in die äußere Öffnung injiziert wurde, die die innere Öffnung an der lateralen Seite der Pharynxwand in der Fossa supratonsillaris zeigte. Der Patient konnte den Geschmack des Kontrastmittels fühlen und auch die

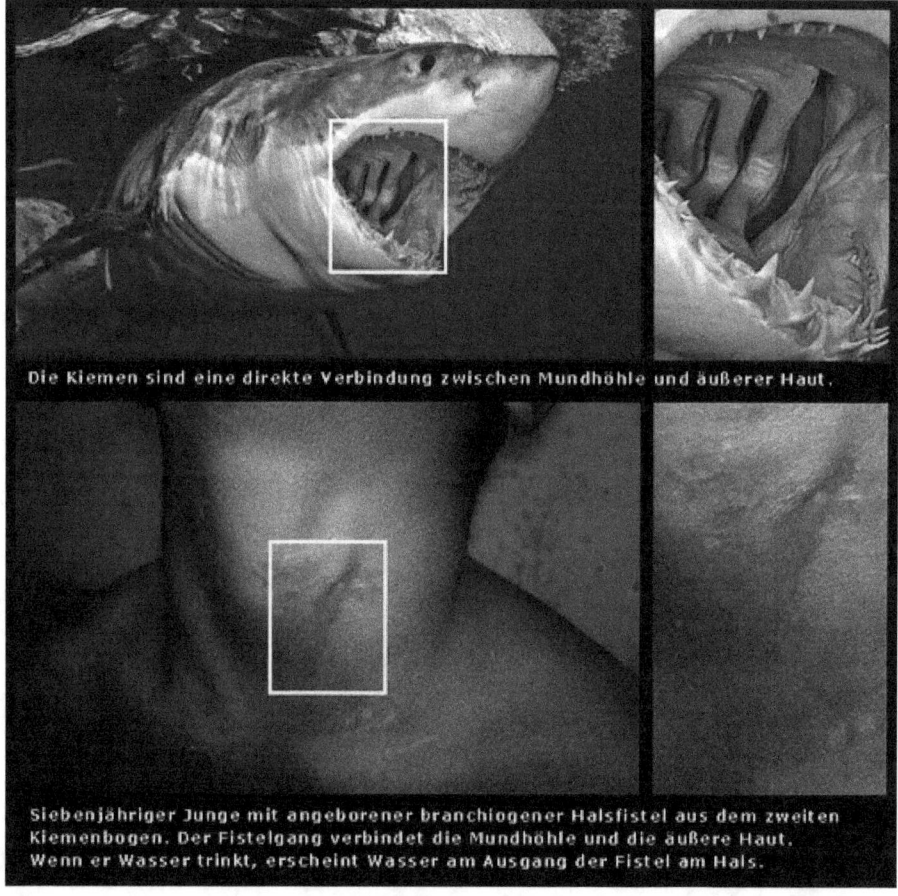

Speiseröhre zeigte das verschluckte Kontrastmittel, was die Diagnose einer "vollständigen" Kiemenfistel bestätigte Abb.2.

Das Kind sollte unter Vollnarkose operiert werden. Um die Öffnung herum wurde ein elliptischer Einschnitt gemacht. Subplatysmallappen wurden angehoben. Zur

Sondierung des Fistelgangs wurde eine Prolennaht (Größe 1) verwendet. Der
Fistelgang wurde entlang der Halsschlagader verfolgt, wo er sich nach medial wandte, um zwischen den inneren und äußeren Halsschlagadern zu verlaufen. Der Trakt war tief bis zum hinteren Bauch des Digastricus und mündete in die Fossa supratonsillaris. Die Fistel wurde vollständig entfernt. Wunde wurde ohne Drainage verschlossen.
Die postoperative Genesung war komplikationslos.

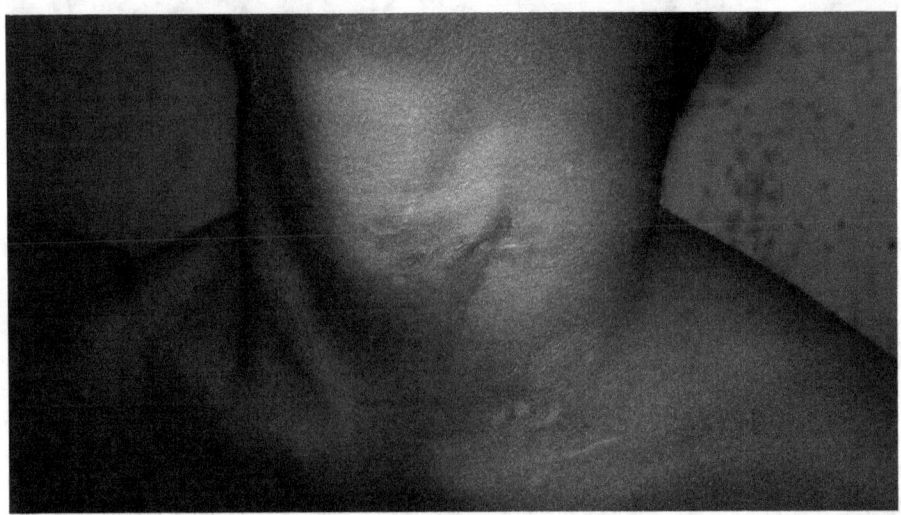

Abbildung 1

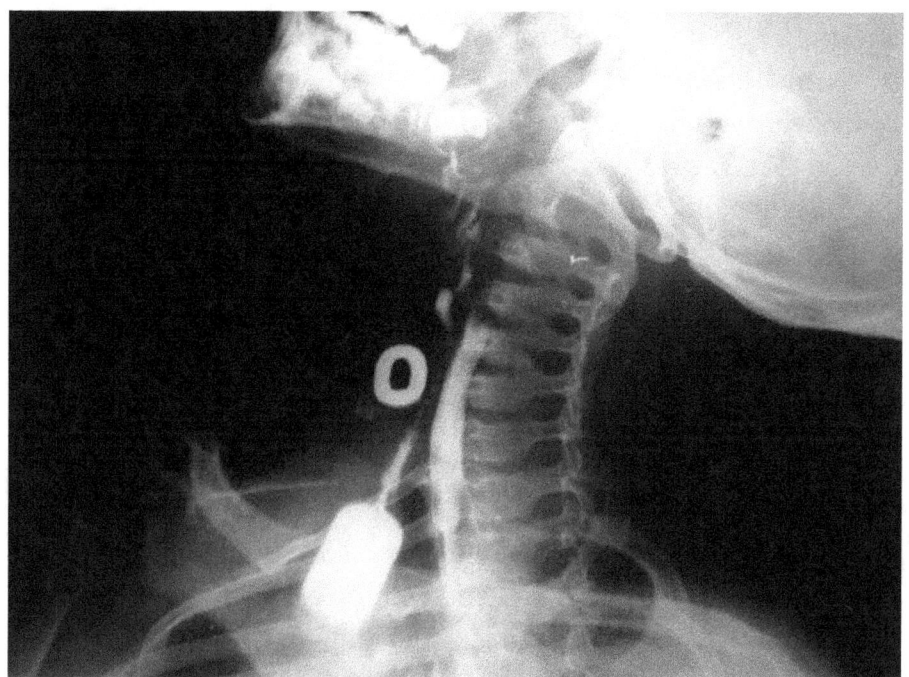

Abbildung 2

Die etablierte Bezeichnung Kiemenbögen wird für Beugefalten verwendet, die in der menschlichen Frühentwicklung im Kopf-Halsbereich auftreten. Es ist umstritten, ob es sich dabei um nur durch Wachstumsprozesse bedingte Wülste oder um auf die Evolution des Menschen zurückzuführende Strukturen handelt. Anhänger der letzteren These (bekanntester Vertreter: Ernst Haeckel) sehen in der menschlichen Ontogenese (Individualentwicklung) eine Rekapitulation der Phylogenese (Stammesentwicklung). Da sehr frühe Vorläuferformen des Menschen im Wasser lebten, werde der Grundbauplan zur Anlage dafür notwendiger Kiemen in groben Zügen auch in der Embryonalperiode realisiert. Bei Fischen und Amphibien entwickeln sich aus homologen Kiemenanlagen später funktionstüchtige

Kiemen, die für die Sauerstoffaufnahme aus dem Wasser notwendig sind.
Beim Menschen werden 6 Kiemenbögen angelegt, von denen der 5. und 6. von vornherein rudimentär bleiben. Der allgemeine Aufbau von Kiemenbögen ist folgendermaßen:
Um einen mesenchymalen Kern befindet sich von außen Ektoderm, von innen Entoderm. Aus der ektodermalen Neuralleiste stammendes sogenanntes Mesektoderm wandert in den Kiemenbogen ein und umgibt das Mesoderm der Kiemenbögen. Diese Zellen vermehren sich (proliferieren) stark und führen so zur Vorwölbung der Kiemenbögen. Sie bilden den Großteil des Kopfmesenchyms und dessen Skelettelemente wie z.B. den Meckelschen Knorpel, den Unterkieferknochen (Mandibula), verschiedene Bänder, Hammer und Amboß. Aus dem Mesoderm der Kiemenbögen bilden sich die zugehörige Muskulatur und Blutgefäße.
Die Kiemenbögen sind wesentlich an der Bildung von Gesicht, Nasenhöhlen, Mund, Schlund, Hals und Kehlkopf beteiligt.
Ein typischer Kiemenbogen hat folgende Bestandteile:
- eine Kiemenbogenarterie, die Blut aus dem Truncus arteriosus erhält und in die dorsale Aorta weiterleitet,
- eine Knorpelspange als Vorläufer von späteren Knochenelementen,
- ein Muskelelement,
- einen Kiemenbogennerv.

Also auch Ernst Haeckel verweist auf den Grundbauplan der humanoiden Entwicklung hin, das frühere Vorläufer des Menschen im Wasser lebten. Was für die These einer geteilten Entwicklung des Lebens sprechen würde.

Aber es gibt noch mehr Hinweise auf eine geteilte Evolution![8]

Jahrmillionen haben wir gebraucht, um zu Menschen zu werden. Die Evolution hat uns das ein oder andere Merkwürdige dagelassen.
Ein paar kuriose Bürden hat sie uns aufgeladen, die Evolution. In uns schlummert das Erbe von Jahrmillionen – weshalb wir erstaunliche Talente und Fähigkeiten haben, in vielen Fällen aber auch ebenso erstaunliche Defizite. Wir schleppen ein paar Eigenarten mit, die unseren Vorfahren einmal sehr nützlich waren, in der heutigen Welt aber
eher stören.

Von ganz früher stammt zum Beispiel eine Besonderheit, mit der etwa sieben Prozent der Weltbevölkerung durchs Leben gehen: Schwimmhäute zwischen Fingern und Zehen.
„Die Anlage dazu ist allen Säugetieren gemein", erklärt Georg Haszprunar, Professor für Zoologie an der Ludwig-Maximilians-Universität München. „Alle Embryonen haben im Mutterleib noch Schwimmhäute, vor der Geburt werden sie meist wieder abgebaut." Unterbleibt dieser Schritt, wird ein Kind mit paddelartigen Händen geboren. Oder einzelne Finger und Zehen bleiben durch Haut miteinander verbunden.

Aus derselben Zeit wie die Anlage zu Schwimmhäuten kommt der Schluckauf. Bei unseren amphibischen Vorfahren (die Kaulquappen ähnelten) verhinderte er, dass bei der Atmung durch die Kiemen Wasser in die Lunge dringt. Dem menschlichen Embryo ist der Reflex ein Garant fürs Überleben: Ohne Schluckauf könnte er im Mutterleib ertrinken. Säuglinge verschlucken sich dank ihm nicht an der Muttermilch – bei Erwachsenen dagegen erfüllt er keine Funktion, sondern ist nur lästig.

Vor 50 Millionen Jahren lebten die ersten Primaten, aus denen sich später sowohl die Halbaffen wie die Lemuren Madagaskars als
auch sämtliche Affenarten und der Mensch entwickelten. Vermutlich waren die ersten Primaten kleine, baumlebende Säugetiere.
Die Entwicklung von ihnen bis zum Menschen war ein langer Weg – heute tauchen immer wieder Atavismen aus dieser Zeitspanne auf: Merkmale bei einzelnen Menschen, die als klassische Evolutionsbelege zählen.
„Alle menschlichen Embryonen haben ein Fell, das sogenannte Lanugohaar", erläutert Haszprunar. „In sehr seltenen Fällen wird es vor der Geburt nicht rückgebildet."
In der Folge kommen Menschen mit überdurchschnittlicher Behaarung auf die Welt, sogenannter Hypertrichose.
Manche haben ein lokal begrenztes „Fellchen", bei anderen, häufig als „Wolfsmenschen" bezeichneten, bedeckt das Haar den ganzen Körper.
Tognina Gonsalvus zum Beispiel wurde etwa 1580 geboren und lebte am Hof Heinrichs II. von Frankreich. Sie ist auf verschiedenen Gemälden abgebildet.
Stets ausstaffiert wie eine Puppe nahm Tognina an höfischen Veranstaltungen teil. Andere sogenannte Haarmenschen wie das „Affenmädchen"
Julia Pastrana verdienten auf Jahrmärkten
ihren Lebensunterhalt.

Die Brustwarzen entwickeln sich aus einer Milchleiste, aus der bei anderen Säugetieren Euter und Zitzen entstehen. Beim Menschen bildet sie sich im Normalfall bis zur Geburt zurück, übrig bleiben zwei Brustwarzen. Aber nicht immer – die Folge sind zusätzliche Brustwarzen, die meist einseitig vorkommen. Sie schaden nicht, werden aber aus kosmetischen Gründen manchmal entfernt.

Einige wenige Menschen kommen mit Halsfisteln auf die Welt: ein Zeichen dafür, dass alle Menschen noch die Erbanlage für einen Kiemenbogen in sich tragen. Andere werden mit einem verlängerten Steißbein geboren – wie ein Affenschwanz. Aus der Zeit, als unsere Vorfahren noch Fell trugen, dürfte auch der Greifreflex der Babys stammen. Er garantiert, dass ein Neugeborenes sich in das Fell seiner Mutter krallen und sie es so tragen kann. Nur: Beim Menschen ist das hinfällig, da wir das Fell im Lauf der Entwicklung wieder verloren haben. Wissenschaftler haben nachgewiesen, dass der Greifreflex bereits im Mutterleib funktioniert – etwa ab der 32. Schwangerschaftswoche. Das ist in etwa der Zeitpunkt, zu dem Bonoboweibchen ihren Nachwuchs gebären, dieser sich also festhalten können muss.

Der Verlust des Fells machte erst die effiziente Temperaturregelung möglich. „Schwitzen ist eine sehr neue Funktion. Schimpansen können es nicht", sagt Haszprunar. Die Körperhaare sind nur die kläglichen Überreste des einstigen Fells, die dem gängigen Schönheitsideal widersprechen.

Mehr als nur lästig sind Weisheitszähne. Brechen sie nicht vollständig durch den Kiefern, entzünden sie sich leicht, verursachen Fehlstellungen im Kiefer und lösen Krankheiten aus. Für unsere Vorfahren in der Steppe mögen die zusätzlichen Zähne vielleicht noch ganz nützlich gewesen sein. „Aber die Probleme, die uns die Weisheitszähne machen, hatten sie sicher nicht", sagt Haszprunar. „Es ist eine degenerative Erscheinung, dass unsere Kiefer immer kleiner werden. Die unserer Vorfahren waren eher mit denen von Schimpansen zu vergleichen." Platz für zusätzliche Zähne hatten sie also genug.

Wenn die Evolution sich vor 3 Millionen entschieden hat, eine Teil der Entwicklung an Land fortzusetzen, hat sie mit den Menschen wein Wesen mit vielen Mängeln geschaffen!

Pfeilschnell durchpflügen die stromlinienförmigen Körper von Delphinen das Wasser, mit gewagter Akrobatik jagen Falken durch die Lüfte, Geparden hetzen an Land mit wahnwitziger Geschwindigkeit ihre Beute – die Natur steckt voller erstaunlicher Leistungen. Über lange Zeiträume hat die Evolution zu perfekten Anpassungen bei den Lebewesen geführt. Wirklich perfekt? Immer häufiger finden Wissenschaftler Beispiele für wenig optimale Lösungen, die nichtsdestotrotz funktionieren. Selten entsteht in der Evolution wirklich Neues „aus dem Nichts", stattdessen bedient sich die Evolution bei den bereits vorhandenen Strukturen der Lebewesen und wandelt diese lieber um. So können aus Kieferknochen Teile des Ohres werden oder aus Flossen Beine und aus Beinen wieder Flossen.
Jedes Lebewesen trägt Altlasten aus seiner Stammesgeschichte mit sich herum, auch der Mensch ist

da keine Ausnahme. Weil seine Luftröhre von der Speiseröhre abzweigt, läuft er immer Gefahr sich zu verschlucken – mit manchmal fatalen Folgen. Sein Rücken und seine Knie und Fußgelenke sind anfällig für Verschleißerscheinungen – ein Tribut an das aufrechte Gehen.

Im Kleinen wie im Großen lassen sich bei den Lebewesen viele Beispiele für suboptimale Anpassungen finden, die ein Ingenieur so niemals entworfen hätte. Verständlich werden diese „Fehlkonstruktionen" aber aus der langen evolutiven Geschichte, die jedes Tier und jede Pflanze auf diesem Planeten hinter sich gebracht hat.

Perfekte Anpassungen sind oft gar nicht nötig, solange die von der Evolution gefundenen „Lösungen" in der jeweiligen Umwelt funktionieren und sich die Lebewesen erfolgreich fortpflanzen können. Machen wir einen kleinen Streifzug durch die „Altlasten" beim Menschen und seinen tierischen Verwandten.

Rückenleiden sind weit verbreitet, künstliche Knie- und Hüftprothesen müssen immer öfter unsere natürlichen Gelenke ersetzen. Auch Platt-, Senk- und Spreizfüße sind beim Menschen keine Seltenheit. Manche dieser Leiden sind unseren modischen Vorlieben geschuldet. Hochhackige enge Schuhe sind keinem Fuß auf Dauer zuträglich. Angesichts der weiten Verbreitung der genannten Leiden muss aber mehr dahinterstecken.

Der Mensch ist das einzige Säugetier, das dauerhaft auf zwei Beinen läuft. Seine Wirbelsäule befindet sich in einer senkrechten Position, was den Druck auf die Wirbelkörper und Bandscheiben erhöht. Das Gewicht seines Rumpfes, seiner Arme und des Kopfes muss allein von seinen zwei Beinen getragen werden, während es sich bei einem Hund oder einem Pferd auf vier Beine verteilt. Das alles schafft Probleme. Unsere Kniegelenke, unsere Wirbelsäule und unsere Füße sind nicht optimal an diese großen Belastungen angepasst. Der Grund liegt an der vergleichsweise jungen Entstehung der Zweibeinigkeit.

Unsere Vorfahren waren vierfüßig unterwegs, wie bei Landwirbeltieren gemeinhin üblich. Erst vor vielleicht drei Millionen Jahren richteten sich die Vorfahren des Menschen auf, um auf zwei Beinen durch die Welt zu gehen – und damit die Hände für andere Dinge frei zu haben.

Nun sind drei Millionen Jahre eine lange Zeit.

Für die Evolution aber, die über lange Zeiträume und über viele Generationen ihre Wirkung entfaltet, ist diese Zeitspanne relativ kurz. Wir laufen schlicht noch nicht lange genug aufrecht herum, um eine bessere Anpassung unseres Skeletts erreicht zu haben. Unsere moderne Arbeitswelt schafft noch zusätzliche Probleme, denn unser Körper ist für das stundenlange Sitzen im Büro nicht gemacht.

Würde man einen Ingenieur mit dem Entwurf eines Darmtraktes und eines Lungenapparates beauftragen, käme er sicher nicht auf die Idee, für beide Systeme einen gemeinsamen Eingang zu entwickeln. Und doch ist genau dies die Situation, mit der wir klar kommen müssen. Nahrung und Atemluft legen einen Teil ihres Weges in den Körper auf einer gemeinsamen Strecke zurück. Schluckt man Nahrung hinunter, muss der Lungeneingang verschlossen werden, atmet man ein, muss der Zugang zur Speiseröhre geschlossen sein.

Da kann schon mal was schiefgehen und man verschluckt sich.

Verständlich wird diese Konstruktion nur aus der evolutionären Geschichte der Lungen. Ursprünglich atmeten unsere fischartigen Vorfahren mit Kiemen. Die Kiemenspalten
entstanden aus Öffnungen im vorderen Darmbereich. Auch die Lungen haben ihren Ursprung in dieser Region. Sie entstanden als Aussackungen des Vorderdarmabschnitts, der unserer Speiseröhre entspricht, und sind bis heute mit ihm verbunden.
Auch die Skelettelemente der Kiemenbögen unserer fischartigen Ahnen wurden „wiederverwendet". Sie bilden bei uns, in abgewandelter Form, Teile unseres Kehlkopfes.
Unser Gebiss kommt mit den Anforderungen des zivilisierten Lebens nur bedingt zurecht. Die menschlichen Eckzähne sind stark verkleinert im Vergleich zu denen eines Schimpansen oder Gorillas. Das ist nicht weiter schlimm, da wir uns in der Regel auch nicht durch Beißen verteidigen müssen.
Problematisch ist aber, dass unsere Zähne zu wenig Platz in den Kauleisten haben. Die Stärke des Kieferknochens ist abhängig von der Belastung.
Ernährt man sich ausschließlich von relativ weicher Nahrung, wie es üblich ist in den Industrieländern, bleiben die Kiefer recht schwach entwickelt. Zahnfehlstellungen sind die Folge, weil die Zähne schlicht zu wenig Platz haben.
Auch unsere Weisheitszähne, die hintersten Backenzähne also, gehören zu den evolutionären Überbleibseln aus unserer Stammesgeschichte.
Bereits bei unseren Urmenschenvorfahren ist der Trend zu einer Zahnreduktion deutlich zu erkennen. Die Schnauzenregion wird im Lauf der Evolution immer

kleiner. In unseren Kiefern haben die Weisheitszähne oft kaum noch Platz, um ganz durchzubrechen. Eine Verschiebung der Zähne kann die Folge sein, die oft genug den Gang zum Zahnarzt unvermeidlich macht.

Das Auge des Menschen – das komplizierte Organ gilt als Wunderwerk der Evolution. Den Kreationisten dagegen gilt es als Beweis gegen die Evolution, denn ein solch komplexes und perfektes Organ könne nicht durch Zufall entstanden sein.
Von Perfektion kann bei unserem Auge jedoch nicht die Rede sein. Wie bei allen Wirbeltieren liegen die lichtempfindlichen Schichten unseres Auges eigentlich falsch herum.
Die lichtempfindlichen Zellen der Netzhaut liegen vom Licht abgewandt. Das
Licht muss erst durch mehrere Zellschichten hindurch, bis es auf die eigentlichen Sinneszellen trifft. Auch die von der Netzhaut
abgehenden Nervenfasern ziehen zunächst nach außen, bevor sie gebündelt an einer bestimmten Stelle durch die Netzhaut stoßen und in Richtung Gehirn ziehen. An dieser Stelle liegt der Blinde Fleck, an dem wir nichts sehen.
Dass es auch anders geht, beweisen die Augen unserer tierischen Verwandten aus dem Reich der Wirbellosen. Bei Tintenfischen zum Beispiel sind die Sinneszellen der Augen dem Licht zugewandt. Deren Nervenfasern ziehen direkt nach innen zum Gehirn, einen blinden Fleck gibt es nicht. Doch deren Augen sind innerhalb der Evolution aus einer Hauteinstülpung von außen entstanden. Die Augen der Wirbeltiere dagegen haben ihren Ursprung in einer Ausstülpung des Gehirns,

kommen also von innen. Unterschiedliche Wege also und unterschiedliche Bauarten, die zu einer ähnlichen Lösung geführt haben – auch Tintenfische sehen sehr gut.
Der Mensch füllt bei der Atmung wie alle Säugetiere seine sackartigen Lungen mit Luft und drückt diese beim Ausatmen wieder hinaus. Bei seiner Lunge handelt es sich um eine Sackgasse.
Die eingeatmete Luft muss auf demselben Weg hinaus wie sie hineingekommen ist.
Anatomisch bedingt kann dabei niemals die gesamte Luftmenge getauscht werden, ein Teil der verbrauchten Luft bleibt in der Lunge zurück.
Ideal ist diese Situation für ein warmblütiges Säugetier mit hohem Sauerstoffverbrauch nicht. Eine andere warmblütige Tiergruppe hat ein effizienteres Atmungssystem entwickelt – die Vögel. Bei ihnen bleibt das Volumen der Lunge bei der Atmung nahezu konstant. Stattdessen wird die Atemluft in mit der Lunge verbundene Luftsäcke gesaugt, aus denen die Luft wieder herausgedrückt wird. Frische Atemluft kann sowohl beim Ein- wie auch beim Ausatmen die Lungenfläche passieren und ein Gasaustausch stattfinden. Die Atmung ist daher viel effizienter als bei Säugetieren.

Das Nervensystem verbindet die Organe unseres Körpers, leitet Reize weiter und Befehle vom Gehirn zu den Organen. Die Leitungsgeschwindigkeit im Nervensystem ist zwar hoch (bis zu 100 m/s), aber nicht zu vergleichen mit der Leitungsgeschwindigkeit von elektrischen Leitungen, in denen sich Spannungsimpulse nahezu mit Lichtgeschwindigkeit ausbreiten.

Es ist also sinnvoll, Verbindungen zwischen dem Gehirn und den entsprechenden Zielorganen möglichst kurz zu halten. Meist ist das auch so. Eine Ausnahme bildet der Kehlkopfnerv. Eigentlich ist die Distanz vom Gehirn zum Kehlkopf nicht allzu groß. Der vom Gehirn kommende Nerv zieht allerdings nicht direkt zum Kehlkopf, sondern zunächst weiter nach unten, zieht um den über dem Herzen liegenden Aortenbogen herum und dann wieder nach oben in Richtung Kehlkopf.

Der Kehlkopfnerv macht diese Schleife bei allen Säugetieren, selbst bei denen, die einen verlängerten Hals haben. Bei der Giraffe führt dies zu einem äußerst kuriosen Verlauf des Nervs. Statt der erforderlichen Länge von vielleicht 20-30 cm bei einer Direktverbindung von Gehirn und Kehlkopf, dehnt sich die Länge des Nervs auf mehrere Meter aus. Der Kehlkopf sitzt unter dem Kopf der Giraffe in luftiger Höhe, während der Aortenbogen sich im Rumpfbereich befindet.

Es ist also sinnvoll, Verbindungen zwischen dem Gehirn und den entsprechenden Zielorganen möglichst kurz zu halten. Meist ist das auch so. Eine Ausnahme bildet der Kehlkopfnerv. Eigentlich ist die Distanz vom Gehirn zum Kehlkopf nicht allzu groß. Der vom Gehirn kommende Nerv zieht allerdings nicht direkt zum Kehlkopf, sondern zunächst weiter nach unten, zieht um den über dem Herzen liegenden Aortenbogen herum und dann wieder nach oben in Richtung Kehlkopf.

Der Kehlkopfnerv macht diese Schleife bei allen Säugetieren, selbst bei denen, die einen verlängerten Hals haben. Bei der Giraffe führt dies zu einem äußerst kuriosen Verlauf des Nervs. Statt der erforderlichen Länge von vielleicht 20-30 cm bei einer Direktverbindung von Gehirn und Kehlkopf, dehnt sich die Länge des

Nervs auf mehrere Meter aus. Der Kehlkopf sitzt unter dem Kopf der Giraffe in luftiger Höhe, während der Aortenbogen sich im Rumpfbereich befindet.

Wale und Delphine sind gut an das Leben im Meer angepasst. Ihre stromlinienförmigen Körper sind ideal dazu geeignet, sich mit möglichst geringem Energieaufwand im nassen Element zu bewegen. Ihre Antriebskraft stammt vor allem aus der Schwanzflosse, die Rücken- und Brustflossen
dienen der Stabilisierung. Warum besitzen Wale im hinteren Körperabschnitt, tief im Gewebe verborgen, Reste von Becken und
Hinterextremitäten? Und warum bilden die Embryonen von Delphinen deutlich sichtbar Knospen von Hinterextremitäten aus, die später zurückentwickelt werden? Was hätte ein intelligenter Designer damit bezweckt?

Die Antwort der Evolutionsbiologie darauf ist einfach. Wale und Delphine stammen von landlebenden vierfüßigen Wirbeltieren ab. In ihrer Stammesgeschichte haben sie sich immer stärker den Bedingungen des Wasserlebens angepasst – aus Beinen wurden Flossen. Im Wasser nicht benötigte Organe wurden nach und nach reduziert. Hat man eine schlagkräftige Schwanzflosse, so sind Hinterbeine im Wasser nicht vonnöten, sie verschwanden im Lauf der Evolution der Wale.

Die heute am Skelett noch sichtbaren Reste der Hinterextremitäten sind eine Erinnerung an die evolutionäre Herkunft der Wale. Vermutlich verschwinden sie in der zukünftigen Evolutionsgeschichte der Wale und Delphine vollständig, wenn sie nicht einem uns bisher unbekannten Zweck dienen.[9]

Sind unsere Verwandten die besseren Menschen? Begann ihre Entwicklung bereits vor 5 Millionen Jahren unter Wasser?

Die Evolution macht den Menschen zu einer lebenden Verbindung mit der Vergangenheit des blauen Planeten. Besonders deutlich zeigen sich unsere tierischen Wurzeln an den Patenten der Natur, denen wir verdanken, an Land leben zu können. Stabile Knochen, Muskulatur und Extremitäten etwa haben wir von den Amphibien geerbt, den ersten Landwirbeltieren. Und was eine Schlange vor der Austrocknung schützt, ist auch in der Haut des Menschen als Verdunstungsschutz zu finden: Keratin aus Hornzellen. Auch unsere Fingernägel stammen aus der Reptilienzeit. Vermutlich waren sie einst Krallen und haben sich erst bei unseren Primatenvorfahren für das Hangeln von Ast zu Ast abgeflacht. Der Mensch ist ein Wasserwesen. Denn in den Urozeanen der Erdgeschichte liegen unsere tierischen Wurzeln und eventuell leben hier unseren nächsten Verwandten!

Aber weshalb nehmen wir ständig an, das am Himmel gesichtete Flugobjekte aus dem All kommen und nicht aus dem Wasser?

Immerhin gibt es, wie zu beginn geschildert, seit Christopher Kolumbus, Anzeichen für mysteriöse Erscheinungen unter und auf dem Wasser! Der Riesenkrake,wurde jahrelang auch für Seemannsgarn gehalten und in den Bereich der Mythen und Sagen abgeschoben, bis man endlich die ersten Exemplare mit einer Länge von bis zu 18 Metern fand!

Was spricht dafür, das es einen zweiten Weg der Evolution gab?

Jede Menge! Stellen wir uns vor, das die humanoiden Unterwassermenschen und Millionen Jahre in der Entwicklung voraus sind. Gab es ein gemeinsames Leben zwischen beiden Stufen? Dies würde jedenfalls sehr viele Artefakte der Geschichte begründen! Haben sie ihr Wissen und ihre Technik mit den Menschen auf der Erde geteilt?
Zum Beispiel beim Bau der Pyramiden und anderer Bauwerke, welche wir uns selbst mit heutiger Technik nicht erklären können!

Viele Funde aus der Geschichtlichen Entwicklungen mit Abbildungen von Raumfahrern und Raumschiffen sprechen dafür!

Gehen wir also davon aus, das unsere Unterwassermenschen schon viel länger als wir existieren und die Evolution viele Jahre zuvor, sich unter Wasser in Richtung humanoiden Leben entwickelte!

Ein Beweis hierfür könnten die Ica Steine sein, welche man in Peru und anderen Teilen Südamerikas gefunden hat!

Die Ica - Steine [11]

Ein Beweis, dass Menschen und Dinosaurier gleichzeitig lebten

In vielen von uns veröffentlichten Beiträgen ist schon darauf hingewiesen worden, dass die in den Schulen und an den Universitäten gelehrte Geschichte der Menschheit nicht richtig ist, und dass alte und archäologische Artefakte, die dies belegen, systematisch unterdrückt oder als Fälschung diskreditiert werden. Eine besondere Stellung unter diesen unerklärten und verwirrenden Zeugnissen von sehr frühen Kulturen auf der Erde nehmen die ‚Steine von Ica' ein, scheinen sie doch zu beweisen, dass Menschen und Dinosaurier – von denen man annimmt, dass sie vor 70 Millionen Jahren ausgestorben sind –miteinander koexistierten.

Die Ica - Steine gehören zu den geheimnisvollsten Artefakten, die je auf dem Planeten entdeckt wurden. Diese geheimnisvollen Steine, die in Peru gefunden wurden, zeigen die Verwendung von elektromagnetischer Energie, Pyramiden, Raumfahrt, Männer, die mit einem Fernglas in die Sterne schauen, fortgeschrittene Operationen an Menschen, das Studium alter Petroglyphen und schockierende Karten unseres Planeten, wie er vor 13 Millionen Jahren aussah.
Die Ica Steine sind eine Sammlung von Tausenden von Steinen, die im modernen Peru entdeckt wurden und die der Geschichte des Mainstreams direkt widersprechen. Die ‚Ica Stones' stellen Menschen dar, die zahlreiche

fortgeschrittene Technologien verwenden und
die mit Dinosauriern koexistierten, also offenbar lange
vor der geschriebenen Geschichte lebten.Unter den
unerklärlichen Gravuren auf den Ica - Steinen kann man
faszinierende Details erkennen, in Darstellungen etwa
von Bluttransfusionen und Organtransplantationen, aber
auch Zeichnungen von anderen Situationen,
Objekten, Projekten und Konstellationen, die wir in einer
so alten Vergangenheit für nicht möglich halten würden.
Die berühmt (- berüchtigten) Ica - Steine haben seit ihrer
Entdeckung viel Aufruhr in der wissenschaftlichen
Gemeinschaft verursacht. Sie wurden von institutionellen
Wissenschaftskreisen als Fälschungen eingestuft, obwohl
zahlreiche Labors, die sie untersucht haben, ihre Echtheit
bestätigt haben und nachwiesen, dass sie außerordentlich
alt sind. Die Steine wurden 1961 von Bauern in durch
Überschwemmungen freigelegten Höhlen in
der riesigen Wüste von Ocucaje an der Küste des
peruanischen Departements Ica gefunden.
Die Ica - Steine haben die verschiedensten Formen und
Größen, sie sind dekoriert worden mit Darstellungen, die
aussehen wie ,alte Zeichnungen' von Dinosauriern, und
auch mit Bildern, die extrem fortgeschrittene und
dennoch ehr alte Technologien zeigen. Die Steine haben
verschiedene Farben von grau, schwarz, gelblich und
rötlich. Sie wurden aus Andesit hergestellt und haben
eine oxidierte Oberfläche. Laut Untersuchungen der
Autonomen Universität Madrid aus dem Jahr 2003 haben
die spanischen Forscher Felix Arenas und Maria del
Carmen Olazar festgestellt, dass sie mindestens zwischen
60.000 und 100.000 Jahre alt sein müssen.
Die ersten Schlagzeilen machten die Steine 1966, als der
Arzt Javier Cabrera Darquea einen dieser Steine als

Geburtstagsgeschenk von einem Freund erhielt und begann, solche Steine zu sammeln. Laut Dr. Cabrera „fand er heraus, dass diese Steine Teil eines außergewöhnlichen medizinischen Archivs waren, welches außergewöhnliche Zeugnisse enthält, und dass diese Artefakte alles weit übersteigen, was bisher auf unserem Planeten gefunden wurde, dass sie überhaupt nicht in die strenge geologische Zeitlinie passen, die Wissenschaftler dem Ursprung und der Evolution der menschlichen Spezies zugewiesen haben"

Fälschung oder nicht – eine endlose Debatte
Die Entdeckung der Ika - Steine wird von vielen als eine der größten Kontroversen in der archäologischen Gemeinschaft angesehen. Wie viele Forscher bereits gesagt haben, sind die rätselhaften Steine der ultimative Beweis dafür, dass Menschen im Altertum mit Dinosauriern koexistierten, dies vor mindestens 60 Millionen Jahren. Dieser umstrittene Zeitrahmen, der von vielen Forschern genannt wurde, widerspricht den Mainstream - Darstellungen zur Geschichte.
Das scheint aber auffallend einem Muster ähnlicher Entdeckungen zu folgen, die den Mainstream - Ansichten von Geschichte und menschlicher Herkunft nicht passen. Die Gravuren auf den Ica - Steinen sind mehr als faszinierend. Unter den zahlreichen Szenen, die hier gezeigt werden, bieten die Ica - Steine unter anderem eine Zeitreise in die Vergangenheit an, bei der man den Fortpflanzungszyklus eines primitiven Fisches ohne Kiefer beobachten kann, der vor etwa 200 Millionen Jahren verschwunden ist. In anderen Bildern kann man u. a. den Prozess der Bluttransfusionen an einer schwangeren Frau und sogar Organtransplantationen (Nieren, Herz) sehen. Andere Darstellungen, die auf den Ica - Steinen zu finden sind, veranschaulichen die Anwendung von Anästhesiegas bei einem Kaiserschnitt; wieder andere scheinen –auch wenn viele behaupten, dass es unmöglich sei – die Transplantation von Gehirnhälften zu zeigen, und nochmals andere die Nutzung elektromagnetischer Energie, Pyramiden, Raumfahrtszenen, Männer, die mit einem Fernrohr den Sternenhimmel betrachten, und, ganz schockierend, Karten unseres Planeten, wie er vor
13 Millionen Jahren aussah.

Interessanterweise stellen die Ika -Steine auch 13 Stern - Konstellationen dar: die traditionellen Sternbilder, die von den alten Kulturen rund um den Globus studiert und beobachtet wurden, sowie die Konstellation der Plejaden. Den Berichten zufolge entsprechen die 13 Sternbilder dem babylonischen Tierkreis, der den beobachteten Himmel und die Passage unseres Planeten durch das Universum festhielt.

Wie bei vielen anderen umstrittenen Entdeckungen auf unserem Planeten gibt es auch um die Ika - Steine viele Kontroversen. Es wurden einheimische Handwerker entdeckt, die in dem Bemühen, Geld zu verdienen, gefälschte Ica - Steine geschaffen haben.

Die echten Ica -Steine, die man von den falschen sehr wohl unterscheiden kann, gehen in die Abertausende. [Dies erinnert auch stark an die Kornkreis - Debatte, wo man auf Grund verschiedener Kriterien meist sehr schnell zwischen echten und gefälschten Kornkreisen unterscheiden kann.]

Die ‚echten' Ica -Steine zeigen eine erstaunliche Komplexität und vertieftes Wissen, was von einem Handwerker oder Bauern ohne ausreichende Bildung kaum erbracht werden kann.

Es ist wichtig zu erwähnen, dass Dr. Cabrerra, der Mann, der mit seiner sehr umfangreichen Sammlung die Ica -Steine der Welt präsentiert hat, nie Geld mit den Steinen gemacht hat. Tatsächlich verwendete er sein eigenes Vermögen, um Tausende von Ica - Steinen zu sammeln, sie wissenschaftlich studieren zu lassen und sie der Öffentlichkeit in seinem Museum zur Verfügung zu stellen – was im Gegenzug dazu führte, dass er von vielen verhöhnt und verspottet wurde.

Die Wahrheit ist, dass die Ica - Steine eine weitere Entdeckung sind, die beweisen, dass die Geschichte, so wie sie uns gelehrt wird, völlig falsch ist.
Und wie Robert Sepehr, Autor, Produzent und Anthropologe mit den Schwerpunkten Linguistik, Archäologie und Paläobiologie (Archäogenetik) sagen würde: Die Menschheit ist eine Spezies mit Amnesie. Können wir bei den Ica Steinen davon ausgehen, das diese uns, humanoide Wesen zeigen, welche schon vor uns auf der Erde lebten und Dinosaurier jagten? Ist dies der Beweis dafür, das wir eine ganze Zeit parallel nebeneinander gelebt haben? Doch warum haben sich unsere Wege wieder getrennt? Es scheint an der Entwicklung des uns bekannten Menschen zu liegen. Im Gegensatz zu unseren Verwandten unter Wasser, kamen die Menschen auf der Erde mit dem Fortschritt nicht überein. Es begannen die ersten Kriege, der Urvölker und das Zerwürfnis wurde somit immer größer, sodass sich unsere Verwandten in ihr Element,
 das Wasser zurück zogen.

Erklären unsere Verwandten die Geschichte von Gott?[12]

Träumen wir nicht alle davon, nicht alleine im Universum zu sein? Von einer übernatürlichen Wesenheit, die uns helfend die Hand reichen wird, damit wir uns aus der eigenen Unmündigkeit erheben können? Wir mögen sie Gott oder Aliens nennen, doch vermutlich sind sie ein und dasselbe. Das zumindest behauptet die ANCIENT ALIENS-Theorie, auch bekannt unter dem Namen Prä-Astronautik.
Sie besagt, dass die Götter der Vergangenheit, die wir aus Mythen und Legenden, religiösenSchriften und Märchen kennen, gar keine spirituellen Wesen sind. Dass sie wahrhafte Wesen sind – nämlich, humanoide Wesen, welche schon Millionen Jahre vor uns da waren. Die parallele Evolution!

Es besteht immerhin die Möglichkeit, das die Menschen auf der Erde, ihren Verwandten aus den Meeren hinterher trauerten und versuchten, diese durch Zeichen, wie die berühmten Zeichen in der Nazca Wüste zu besänftigen?
Wurde aus den Wesen, welche uns mit ihren Luftschiffen besuchten und den Erdmenschen den Fortschritt brachten, Götter?

Immerhin ist bis heute die Frage, welcher Gott nun der richtige ist, noch nicht geklärt und Beweise für einen Gott gibt es bislang noch nicht, dafür aber für humanoide Wesen im Laufe der Erdgeschichtlichen Entwicklung!

Gab es Verpaarungen zwischen beiden Entwicklungsformen? Dafür würde die Geschichte, der Riesen von Nephilim als Beweis sprechen!
„Göttliche" männliche Wesen, begehrten weibliche Erdmenschenfrauen!

Denn eine neue genetische Studie deutet darauf hin, dass die Linie der ägyptischen Pharaonen einer absichtlichen genetischen Manipulation durch eine technologisch fortgeschrittene „außerirdische" Zivilisation ausgesetzt war

Die Ergebnisse der Studie könnten ein endgültiger Beweis dafür sein, dass die Pyramidenbauer eng mit Wesen verwandt waren, die aus anderen Teilen des Universums stammten. Außerordentlicher Professor an der Universität der Schweiz (Kairo) Stuart Fleischmann und sein Team haben kürzlich die Ergebnisse einer siebenjährigen Studie veröffentlicht, in der die Genome von 9 altägyptischen Pharaonen kartiert wurden. Wenn sich ihre Schlussfolgerungen als richtig erweisen, könnten sie die Geschichte der Welt verändern.
Fleischmann und sein Team unterzogen wertvolle Proben antiker DNA einem Prozess namens Polymerkettenreaktion (PCR). Auf
dem Gebiet der Molekularbiologie wird dieseTechnik häufig verwendet, um eine einzelne Kopie eines DNA-Stücks zu replizieren und zu amplifizieren, wodurch Forscher ein klares Bild der genetischen Prägung einer Person erhalten.
Acht von neun Proben ergaben interessante, aber typische Ergebnisse. Das neunte Exemplar gehörte Echnaton, dem rätselhaften Pharao des 14. Jahrhunderts

v. Chr. und Vater von Tutanchamun.
Ein kleines Stück getrocknetes Gehirngewebe war die Quelle der DNA-Probe, und der Test wurde mit Knochengewebe wiederholt, aber es wurden die gleichen Ergebnisse erzielt.
Acht von neun Proben lieferten interessante, aber typische Ergebnisse. Die neunte Probe gehörte Echnaton, dem rätselhaften Pharao aus dem 14. Jahrhundert v. Chr. und Vater von Tutanchamun.
Ein kleines Fragment ausgetrockneten Gehirngewebes war die Quelle der DNA-Probe gewesen und der Test wurde mit Knochengewebe wiederholt, aber es wurden die gleichen Ergebnisse erhalten.
Einer der Übeltäter war ein Gen namens CXPAC-5, das für das Kortexwachstum verantwortlich ist. Die Anomalie ist im Bild
sichtbar.

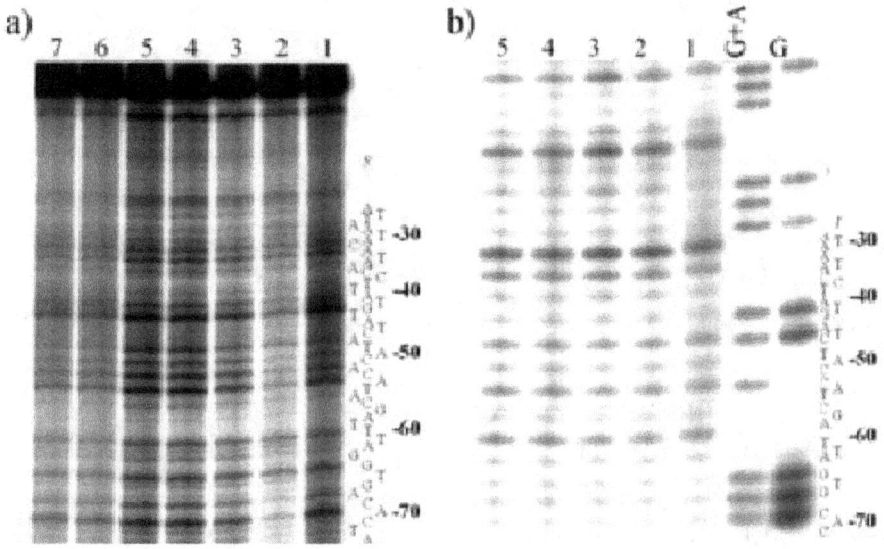

Anscheinend deutet diese erhöhte Aktivität in Echnatons Genom darauf hin, dass er aufgrund der Notwendigkeit, einen größeren Kortex aufzunehmen, eine höhere Schädelkapazität hatte. Aber welche Mutation würde das menschliche Gehirn wachsen lassen? Trotz jahrelanger Durchbrüche in der Genetik haben wir eine solche Methode immer noch nicht entdeckt. Könnten diese 3.300 Jahre alten Beweise auf uralte Genmanipulation hinweisen?

Ein weiterer interessanter Beweis unterstützt diese Hypothese. Das Bild unten zeigt zwei Mikroskopaufnahmen von Knochengewebe, das aus dem Schädel von Echnaton und einer anderen Mumie desselben Alters entnommen wurde.

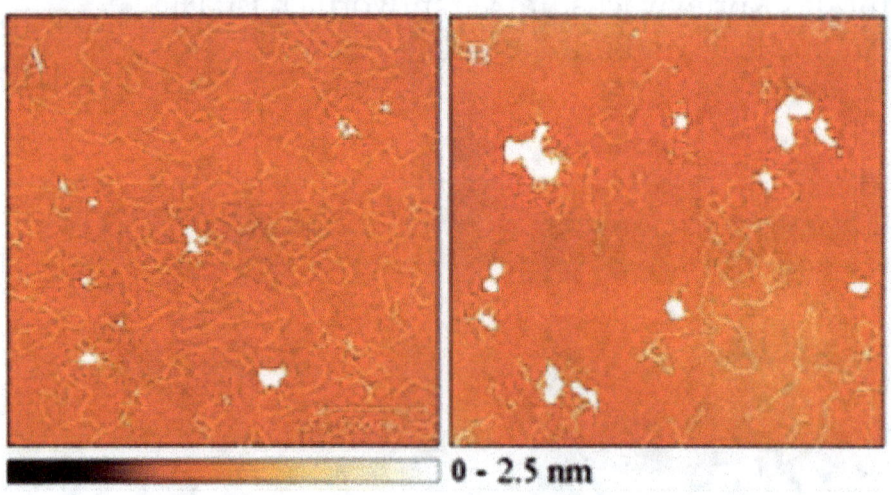

Das Knochengewebe auf der linken Seite ist viel dichter und auf nanoskopischer Ebene grundlegend anders. Könnte diese Zunahme der Stärke der Schädelknochen ein Indikator für eine erhöhte Gehirnentwicklung sein?

War es das Werk fortgeschrittener außerirdischer Wesen? Ist die Mythologie des alten Ägypten mehr als eine Sammlung allegorischer Geschichten?
Fleischmann erklärt: „Telomerase [ein genetisches Enzym] wird nur durch zwei Prozesse verbraucht: extreme Alterung und extreme Mutation. Genetische und archäologische Beweise deuten darauf hin, dass Amenophis IV./Echnaton etwa 45 Jahre alt wurde. Dies reicht nicht aus, um die gesamte chromosomale Telomerase zu verbrauchen, und hinterlässt eine unbequeme, aber mögliche Erklärung."
"Diese Hypothese wird auch durch die Tatsache gestützt, dass die elektronenmikroskopische Analyse Hinweise auf eine Nukleotidnarbe ergab, die ein verräterisches Zeichen für die Heilung der DNA-Helix nach Exposition gegenüber starken Mutagenen ist."
Bedeutet dies, dass Echnaton, einer der rätselhaften Pharaonen des alten Ägypten, zu seinen Lebzeiten gentechnisch verändert wurde? Auf jeden Fall bestätigt diese Aussage die Theorie, dass uralte Außerirdische einst eine Zivilisation besuchten, die an den Ufern des Nils lebte.
Ein weiteres interessantes Beweisstück unterstützt diese Hypothese. Das Bild unten zeigt zwei mikroskopische Aufnahmen von Knochengewebe aus dem Schädel von Echnaton und einer anderen gleichaltrigen Mumie.
„Das ist, um es milde auszudrücken, eine aufregende Entdeckung", sagte Fleischmann der Presse. „Mein Team und ich reichten die Papiere zur Überprüfung ein, und wir führten die Tests oft genug durch, um sicherzustellen, dass sie genau waren. Ich kenne die vollständigen Auswirkungen unserer Ergebnisse nicht, aber ich bin überzeugt, dass sie der

wissenschaftlichen Gemeinschaft zumindest eine Richtung weisen sollten, die noch vor wenigen Jahrzehnten sofort verworfen worden wäre.

Wenn diese Forschung richtig ist, könnte sie einen beispiellosen Paradigmenwechsel bewirken. Wenn Außerirdische vor Tausenden von Jahren aktiv am Leben der mächtigsten Persönlichkeiten teilnahmen, bedeutet dies, dass sie sie immer noch unter uns sind? Sie sind nie weggegangen, sondern waren immer da?

Aber der wichtigste Aspekt wäre die Existenz von Individuen, direkten Nachkommen der königlichen Linie des alten Ägypten, die immer noch fremde Gene besitzen, die in die Genome ihrer Vorfahren implantiert sind.

Sind unsere Götter eigentlich humanoide Erstwesen?

Leben humanoide Mischwesen unter uns oder warum haben wir unsere Unterwasserverwandten noch nicht gefunden?

Astronautin spricht über Außerirdische - im Universum und auf der Erde[13]

Seit Jahrzehnten suchen Wissenschaftlicher nach Leben im Weltall. Sucht die Menschheit dabei an der falschen Stelle? Sind die Aliens aus dem Universum uns bereits viel näher?

Die britische Astronautin Helen Sharman sorgte nun mit einem Interview mit der Sonntagszeitung „The Observer" für Irritationen. Die 56-jährige Naturwissenschaftlerin sprach darin über die Existenz von Außerirdischen - eventuell sogar auf der Erde. „Außerirdische existieren, es gibt keinen Zweifel daran. Es gibt so viele Milliarden von Sternen da draußen im Universum, dass es alle möglichen Arten von Lebensformen geben muss", meinte sie in dem Interview. Da gebe es keine zwei Meinungen, ist sich Sharman sicher.

Diese Lebensformen müssten nicht unbedingt aus Kohlenstoff und Stickstoff bestehen wie wir Menschen und Tiere der Erde. Somit sei es möglich, dass sie sich schon längst auf der Erde befinden - „und wir sie einfach nicht sehen können", mutmaßt die Chemikerin. Forscher halten beispielsweise Leben auf Basis von Silicium theoretisch für denkbar.

Helen Sharmann, die 1991 an einer Mission zur Raumstation Mir teilnahm, war die erste Astronautin aus Großbritannien im Weltall. Mittlerweile arbeitet sie für das Fernsehen und als Dozentin am Imperial College in London. Im Jahr 2017 räumte das US-Verteidigungsministerium erstmals ein, dass es Berichten über mysteriöse Flugobjekte, also UFOS, überprüft hat. Die geheimen UFO – Untersuchungen hätten in den Jahren 2007 bis 2012 rund 22 Millionen Dollar gekostet. Dann wurde das Programm eingestellt. Der ehemalige Geheimdienstmitarbeiter beklagte in einem Brief an den damaligen Verteidigungsminister James N. Mattis: "Trotz überwältigender Beweise (...) sind Personen im Ministerium strikt gegen
weitere Untersuchungen dessen, was sich als eine taktische Bedrohung für unsere Piloten,
Matrosen und Soldaten und vielleicht sogar als eine existenzielle Bedrohung für unsere nationale Sicherheit herausstellen könnte."

„Diese Lebensformen müssten nicht unbedingt aus Kohlenstoff und Stickstoff bestehen wie wir Menschen und Tiere der Erde. Somit sei es möglich, dass sie sich schon längst auf der Erde befinden - und wir sie einfach nicht sehen können", mutmaßt die Chemikerin.

Dies würde die These eines Lebens ohne Sauerstoff und den uns bekannten Elementen möglich wäre.
Aber warum können wir sie nicht sehen?
Kommen wir zurück zum sich Bewahrheiteten Mythos der Riesenkalmare!

Oktopusse sind Außerirdische – oder zumindest in ihrer genetischen Ausstattung so unterschiedlich, dass sie genauso gut als nicht von dieser Welt gelten könnten. Wissenschaftler haben kürzlich das erste Genom im Rahmen des Octopus Genome Project sequenziert, ein gewaltiges Unterfangen, um die gesamte DNA-Struktur des komplexen Kopffüßers zu kartieren. Was sie fanden, war einfach unglaublich.
Forscher der University of Chicago nahmen sich dieses Projekts an und wählten den kalifornischen Zweifleck-Oktopus als Versuchsobjekt. Dann erfuhren sie, dass eine Gruppe am Okinawa Institute of Science and Technology in Japan ebenfalls daran arbeitete, das Genom aufzuschlüsseln. Also haben die beiden vereinten Kräfte und zusammen viele der Geheimnisse rund um den Oktopus entschlüsselt. Die Ergebnisse wurden kürzlich im Wissenschaftsjournal Nature veröffentlicht.
Kraken haben 33.000 Gene, etwa 10.000 mehr als ein Mensch.

Allein das unterscheidet ihn von allen anderen Wirbellosen auf der Welt. Sie sind auch unheimlich schlau, mit der Fähigkeit, Gläser zu öffnen, Rätsel zu lösen und sogar Werkzeuge zu benutzen.
Kein Wunder, dass manche denken, diese Kreatur stamme von einem anderen Planeten. Bei der Aufdeckung der Sequenz fanden Wissenschaftler heraus, dass Tintenfische einen ähnlichen Satz von Genen wie Menschen haben, die ein neuronales
Netzwerk in ihrem Gehirn bilden, das für
ihre schnelle Anpassungs- und Lernfähigkeit verantwortlich ist. Wir teilen auch ein großes Gehirn, ein geschlossenes Kreislaufsystem und Augen mit Iris, Netzhaut und Linse. Alle diese entwickelten sich unabhängig voneinander in einer anderen Spezies, die sich stark von unseren eigenen Säugetierursprüngen unterscheidet. Ein weiterer Schwerpunkt der Studie war die Fähigkeit des Oktupus, sich im Handumdrehen zu tarnen. Mit der entschlüsselten Sequenz können Forscher nun genau untersuchen, wie der Oktopus innerhalb von Millisekunden seine Haut verändern kann. Wenn dies entschlüsselt wird, könnte dies zu großen Durchbrüchen sowohl in den Neurowissenschaften als auch in der Technik führen, wenn es darum geht, Kleidungsstücke und Strukturen zu schaffen, die eine sofortige Tarnfähigkeit haben könnten.
Eine große Entdeckung war die Fähigkeit des Oktopus, seinen eigenen genetischen Code zu verbessern. Dies ist bei Menschen und anderen Tieren üblich, aber die Fähigkeit, mit der Kraken ihre eigene RNA bearbeiten können, ist ziemlich wild – sie sind in der Lage, ihre Nerven anzupassen, um der extremen Kälte der Tiefsee standzuhalten.

Die Wissenschaftler haben sich auch die Gene angesehen, aus denen die Saugnäpfe des Oktopus bestehen. Es wurde entdeckt, dass ein Teil der Saugfunktion es dem Tier ermöglichte, zu schmecken, zusätzlich zum Fangen seines Abendessens.
Bei diesem Projekt gibt es noch viel zu entdecken. Wissenschaftler haben gerade erst damit begonnen, das Genom aufzuschlüsseln. Die Karte ist jetzt angelegt, und es wird nur eine Frage der Zeit sein, bis Forscher das unbekannte Territorium des Oktopus kartieren.[14]

Beim Gewöhnlichen Tintenfisch (Sepia officinalis) kann man sehen, wenn er denkt. Das Tier wechselt bei Hirnaktivität die Farbe.
Tintenfische können ihre Farbe ändern wie Chamäleons. Das tun die Meerestiere aber nicht nur, um sich zu tarnen Sie kommunizieren mit Farben und Mustern, schleichen sie an eine Beute an und manche denken schon als Embryo im Ei über ihre Umwelt nach.
Riesiges Gehirn steuert kleine Muskeln
Beim Chamäleon steuern Hormone den Farbwechsel. Der Tintenfisch lässt dafür die Muskeln spielen - und sein ungewöhnlich großes Gehirn: Das Denkorgan des Meerestieres stimuliert kleine Muskeln, sich zusammenzuziehen. Dadurch ziehen sich auch Pigmentzellen auf der Hautoberfläche zusammen oder weiten sich. Diese sogenannten Chromatophoren verändern je nach Zustand Farbe und Muster auf der Haut der Tintenfische. Sie können Farben schneller wechseln als Chamäleons.
"Im Ruhezustand sind die Pigmentzellen zusammengezogen und man sieht nur die weiße Haut

darunter. Je nachdem, welche Pigmentzellen offen sind, sind unterschiedliche Farben oder Oberflächen auf der Haut zu sehen." Sam Reiter, Max-Planck-Institut für Hirnforschung, Frankfurt am Main.

Traumhaftes Datenmaterial

Tintenfische stehen 30 bis 40 Muster zur Verfügung, um sich an ihre Umgebung anzupassen. Allerdings haben Sam Reiter und seine Kollegen vom Max-Planck-Institut für Hirnforschung auch Farbveränderungen an schlafenden Tieren beobachtet und veröffentlichen dazu im Oktober 2018 eine Studie in der Fachzeitschrift „nature".

Noch wissen die Wissenschaftler nicht, ob sie die Tiere beim Träumen erwischt haben und wollen deshalb größere Tintenfischgruppen über längere Zeiträume beobachten.

Das gesammelte Datenmaterial soll Aufschluss über die Hirnprozesse bei der Wahrnehmung der Tiere, aber auch beim Menschen geben. Durch den Vergleich mit einem entwicklungsgeschichtlich so weit entfernten, aber überaus intelligenten Lebewesen wie dem Tintenfisch wollen die Wissenschaftler herausfinden, was an Wahrnehmung gemeinsam und was artspezifisch ist.

Erstaunliches über Tintenfische

Wissen über Tintenfische zu sammeln lohnt sich, denn die Tiere haben ganz erstaunliche Fähigkeiten und anatomische Besonderheiten:

Tintenfische sind keine Fische, sondern Weichtiere ohne Skelett, die mit Schnecken und Muscheln verwandt sind. Nur das Maul ist hart und besteht aus hornartigen

- Kieferzangen ähnlich einem Papageien-Schnabel. Der Speichel enthält Gift.

Der Blauringkrake (Hapalochlaena maculosa und lunulata) ist auch für den Menschen gefährlich: Beim Biss sondert das Tier ein starkes, schnell wirkendes Nervengift ab, das innerhalb von zwei Stunden Muskeln und Nerven lähmt und zu Atemstillstand führen kann.Tintenfische gehören zu den Kopffüßern: Sie bestehen aus Kopf, Fuß und einem Eingeweidesack, der durch einen Mantel geschützt ist. Die Fangarme mit Saugnäpfen sind direkt am Kopf angebracht und denken beim Oktopus jeweils selbstständig.

Oktopusse / Kraken haben acht Arme, Sepien und Kalmare zehn. Sie gehören zu einer Familie, aber unterschiedlichen Ordnungen.
Oktopusse haben drei Herzen. Zwei versorgen die Arme, eins die Körpermitte.
Tintenfische haben Linsenaugen, die genauso gut funktionieren wie die von Wirbeltieren - also auch unsere Augen.

Tintenfische haben blaues Blut. Sauerstoff im Blut wird mithilfe von Kupfer statt wie bei uns mithilfe von Eisen transportiert. Mit Sauerstoff-Einwirkung verfärbt Kupfer Blut blau.
Tintenfische schmecken mit den Fingern: Mit ihren Fangarmen schnappen sie sich Beute. Auf den Fangarmen sitzen Saugnäpfe, um die herum Sinneszellen angebracht sind. Sie können wahrnehmen, ob die Beute schmackhaft ist.
Tintenfische wechseln bis zu 1.000-mal am Tag ihr Aussehen.

Tintenfische können bis fünf zählen. Das ergab ein Experiment. Die Tiere konnten unterscheiden, ob in einem Wasserbecken vier oder fünf Garnelen schwimmen. Damit sind Tintenfische schlauer als Rhesusaffen und Kleinkinder und können sich aufgrund ihrer Fähigkeiten beim Probleme lösen im Tierreich mit Krähen, Ratten, Tauben und Hunden messen.[15]

Wenn nun Wissenschaftler behaupten, das der heutige Mensch in der Evolution mit dem Affen verwandt ist, dann können unsere verwandten unter Wasser gleichwohl mit den Tintenfischen verwandt sein.
Sie können sich der Umgebung anpassen und sich für uns unsichtbar machen!
Hier treffen sich gleich mehrere Mythen, um Aliens oder unsere nächsten Verwandten!

Im eiskalten Wasser um die Antarktis lebt ein riesiger Tintenfisch, der höchstwahrscheinlich der Vater aller heutigen achtarmigen Tiefsee-Kraken ist. In einem Spezialprojekt haben sich die Meeresforscher sämtliche Tintenfische weltweit vorgeknöpft, ihr Erbgut gesammelt und verglichen. Jetzt liegen erste Ergebnisse vor.

Das lebende Fossil haben Biologen des British Antarctic Survey (BAS) in Cambridge entdeckt. Die Wissenschaftler gehören zum Census of Marine Life (CoML) und sind gerade dabei, in einer Art „Volkszählung" im Meer das Leben in den Ozeanen zu erforschen und zu inventarisieren.
In einem Spezialprojekt haben sich die Meeresforscher sämtliche Tintenfische weltweit vorgeknöpft, ihr Erbgut gesammelt und verglichen. Ihr Ergebnis war: Alle

achtarmigen Tintenfische der Welt lassen sich auf einen Vorfahren zurückführen.

„Diesen Ur-Kraken gab es schon vor 30 Millionen Jahren, und er hat bis heute überlebt", sagte Studienleiter Don O'Dor der
britischen BBC. Der riesige Krake wird bis zu
27 Kilogramm schwer, heißt Megaleledone setebos und lebt im Südpolarmeer. Seine Nachfahren wanderten aus der Antarktis Richtung Norden. Aus ihnen entwickelten sich alle anderen Krakenarten.

Geheimnisvolle Antarktis

Das Land aus Schnee und Eis war einst ein blühender Kontinent. Doch auch heute, wo sie sich menschenfeindlich gibt, übt die Antarktis eine fast magische Anziehungskraft auf den Menschen aus. Und so manche Legende rankt sich um sie – vom Eingang zum sagenhaften „Shangri La" im Innern der Erde bis zu den obskuren Geschichten um geheime Ufo-Basen, die nicht von Außerirdischen bewohnt werden…

Der Fund ist verstörend: Die Mitarbeiter eines amerikanischen NASA-Labors in der Antarktis stoßen auf ein rätselhaftes Objekt im Eis. Als sie es, noch immer im Eisblock festgefroren, untersuchen wollen, taut es trotz der Kühlung auf. Es ist eine Kapsel außerirdischen Ursprungs, und sie beginnt,
ähnliche Signale auszusenden wie jene, die man 1947 bei dem abgestürzten UFO in
Roswell, New Mexico auffing. Dechiffrier-Spezialist und Alienjäger Julien Rome fliegt auf Anweisung Washingtons an den Südpol. Doch sein Erfolg bei der

Übersetzung des Signals kann die Katastrophe nicht aufhalten. Die anderen Wissenschaftler öffnen gegen seinen Rat die Kapsel, das Fremde aus dem All entflieht und seine pure Gegenwart infiziert das Team. Für die US-Regierung bestätigen sich die schlimmsten Befürchtungen: Friedlich oder nicht, die Aliens sind allein durch ihre Gegenwart eine tödliche Bedrohung für die Menschheit...

Wenn Sie nun denken, das ganze höre sich an, wie das Szenario eines schlechten Science Fiction-Filmes, dann haben Sie ins Schwarze getroffen. Der Film aus dem Jahr 2003 hieß *Alien Jäger – Mysterium in der Antarktis* und war kein Erfolg. Interessant daran ist jedoch, daß Hollywood sich mit dem Film einmal mehr in den Dienst von US-Geheimdiensten gestellt hat. Denn erstens gibt es tatsächlich eine erhöhte UFO-Aktivität beim Südpol, und zweitens sollen die Amerikaner schon einen kriegerischen Zusammenstoß mit ihnen gehabt und Anlaß haben, eine weitere Konfrontation mit ihnen zu fürchten.

Operation Highjump

Blenden wir zurück ins Jahr 1946. Eineinhalb Jahre nach dem offiziellen Ende des 2. Weltkrieges brach eine mächtige Militärflotte unter der Leitung von Admiral Richard Evelyn Byrd zum Südpol auf. Sie bestand aus einem Flugzeugträger, zwölf Kriegsschiffen, einem U-Boot, über zwanzig Flugzeugen und Hubschraubern, sowie viertausend Mann Besatzung. Obwohl anfänglich die Rede von einer „wissenschaftlichen Operation" gewesen war, sprach Byrd selbst kurz vor der Abreise am

2. Dezember 1946 Klartext vor der Presse: „Meine Reise hat einen militärischen Charakter." Auf weitere Einzelheiten ging er jedoch nicht ein.

Ende Januar 1947 begann die Flugaufklärung in der Nähe des antarktischen Kontinents, und zwar in der Gegend des nördlich gelegenen *Königin Maud-Landes*. Die Flieger legten über 22'000 Flugkilometer zurück und schossen über 70'000 Fotos. Doch plötzlich geschah etwas sehr Rätselhaftes: Die Forschungsreise, ursprünglich auf fünf Monate angelegt, wurde nach nur zwei Monaten abrupt und ohne öffentliche Begründung beinahe panikartig abgebrochen.

Im gleichen Maße, wie ihr Beginn mediales Aufsehen erregt hatte, wurde ihr verfrühtes Ende nun in der Weltpresse praktisch totgeschwiegen. Was war geschehen?

Dr. Dimitri Filippowitsch, ein hochrangiger russischer Militär, glaubt es zu wissen: „Ein Torpedoboot-Zerstörer und mehrere Flugzeuge gingen verloren. Mehrere Dutzend Soldaten und Offiziere sind gefallen. Den Mitgliedern der außerordentlichen Regierungskommission erklärte Byrd nach seiner Rückkehr wörtlich: ‚Im Falle eines neuen Krieges kann Amerika von einem Feind angegriffen werden, der in der Lage ist, von einem Pol zum anderen mit unglaublicher Geschwindigkeit zu fliegen.'"

Gestrandete U-Boote

Am 17. August 1945, also anderthalb Jahre vor der Expedition Byrds, ergaben sich im argentinischen Hafen *Mar del Plata* die deutschen U-Boote U-530 und U-977. Filippowitsch: „Es handelte sich dabei um

ungewöhnliche U-Boote aus dem sogenannten Führerkonvoi, einem streng geheimen Verband, dessen genaue Aufgabe bis auf den heutigen Tag ungeklärt ist."
Da die Besatzung der Boote über ihre Aufgaben schwieg, konnten die Amerikaner nur wenige Details in Erfahrung bringen. Der Kommandant des Bootes U-530 soll über eine Operation mit der Tarnbezeichnung *Walküre 2* gesprochen haben. Im Rahmen dieser Operation habe sein Schiff zwei Wochen vor Kriegsende Kiel in Richtung Antarktis verlassen. Dank dem Walther-Schnorchel habe es auf der ganzen Atlantiküberquerung nur einmal auftauchen müssen.
Unter den Passagieren sollen sich Personen befunden haben, deren Gesichter vermummt waren. Außerdem seien wichtige Unterlagen des Dritten Reiches an Bord gewesen. Der Kommandant von U-977, Heinz Schaeffer, bestätigte, dass er mit seinem Boot nur wenig später die gleiche Route gefahren sei. Im Verlauf ihrer Recherchen fiel den Amerikanern auf, daß offensichtlich zahlreiche deutsche U-Boote während des Krieges in Richtung Antarktis gefahren waren. Was war der Grund dieser Reisen?

Wozu der Sturm auf die Antarktis?

Hitlerdeutschland war seit den Dreißiger Jahren sehr an der Antarktis interessiert.
Manche Geschichtsforscher führen das auf den okkulten Hintergrund der Nazi-Oberen zurück, die zum Teil Mitglieder der sogenannten *Thule-Gesellschaft* waren. Durch Übersetzungen von alten tibetischen, indischen und griechischen Schriften waren sie zu der (richtigen)

Überzeugung gelangt, daß unsere Erde hohl und im Innern bewohnt sei. *Ultima Thule* soll die Hauptstadt des Kontinents *Hyperborea* gewesen sein, der älter als Atlantis und Lemuria war. Die Hyperboräer waren, Thule-Texten zufolge, technisch wie sozial sehr weit fortgeschritten. Dieser Kontinent habe im Nordmeer gelegen und sei im Verlauf einer Eiszeit gesunken. Während dieser Katastrophe sollen die Hyperboräer mit Hilfe riesiger Maschinen große Tunnel in die Erdkruste gegraben und sich unter der heutigen Himalaja-Region angesiedelt haben. Ihr neues Reich soll den Namen *Agharta* oder *Agharti* erhalten haben, mit einer Hauptstadt namens Shamballah. Der heutige XIV. Dalai Lama sowie Lamas
aus der Mongolei und Tibet geben an, dieses unterirdische Reich und den dort lebenden *Herrscher der Welt (Rigden Iyepo)* zu kennen. Das unterirdische Reich hat sich angeblich über die Jahrtausende
unter der gesamten Erdoberfläche verbreitet, mit riesigen Zentren unter der Sahara, dem *Mato Grosso* in Brasilien, *Yucatan* in Mexiko, dem *Mount Shasta* in Nordkalifornien und vielen mehr.
Die Mitglieder der Thulegesellschaft wollten mit diesen sagenhaften Zivilisationen im Erdinnern Kontakt aufnehmen. Dazu sendeten sie verschiedene Expeditionen los – nach Tibet, in die Anden, den Mato Grosso – und an den Nord- und Südpol, wo sie die Öffnungen ins Erdinnere vermuteten. Zu dieser Ansicht waren sie durch alte Texte gelangt, durch das Geheimwissen verschiedener geheimer Gesellschaften und durch die Beobachtungen der Gesetzmäßigkeiten der Natur. Dort fanden sie überall Hohlkörper – bei der Zelle, der Eizelle, dem Atom, den Kometen. Auch die

Hermetik mit ihrem Gesetz des „Wie oben so unten, wie innen so außen, wie im Mikro-, so im Makrokosmos" überzeugte sie, daß die Erde ein Hohlkörper sein mußte. Ihre Überzeugung wurde weiter gestützt durch die seltsamen Berichte der Polarforscher. Diese hatten beispielsweise einen wärmer werdenden Wind nach dem 76. nördlichen Breitengrad festgestellt; und auch, daß Vögel und andere Tiere in die Richtung des Pols ziehen, obwohl es dort angeblich kalt und unwirtlich sein soll. Auch fanden sie grauen und bunten Schnee, der nach dem Auftauen Vulkanasche und Blütenpollen preisgab – und sie fanden riesige Tiere, welche sie als Mammuts identifizierten, die im Eis eingefroren waren und deren Magen frisches Gras aufwies. Auch gab es Berichte, daß Polfahrer plötzlich eine diffuse zweite Sonne gesehen hätten. Mitte November 1938 liefen die Vorbereitungen für eine deutsche Antarktis-Expedition auf Hochtouren, als Richard Evelyn Byrd auf Einladung der *Polarschiffahrtsgesellschaft* nach Hamburg kam, um seinen Antarktisfilm *Mit Byrd zum Südpol* vorzuführen. Von den 82 Zuschauern waren 54 Mitglieder der späteren Schiffsbesatzung. Sie kamen zu Schulungszwecken, denn Admiral Byrd hatte den Südpol 1929 beinahe überflogen. Wenige Wochen später, am 17. Dezember 1938 lief die *MS Schwabenland,* ein Flugzeugträger und Katapultschiff unter dem Kommando von Alfred Ritscher, zur reichsdeutschen Antarktis-Expedition aus. Das Schiff konnte mit Hilfe von Dampfkatapulten zehn Tonnen schwere Flugzeuge in die Luft befördern. Sie erreichten die Antarktis am 19. Januar 1939. Die Piloten überflogen ein Territorium von etwa 600'000 Quadratkilometern im Norden der Antarktis, was etwa der Größe des damaligen Deutschen Reiches entsprach,

und fotografierten etwa 350'000 Quadratkilometer davon. Bei ihren Flügen warfen sie alle fünfundzwanzig Kilometer Aluminiumstangen mit Hakenkreuzflaggen ab und nannten das so in Anspruch genommene Gebiet *Neu-Schwabenland.* Nach dem Krieg wurde dieses Land von den Norwegern annektiert und in *Königin Maud-Land* umbenannt. Darüber, was das wirkliche Ziel der Expedition gewesen war, gibt es zahlreiche und sich widersprechende Vermutungen. Göring trieb die offensichtliche Desinformation sogar soweit, zu behaupten, die Expedition diene der Nahrungsbeschaffung für das Deutsche Volk im Kriegsfalle! Die Gewässer um die Antarktis waren damals noch besonders reich an Walfischen.
Nachdem die Expedition Schwabenland im Frühjahr 1939 nach Deutschland zurückgekehrt war, ergingen weiterführende Aufträge an Karl von Dönitz, den Oberbefehlshaber der deutschen U-Boot-Waffe. Was seine Männer in der Antarktis erledigen sollten, ist bis heute 90 Prozent Spekulation, basierend auf 10 Prozent Information. Gesichert ist, daß von da an deutsche U-Boote verstärkt in Richtung Südpol aufbrachen, um die bis heute geheimen Aufgaben zu übernehmen. Zwei angebliche Aussagen von Karl von Dönitz geben denn auch bis heute Rätsel auf. Die erste lautet: „Meine U-Boot-Fahrer entdeckten ein echtes irdisches Paradies." Die zweite machte von Dönitz im Jahr 1943, auf dem Höhepunkt des deutsch-russischen Krieges, und ist nicht minder mysteriös. Filippowitsch zitiert sie: „Die U-Boot-Flotte Deutschlands kann stolz sein, daß sie am anderen Ende der Welt für den Führer eine uneinnehmbare Festung errichtet hat." Wovon sprach von Dönitz? Von der Antarktis oder vielleicht eher vom südlichen

Südamerika? Dorthin nämlich soll Hitler verschiedenen Quellen zufolge entkommen sein.

Geheimnisvolles Neuschwabenland

Manche Geschichtsforscher vermuten jedoch, Admiral von Dönitz' Aussage habe sich nicht auf Argentinien bezogen, sondern auf jenes Gebiet der Antarktis, das die Deutschen 1939 zu „Neuschwabenland" gemacht hatten. Vor kurzem erst entdeckte man im kilometerdicken Eis der Antarktis riesige unterirdische Seen mit Wassertemperaturen

von plus 18 Grad Celsius. Über der Wasseroberfläche wölben sich kuppelförmige Eishöhlen, die mit warmer Luft gefüllt sind. Diese Eishöhlen könnten groß genug gewesen sein, um als geheime Basen für U-Boote zu dienen. Da aus diesen Seen, die ständig von unten erwärmt werden, Warmwasserflüsse unter dem Eis bis in den Ozean hineinströmen, ist es möglich, daß ein unter dem Eis tauchendes U-Boot diese geheimen Basen erreichen könnte. Eine Basis , die alle erdenklichen Vorteile bietet: Sicherheit vor Sturm und Eis, für jeden Gegner uneinsichtig und unangreifbar.
„Wollten die Deutschen Geheimbasen oder Geheimzonen errichten, die den Status der Exterritorialität hätten, so würden die Polarzonen einschließlich der Antarktis ein passendes Gebiet darstellen", analysiert der russische Militärangehörige Dr. Wladimir Wasiljew. Es gibt Unterlagen und Belege dafür, daß es tatsächlich eine solche Basis der Nationalsozialisten in der Antarktis gab. Sie trug den Namen B-211. Im Frühjahr 1939 – nach der erfolgreichen Expedition – begann das Schiff

Schwabenland einen Pendlerdienst zwischen Deutschland und dem Südpolkontinent, wobei sie nicht nur modernste Bergbautechnik, Loren, Gleise und gigantische Tunnelbaupressen in die Antarktis schaffte, sondern auch Wissenschaftler verschiedenster Fachrichtungen, Ingenieure und hochqualifizierte Arbeiter.

Die wahrscheinlichste aller Hypothesen – neben der Ausbeutung von Bodenschätzen oder der Kontrolle jenes Gebietes – ist wohl jene, daß die Deutschen bei einer allfälligen
Kriegsniederlage einen sicheren Fluchtpunkt haben wollten, und daß sie zudem davon besessen waren, irgendwie in die sagenumwobene innere Welt hineinzugelangen.

Ab 1942 also, so Dr. Wasiljew, habe die gezielte Umsiedlung deutscher Wissenschaftler, wichtiger Fachkräfte und Mitglieder der NSDAP nach Neuschwabenland begonnen. Dafür spreche auch, daß nach dem Krieg zahlreiche Spezialisten und Wissenschaftler, die die Amerikaner für ihre eigene militärische Forschungsarbeit gewinnen wollten, plötzlich spurlos verschwunden waren. Passen würde auch die Tatsache, daß das Schicksal und der Verbleib von mindestens hundert deutschen U-Booten bis heute ungeklärt sind.

Ein Angriff der dritten Art

Doch zurück zu den immer noch ungeklärten Gründen für den Abbruch von Admiral Byrds *Operation Highjump*. Nachdem seine Flotte Anfang März 1947 die Antarktis fluchtartig verlassen hatte, gab Richard Byrd Lee Van Atta, dem Zeitungskorrespondenten des *El Mercurio* von Santiago de Chile, der als Journalist die Expedition hatte begleiten dürfen, sein einziges Interview.

Van Atta schrieb: „…Admiral Byrd machte heute die Mitteilung, daß die Vereinigten Staaten notwendigerweise Schutzmaßnahmen ergreifen müßten gegen die Möglichkeit einer Invasion des Landes durch feindliche Flieger, die aus dem Polargebiet kommen."
Auch hob er hervor, „daß es wichtig sei, in Alarmzustand und Wachsamkeit entlang des gesamten Eisgürtels zu verbleiben, der das letzte Bollwerk gegen eine Invasion sei."

Dem russischen Militär Wasiljew zufolge soll Byrd nach seiner Rückkehr in Washington von einem Überfall auf die Expedition gesprochen haben – einem Überfall durch fliegende Untertassen, die mit hoher Geschwindigkeit aus dem Wasser aufgetaucht seien und dem Flottenverband spürbare Verluste zugefügt hätten!"

Der erfahrene Militärflieger John Sayerson, Zeuge und Teilnehmer der Expedition, beschrieb den dramatischen Kampf vom 26. Februar 1947 angeblich mit folgenden Worten: „Die Dinger tauchten aus dem Wasser wie vom Teufel verfolgt auf und flogen mit solcher Geschwindigkeit zwischen den Masten herum, daß durch die Windwirbel die Antennen rissen.

Einige Flugzeuge, die es geschafft hatten, von der *Casablanca* zu starten, sind wenige Augenblicke später, getroffen von unbekannten Strahlen, die aus den fliegenden Untertassen kamen, neben dem Schiff abgestürzt. Ich befand mich zu dem Zeitpunkt auf dem Deck der *Casablanca* und begriff überhaupt nichts. Diese Dinger flogen völlig geräuschlos zwischen unseren Schiffen und spuckten tödliches Feuer. Plötzlich ging der Torpedoboot-Zerstörer *Maddock,* der sich etwa zehn Meilen von uns entfernt befand, in Flammen auf und begann zu sinken. Trotz der Gefahr entsandten andere Schiffe Rettungsboote. Der Alptraum dauerte etwa zwanzig Minuten. Als die fliegenden Untertassen wieder ins Wasser abtauchten, begannen wir unsere Verluste zu zählen. Sie waren furchtbar."

Angenommen, es gibt John Sayerson, und er sagt die Wahrheit – wem gehörten diese Untertassen? Etwa dem Dritten Reich, wie manche Quellen bis heute hartnäckig behaupten? Nehmen wir an, der amerikanische Geheimdienst verfügte tatsächlich über Informationen, die belegten, daß wichtige Technik und Wissenschaftler in die Antarktis verlagert worden waren dann wird verständlich, warum das Polargebiet seine Aufmerksamkeit erregte. Allem Anschein nach waren diese Informationen sogar so beunruhigend, daß die Amerikaner den Polarforscher Richard Byrd umfassende militärische Mittel zur Verfügung stellten, um die vermutete NS-Basis in der Antarktis zu vernichten. Ein Plan, der nicht aufging.[16]

Neuzeit

Das WISSARD-Projekt hat eine andere Welt unter dem Eis der Antarktis entdeckt. Die Entdeckung wurde kürzlich gemacht und zeigte die riesigen Feuchtgebiete unter dem Frost der Westantarktis. Es wird vermutet, dass dieses riesige Gebiet unsichtbare Lebensformen enthält, die unserer konventionellen Welt unbekannt sind.
Das Projekt Whillans Ice Subglacial Access Research Drilling arbeitete im Rahmen einer Partnerschaft mit der National Science Foundation zusammen, um zu untersuchen, was sich unter dem Eis der Antarktis befindet. Das Projekt scannte offiziell das Eis der Antarktis, um sich auf die Auswirkungen der globalen Erwärmung vorzubereiten.
Aber andere vermuten, dass es darum geht, sich vor dem Schmelzen des Eises zu warnen und Geheimnisse aus unserer Geschichte preiszugeben. So bedauerlich es auch ist, die globale Erwärmung wird uns Zugang zu Orten verschaffen, die vom Permafrost verborgen sind. Und es könnte uns helfen, die wahre Geschichte unserer Welt zu verstehen.
Die Entdeckung, die gemacht wurde, fand etwas 2.700 Fuß unter dem Eis unter dem Lake Whillans an der Westfront der Antarktis. Als sie der Spur vom See aus folgten, fanden sie schließlich eine riesige Lücke unter dem massiven Eisbrocken.
Wir alle haben von der Möglichkeit gehört, dass Leben auf anderen Planeten und in anderen Galaxien vorkommt. Aber es besteht die Möglichkeit, dass das Leben noch näher an der Heimat existiert.
Wissenschaftler haben Hinweise darauf gefunden, dass

es auf unserem Heimatplaneten Erde Leben geben könnte.

Ein Team britischer Wissenschaftler hat Beweise dafür gefunden, dass unter der Eisdecke der Antarktis eine Welt existiert. Sie entdeckten ein neues Ökosystem mit verschiedenen Kreaturen, darunter Würmer und Spinnen, von denen sie glauben, dass sie aufgrund der Mineralien im Eis überleben. Wenn diese Welt existiert, könnte sie das Leben der Menschen für viele kommende Generationen erhalten, möglicherweise sogar für die Generationen vor uns.

Wissenschaftler der Ohio State University haben Beweise für eine Welt gefunden, die Wissenschaftlern zuvor unbekannt war. Die Existenz dieser Welt ist seit Millionen von Jahren unter der Eisoberfläche verborgen. In einem Artikel von National Geographic heißt es, dass diese Entdeckung unser Wissen über die Geschichte unseres Planeten und die Entstehung des Lebens verändern könnte.

Die in dieser neuen Welt gemachten Entdeckungen werden wahrscheinlich zu weiteren Studien führen, die Wissenschaftlern helfen werden, die Funktionsweise und Geschichte unseres Planeten besser zu verstehen.

Wir wissen, dass die Welt rund ist, wir können sie aus dem Weltraum sehen, aber sie wurde noch nie von unten beobachtet. Jetzt gibt es eine Karte von dem, was sich unter dem Eis der Antarktis befindet. Wissenschaftler fanden Beweise für eine völlig neue Welt durch eine Technik namens seismische Bildgebung.

Das Bild dieser Welt zeigt das Grundgestein, das sich unter etwa zwei Meilen (3 Kilometer) Eis in der Westantarktis gebildet hat. Seismische Wellen werden verwendet, um Bilder zu erzeugen und eine dreidimensionale Karte dieses Teils der Erdkruste zu erstellen.

Bisher ist nicht genug darüber bekannt, was unter all dem Eis existiert. Aber viele glauben, dass dies die Theorie der hohlen Erde grundlegend beweisen und zeigen könnte, dass Außerirdische unter der Oberfläche unseres Planeten lebten.

Wir wissen immer noch nicht, wie wir das gesamte Eis entfernen werden, um eine Expedition in die Feuchtgebiete zu starten, aber bevor wir das tun, müssen wir einige Dinge vorbereiten. Wir müssen uns auf die Möglichkeit vorbereiten, andere Lebensformen wie Außerirdische, Reptilien und alte menschliche Gesellschaften zu treffen.

Sind wir bereit, uns der Realität zu stellen, die unter all dem Eis auf uns wartet? Ist die Welt reif genug, um mit den Auswirkungen von Begegnungen mit dem Unbekannten umzugehen?

Im Moment ist die Welt auf Trab, während sie auf Neuigkeiten aus den Feuchtgebieten wartet. Es gibt zwar noch keine konkreten Pläne, das Gebiet zu erkunden, aber einige bereiten sich auf das vor, was kommen könnte. Wenn die Zeit gekommen ist, werden Sie einer von denen sein, die der Welt den Weg ebnen werden, um zu akzeptieren, was die Feuchtgebiete verbergen? Oder werden Sie wie die meisten anderen erschrocken sein?

Ist es doch aller Skepsis möglich, dass es eine parallele Welt unter Wasser existiert, welche sich Milliarden Jahre vor unserer entwickelt hat? Dass eine humanoide Entwicklung unter Wasser möglich ist, haben wir grob skizziert. Technisch ist diese uns weit überlegen. Weshalb kommen wir eigentlich immer auf den

Gedanken, dass es Lebewesen von einem anderen Planeten sind?

Es gibt bisher kein einziges Satellitenbild, welches den Eintritt eines unbekannten Flugobjektes in die Erdatmosphäre verzeichnet.

Des Weiteren hat auch keine einzige Luftabwehr oder Flugsicherung, den Eintritt vermerken können!

Trotzdem sind die unbekannten Schiffe weltweit gesehen worden!

Kann man diese Ausflüge ihrer Zivilisation mit Ausflügen der Menschen hinab in die Meerestiefen vergleichen? Oder sehnen sich unsere Verwandten wieder nach einem Zusammenleben, wie vor tausenden von Jahren?

Aber fangen wir am Anfang an!

Es begann mit einem Missverständnis: Wenn heute in Science-Fiction-Filmen Objekte als fliegende Untertassen bezeichnet werden, hat das mit einem Vorfall am 24. Juni 1947 zu tun. An diesem Freitag war der US-Geschäftsmann und Hobbyflieger Kenneth Arnold am Himmel des US-Bundesstaats Washington unterwegs. Später berichtete er von Lichterscheinungen über dem Mount Rainier. Diese Sichtung vermeintlicher Ufos (Unbekannte Flugobjekte) sollte dem Phänomen zu weltweiter Aufmerksamkeit verhelfen.

Neun in der Sonne glitzernde Objekte seien in Staffelformation wie „über Wasser springende Untertassen" (im Original: „saucers skipping on water") an ihm vorbeigerast, sagte Arnold später. In den Berichten über seine Sichtung wurde diese Beschreibung jedoch so verstanden, als ob die Objekte selbst wie Untertassen geformt gewesen wären. Der Begriff „fliegende Untertasse" als Synonym für das Ufo war geboren.

Arnold bestand später darauf, die gesehenen Objekte stets als „Disk" beschrieben zu haben, also als „Scheibe". In einem Radiointerview vom 7. April 1950 legte er noch mal sein Dilemma dar: „Die meisten Zeitungen haben das missverstanden und falsch zitiert. Sie schrieben, ich hätte gesagt, sie wären untertassenähnlich. Aber ich sagte, sie flogen in der Art wie Untertassen über Wasser."

„Mit der Sichtung von Kenneth Arnold begann das moderne Ufo-Phänomen, wie wir es heute kennen", sagt Danny Ammon, Medizininformatiker aus Jena und in seiner Freizeit Fallermittler bei der Gesellschaft zur Erforschung des UFO Phänomens (GEP).

Dabei entstanden auch Vorstellungen, die wir heute als falsch deklarieren müssen". Der Experte erklärt, dass Ufos eben nicht immer als Untertassen in Erscheinung treten würden. Die Ufo-Beobachtungen sind nach Ammons Worten „vielgestaltig". Was aber Arnold hatte an diesem Tag gesehen? Oder was meinte er, gesehen zu haben? Auskunft gibt der Autor Ted Bloecher in seinem 1967 veröffentlichten Bericht über die Ufo-Welle von 1947. Darin bezeichnet Arnold seine Ufos als „neun flache, scheibenförmige Objekte, die in einer diagonal abgestuften, stufenförmigen Formation" flogen. Die Gruppe sei in etwa 32 bis 40 Kilometer Entfernung an ihm vorbeigerast. Fallermittler Ammon ordnet Arnolds Sichtung als eine typische Beobachtung der Kategorie „DD" ein. Das steht für „Daylight Disc", also „tagsüber am Himmel aus weiterer Entfernung beobachtete, aber nicht notwendigerweise scheibenförmige Objekte".

Da es damals noch keine Ufo-Fallermittlung gab, bleibe die Sichtung ungeklärt.

Kenneth Arnold suchte zuerst nach logischen Erklärungen für die Objekte, die sich seinen Worten nach gleichmäßig bewegten. Als der Hobbypilot erkannte, dass es sich nicht um Verkehrsflugzeuge handelte oder Gänse im Formationsflug, wie er zuerst dachte, war sein nächster Gedanke, er sei Zeuge von Tests für moderne Militärflugzeuge.

Dabei hätte es sich zu der Zeit aber um sehr fortschrittliche Flugzeuge handeln müssen. Denn Arnold versuchte, die Geschwindigkeit der Objekte zu messen. Er berechnete die Zeit, die die Ufos für die Strecke zwischen Mount Rainier und Mount Adams benötigten. Nach seiner Schätzung legten sie die Entfernung von etwa 80 Kilometern zwischen den Bergen in einer Minute und 42 Sekunden zurück. Das würde bedeuten, dass die Objekte eine Geschwindigkeit von etwa 2800 Kilometern pro Stunde erreichten.

Würde diese grobe Schätzung halbwegs der Wahrheit entsprechen, wären die neun Objekte mit mehr als doppelter Schallgeschwindigkeit und damit viel schneller als alle anderen bekannten Flugzeuge zu dieser Zeit unterwegs gewesen.

Erst kurze Zeit später, im Oktober 1947, gelang dem US-Testpiloten Charles „Chuck" Yeager mit dem Experimentalflugzeug Bell X-1 offiziell bestätigt das Durchbrechen der Schallmauer im Horizontalflug; er erreichte 1125 Kilometer pro Stunde.

Die Beobachtung von Kenneth Arnold versetzte die Weltöffentlichkeit dermaßen in Aufregung, dass Tausende ähnliche Berichte folgten.

„Der Hype passt in eine Zeit, in der kurz nach

Kriegsende für die Menschheit wieder Aufschwung und später der eigene
Griff nach den Sternen ins Blickfeld rückten", erklärt Ammon. Der Medienrummel habe
dafür gesorgt, dass sich der Mythos „Außerirdische in fliegenden Untertassen" in den Köpfen der Menschen festsetzte, sagt der Fachmann: „Das bereichert heute unsere Kultur in Form von Science-Fiction-Filmen, Serien und Büchern."
Es war der Beginn der Ufo-Forschung. „Ohne einen Auslöser wie Arnolds Sichtung und das erste große Presseecho darauf würde es diese heute nicht in dem Sinne geben", meint GEP-Experte Ammon. [10/17]

Aber kommen die Schiffe wirklich aus einem anderen Sonnensystem?
Warum sind ihre Besuche bisher immer friedlicher Natur?
Sind es eventuell doch Schiffe verschiedener Tiefseekulturen humanoider Abstammung?
Wie an Land, könnten sich auch hier verschiedene Kulturkreise gebildet haben. Was spricht dagegen?
Hier hat auch jeder Kontinent, seine eigene Kultur!

Kenneth Arnold hatte leider keine Kamera bei sich, als er zum ersten mal ein UFOsichtete. Bild:mauritius Image/Topfot

Ein ehemaliger US-Soldat behauptet, dass er während seines Dienstes in Gautaname in Kuba eine Reihe von außerirdischen Schiffen gesehen hat, die von einer großen Unterwasserbasis in der Nähe der Bucht gestartet und geflogen sind. Über die bizarren Ereignisse gab er der Organisation Mutual UFO Network Zeugnis, die an der Untersuchung von UFO-Fällen beteiligt ist.

Der ehemalige Seemann verriet im Interview, was ihm und seinem Freund in den Jahren 1968 bis 1969 passiert ist, wobei die Daten nur im Dunkeln geschossen werden, weil man sich nach so langer Zeit nicht mehr an sie erinnert. Ihm zufolge wurden in Guantanamo viele Beobachtungen gemacht, aber es wurde ihnen verboten, öffentlich zu diskutieren.

„Die gesamte Marineinfanterie war erstaunt über die vielen UFO-Aktivitäten über und um diese Basis", sagte der Zeuge, der praktisch jede Nacht in weniger als 100 Metern über ihre Köpfe flog.

Der ehemalige Soldat, der anonym bleiben wollte, entdeckte ein Marsschiff, das 15 x 30 Meter groß sein konnte, aber nicht einmal wie ein fantasievoll fliegender Science-Fiction-Film aussah.

Ähnliche UFOs flogen und landeten abends abends und draußen im Wasser, also sah es so aus, als hätten sie eine Hauptbasis unter Wasser.

Guantánamo-Gefängnis.

Das aufregendste Ereignis war, als er das Haupttor bewachte und gegen sieben Uhr abends hinausging, um Ausschau zu halten. Als er über den Zaun in das leere Wachhaus auf der anderen Seite blickte, sah er eine große weiße Wolke mit einem blauen Blitzlicht in der Mitte, die sich dem Boden näherte. Zu dieser Zeit war es dunkel. Schließlich ließ die Stille die Schreie des Sergeants aus dem Sucher verklingen, der allen befahl, ihren Platz zu waschen. Dann zog der Marine zusammen mit einem Freund an einen sicheren Ort in der Kaserne, von wo aus sie alles beobachten konnten.[18]

Wie "russiatoday.com" unter Berufung auf "Svobodnaya Pressa" berichtet, beschreiben die nun deklassifizierten Berichte Begegnungen mit Objekten unter und über Wasser, deren Eigenschaften jegliche von Menschen erschaffene Technologie übersteige.

Die von einer Sondereinheit unter dem Marineadmiral Nikolai Smirnov zusammengestellten Berichte reichen demnach bis in Sowjetzeiten zurück und beziehen sich hauptsächlich auf bis heute unerklärte Sichtungen und Ortungen von USOs durch Schiffe und U-Boote des russischen Militärs. Neben den USO-Sichtungen befinden sich zudem auch zahlreiche UFO-Sichtungsfälle in den Akten.
Für den von den Quellen zitierten russischen UFO-Forscher Dr. Vladimir Azhazha, selbst ehemaliger Marineoffizier, sind die freigegebenen Akten von großer Bedeutung: "50 Prozent der Sichtungen beziehen sich auf Ereignisse über und in Meer, 15 weitere auf Seen."

In einem Fall sei ein russisches Atom-U-Boot im Pazifik von sechs unbekannten Objekten verfolgt worden, ohne dass man diese habe abschütteln können. Schlussendlich habe der Kommandant das Boot zum Auftauchen gebracht, wonach auch die Verfolger an die Oberfläche kamen und von hier aus in den Himmel starteten und davonflogen.

Laut den ebenfalls in den Nachrichtenquellen zitierten Aussagen des ehemaligen Kapitäns des Marine-Geheimdienstes Igor Barklay sollen sich eine Vielzahl der beobachteten UFO und USO immer dort konzentriert haben, wo es auch Marinestützpunkte von NATO und Warschauer Pakt gab und gibt. Zudem seien viele der unbekannten Objekte selbst an den tiefsten Stellen des Atlantischen Ozeans, im südlichen Bermuda-Dreieck und in der Karibik geortet worden.
Auch der älteste und tiefste Süßwassersee der Erde, der sibirische Baikalsee, soll immer wieder von UFOs und USO heimgesucht werden.

Hier wurden laut den russischen Marineakten 1982 in 50 Metern Tiefe sogar "eine Gruppe, in silbernen Anzügen gekleideter, humanoider Wesen" von einer Gruppe von trainierenden Kampftauchern beobachtet.
Bei dem Versuch, die Wesen in Gewahrsam zu nehmen, sollen drei der sieben Taucher ums Leben gekommen und die restlichen verwundet worden sein.

Zwischen Ascoli Piceno, Pescara u. Adria
In dem oben genannten Gebiet donnerten plötzlich anomale Wellen an die Küste, erhoben sich geräuschlos bis zu 30 Meter hohe Wassersäulen in den heiteren Himmel, brodelte urplötzlich die See unter den Fischerbooten, so dass deren Sonar verrückt spielte, während gleißende Scheiben über dem Meer schwebten. Eines Tages kehrten zwei Fischer, die Brüder Fianfranco und Vittorio de Fulgentis aus Benedetto del Trondo nicht mehr von ihrem Fischfang heim. Taucher schließlich entdeckten nach einiger Suche das Boot - es lag völlig intakt in 12 Meter Tiefe auf dem Meeresgrund. Daneben

die Leichen der Brüder, auch sie ohne Verletzungen, ohne Brüche. Sie sind auch nicht ertrunken, denn in ihren Lungen fanden Gerichtsmediziner kein Wasser. Die Todesursache blieb ungeklärt, ebenso die Herkunft seltsamer roter Flecke auf ihrer Haut.

Vor einem Rätsel stand auch Frederico Ricci, Kommandant eines kleinen Motorschiffes: "Wir befanden uns etwa sechs Kilometer von der Küste entfernt auf der Höhe der Bucht von Pedano. Das Meer war vollkommen ruhig. Etwa 150 Meter vor dem Schiffsbug schoß urplötzlich eine Wassersäule zum Himmel empor. Sie mag ungefähr sieben oder acht Meter breit gewesen sein und tieg mit rasender Geschwindigkeit immer höher: mindestens 30 bis 40, vielleicht sogar 50 Meter hoch. Oben teilte sich das Wasser pilzartig und stürzte ins Meer zurück. Wir waren zu Tode erschrocken und fuhren schnellstens zurück".

Alberto Mattiuicci berichtete: "Plötzlich spielte unser Sonar verrückt. Wenige Augenblicke später wurden wir von einem Lichtstrahl geblendet, der über den Wellen zu tanzen schien. Das Merkwürdigste daran war, dass der Lichtstrahl keinerlei Reflexe auf der Wasseroberfläche hervorrief."

Oberleutnant Bellomo (Marine): "Auch wir haben in der Nacht fünf Meilen vor der Küste eine Art Rakete von blaßroter intensiver Ausstrahlung gesehen, die sich bis zu einer Höhe von 400 Metern aus dem Wasser erhob und nach drei, vier Sekunden wieder verschwand. Von meinem Vorgesetzten bekam ich per Funk den Befehl, die Meereszone zu untersuchen, in der wir die Rakete erspäht hatten. Der Meeresgrund ist dort 23 Meter tief, zu flach für ein U-Boot. Aber wir kamen dann fast nicht mehr heim, weil das Radar ausfiel."

Ein Fischer: "Das Licht schien von einer rötlich leuchtenden Scheibe zu kommen, die nicht weit hinter mir schwebte. Und obwohl ich mich mit voll aufgedrehten Motoren plötzlich heimwärts fuhr, nahm das Leuchten an Intensität zu. Auf einmal wurde mir bewußt, dass ich von dem Licht verfolgt wurde. Ich hatte entsetzliche Angst und gelangte schließlich mit Herzklopfen und am ganzen Körper zitternd am Hafen an."[19]

Nun hat aber auch das Pentagon zugegeben, das es UFO Erscheinungen gibt!
Merkwürdig sind diese, immer in der Nähe von Tiefseegräben!
So wie die häufigsten Sichtungen in der Nähe von Puerto Rico und dem Puerto Rico Graben, welcher sich an das Bermuda Dreieck anschließt!
Ist Puerto Rico ein Hotspot für Ufos und andere unerklärliche Phänomene?
Vor Puerto Rico liegt in der Tiefsee der Puerto Rico Graben!

Der Puerto-Rico-Graben liegt direkt nördlich der Nahtstelle der Großen – und Kleinen Antillen am Südwestrand des Nordatlantiks. Er befindet sich zwischen dem Nordamerikanischen Becken in der Sargassosee im Nordwesten, Norden und Nordosten, dem Guyanabecken im Osten und Südosten und der zu den Inseln über dem Wind gehörenden Leewardinseln im Südosten,Puerto Rico im Süden und

der Dominikanischen Republik im Südwesten und Westen. Die Tiefseerinne war schon mehrfach Ziel wissenschaftlicher Untersuchungen, da sie aufgrund ihrer Nähe zum Festland schnell zu erreichen ist.
Anfangs wurde die Wassertiefe mit Tiefloter gemessen. Während derChallebger – Expedition wurde am 26. März 1876 eine Tiefe von 3875 Faden (7087 m) gemessen. Am 27. Januar 1883 wurde durch eine Lotung von Bord des ozeanographischen Forschungsschiff U.S.C. & G.S.George S. Blake eine Tiefe von 4561 Faden (8341 m) ermittelt und diese Stelle wurde nach Willard H. Brownson als Brownson Deep benannt.

Die ersten Echolotungen erfolgten von Bord der USS Milwaukee. Am 14. Februar 1939 wurde mit einem NM-9 Echolot eine Tiefe von 4780 Faden (8741 m) gemessen und nach Anwendung einer Korrekturtafel ergab sich ein Wert von 5041 Faden (9219 m).
Diese Stelle trägt seither den Namen Milwaukeetief. Eine 1955 mittels Echolot erfolgte Vermessung der Tiefseerinne durch Maurice Ewing und Bruce C. Heezer ließen auf einen flachen Boden in einer Tiefe von 8380 m schließen.
Um Theorien zur Entstehung dieser Tiefseerinne zu prüfen wurden mittels reflaktionsseismischer Untersuchungen in den Jahren 1954 und 1959 der Aufbau der Lithosphäre im Bereich des Puerto Rico Grabens untersucht. Dabei wurde festgestellt, dass sich die Mohorovicic – Diskontinuität in Tiefen zwischen 9 und 12 km unter der Meeresoberfläche befindet.
1964 wurde im Rahmen der Operation Deepscan in amerikanisch-französischer

Kooperation erstmals Tauchgänge durchgeführt.
Die französische Marine unterstützte das Projekt mit dem Tiefsee-Tauchboot Archimede und dessen Mutterschiff Marcel Le Bihan. Von amerikanischer Seite waren das Forschungsschiff USNS Robert D. Conrad des Lamont – Doherty Eath Observatory und das Forschungsschiff Atlantis II des Ozeanographischen Instituts in Woods Hole im Einsatz. Bei zwölf Tauchgängen wurden u. a. Gesteinsproben entnommen.[20]

Jorge Martín ist einer der wenigen investigativen Journalisten, die ihr ganzes Leben damit verbracht haben, das UFO-Phänomen zu studieren. Er untersucht seit mehr als 30 Jahren das UFO-Phänomen und außerirdische Aktivitäten in Puerto Rico und auf den karibischen Inseln. Seit Jahren wurden verschiedene Anomalien am Himmel von Puerto Rico gesichtet, darunter auch Schiffe, die aus den Wolken auftauchten. Martín ist berühmt für die angeblichen UFO-Sichtungen im Wald von El Yunque in den 1990er Jahren.
Martín wurde 1952 in New York City als Sohn puertoricanischer Eltern geboren. Seine
Eltern kehrten nach Puerto Rico zurück, als er erst 5 Jahre alt war. Seit 1975 arbeitet er aktiv als UFO-Ermittler.
UFO-Journalist Jorge Martín aus Puerto Rico
In den 1980er Jahren fühlten die Bewohner von Ponce City in Puerto Rico Störungen und Vibrationen wie jemand, der unter der Erde bohrt. Sie hörten sogar mehrere Nächte lang laute Geräusche und Summen. Da sie sich darüber Sorgen machten, baten sie die lokalen und staatlichen Behörden, die Angelegenheit zu untersuchen. Die Einheimischen hatten mehrere Nächte

lang friedlich protestiert, aber leider hörten die Medien auf, über das Thema zu berichten. Anschließend hörten die Geräusche auf und der Fall wurde vergessen.

Dieser Vorfall veranlasste Matin, eine Untersuchung durchzuführen, die später zu einem interessanten Fall wurde. Ihm zufolge war die Inselgruppe in der Nähe von Puerto Rico der Hotspot für UFOs und außerirdische Aktivitäten. Er behauptete, mysteriöse (künstlich geschaffene) Strukturen am Meeresboden im Süden der Stadt Ponce entdeckt zu haben, die sich bis zum Osten der Insel Vieques in Puerto Rico erstrecken. Interessanterweise fand er im Süden der Stadt Ponce untergetauchte Tunnel, die mit dem Festlandsockel verbunden sind. Er fragte sich, ob es eine unterirdische Einrichtung gab. Offiziell verließ die US-Marine im Jahr 2000 die Roosevelt Roads Naval Station in der Stadt Ceiba, Puerto Rico. Martín war jedenfalls skeptisch gegenüber den US-Militäraktivitäten in der Region. Er argumentierte, dass die mysteriösen Strukturen, die er anhand von NOAA-Bildern entdeckte, für Menschen mit der aktuellen Technologie unmöglich zu bauen seien. Er war verwirrt darüber, wer solche gewaltigen Bauwerke unter Wasser hätte bauen können: Wurden sie von alten Zivilisationen gebaut oder das geheime Versteck von Außerirdischen?

Schockierende UFO-Aufnahmen, aufgenommen von einem NASA-Astronauten

Der Beweis für die Existenz außerirdischer Aktivitäten in Puerto Rico wurde 1996 während der NASA-Mission STS-80 vom Astronauten Story Musgrave aus dem Weltraum mit einer Kamera aufgenommen.

UFO-Experten bestätigen die Ursprünge seltsamer Objekte, die von der NASA während einer Mission in

Puerto Rico im Jahr 1996 mit der Kamera aufgenommen wurden. Martín erhielt von Fischern schockierende Details über die geheime Unterwasserschlucht und UFO-Sichtungen auf der Insel Vieques. Der Fischer namens Carlos Ventura sagte, er glaube, dass es unter Wasser in einer tiefen Unterwasserschlucht südlich von Vieques einen leeren Raum gebe. Ein anderer Fischer namens Alicio Ayala bestätigte dasselbe und behauptete, mehrmals UFOs in diesem Gebiet gesehen zu haben.

Er sagte: „Als es im Wasser versank, konnte man immer noch das Leuchten seines Lichts sehen, bis es verschwand. Ich blieb warten, um zu sehen, ob es wieder herauskam, aber es tat es nicht. Das war südlich von Vieques, in der Zone der Südtiefe, mit Blick in Richtung der Spitze der Stadt Maunabo, auf der Hauptinsel, wo sich der Leuchtturm von Maunabo befindet, dort drüben.

Jorge Martín interviewt den Fischer von Vieques, Carlos Ventura. Viele andere sagen, dass sie genau die gleichen Dinge dort draußen und auch in der Gegend nahe El Yunque auf der Big Island gesehen haben."
Tote Alien-Leiche
Viele Einwohner von Vieques hatten die Kreaturen oft wie graue Aliens gesehen, die aus dem Meer kamen und zurückkehrten. Außerdem wurde 1996 im Magazin 2000 eine Geschichte über die Entdeckung einer außerirdischen Leiche von dem deutschen Journalisten Michael Hesemann veröffentlicht, weitergeleitet von Jorge Martín.

Der Vorfall ereignete sich in den 1970er Jahren auf dem Cerro Las Tetas Peak in Puerto Rico. Eines Nachts gingen Jose Chino Zaya und sein Freund angeln, als sie eine Reihe mysteriöser Höhlen in der Gegend entdeckten. Sie waren entsetzt, als sie mehrere kleine Kreaturen in einer der Höhlen sahen.

Während einer Begegnung mit kleinen Wesen tötete Zaya einen, der sein Bein packte. Er nahm den toten Alienkörper und konservierte ihn in Formaldehyd. Anschließend untersuchte Officer Osvaldo Santiago das seltsam aussehende Wesen.
Außerdem wurde es von einem Professor der Universität von Puerto Rico untersucht, der es als außerirdisch bezeichnete.
Die Kreatur wurde als über 12 Zoll groß mit einem extrem dünnen Schädel und großen Augen beschrieben.

Jose Martín löste Dutzende solcher Geheimnisse in Puerto Rico, trat in mehreren Fernsehsendungen auf und reiste in andere Länder, um das UFO-Phänomen zu erforschen. Er ist Autor des Buches: „Vieques: Shooting Range of the 3rd.Nett."21

Auf den Bildern ein UFO und ein F-14-Flugzeug der US Air Force
ROTES KAP "PUERTO RICO
AM 9. Mai 1988.

Einige der spektakulärsten UFO-Sichtungen, bei denen Zeugenberichten zufolge Kampfjets zum Einsatz kamen, gab es über Puerto Rico. Hier kam es zu einem Vorfall, bei dem tausende von Zeugen ein riesiges Objekt am Himmel beobachteten.

Einer der spektakulärsten Sichtungen geschah am 28. Dezember 1988 über der Cabo Rojo im Südwesten von Puerto Rico. Tausende Augenzeugenberichte liegen vor. Laut diesen wären in der Nähe des Objekts zwei F-14 Tomcat-Düsenjäger des Militärs erschienen, die das riesige dreieckige Objekt verfolgt hätten.
Glaubt man den Aussagen der Augenzeugen, dann "schluckte" das riesige UFO die Abfangjäger regelrecht. Erst verschwand einer der beiden Kampfjets mitten in der Luft. Danach der andere.

Ein dritter Kampfjet beobachtete die Aktion von weitem. Nachdem die beiden F-14 Tomcat vom Objekt "verschluckt" worden seien, wäre dieser abgedreht und hätte sich aus dem Sichtfeld der Augenzeugen entfernt. Angeblich waren auch runde kleinere Objekte zeitweise in der Luft zu sehen, die als Sonden beschrieben wurden und aus dem Objekt kamen um offensichtlich die Gegend erkundeten. Sie hätten orange-rötlich geleuchtet. Wie man es auch aus den Foofighter-Berichten aus dem Zweiten Weltkrieg kennt.[22]

Einige der Zeichnungen von Augenzeugen zu dem Vorfall in Puerto Rico ->

 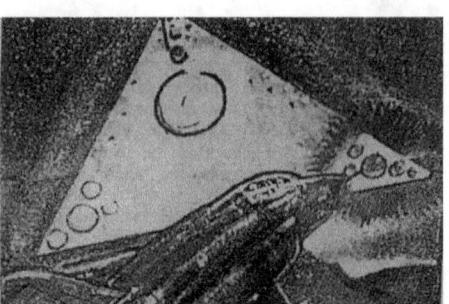

 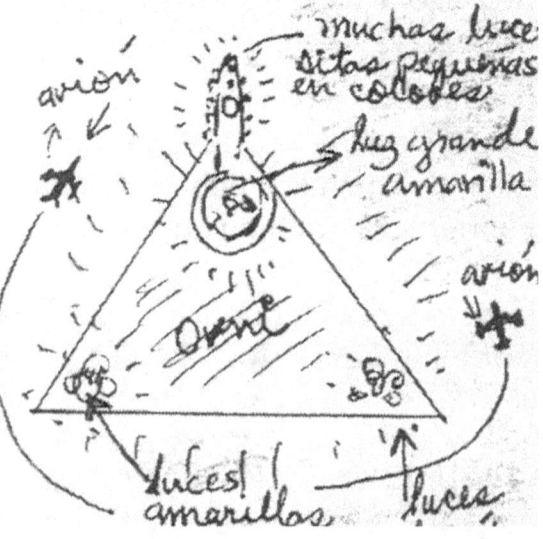

12. JULI 1977, QUEBRADILLAS, ARECIBO, PUERTO RICO, ADRIAN DE OLMOS ORDONES, SEINE TOCHTER IRASEMA, NACHBARN:

Kurze Zusammenfassung der Sichtung und Befragung der Zeugen

In Quebradillas, Puerto Rico, ruhte Adrian De Olmos Ordones, 42, am 12. Juli 1977 um 20:30 Uhr auf dem Balkon seines Hauses, als er eine sehr kleine Gestalt sah, 40 Fuß entfernt auf der anderen Straßenseite, die unter die Decke rutschte Stacheldrahtzaun eines benachbarten Bauernhofs und gehen Sie zu einem 20 Fuß entfernten Straßenlaternenpfahl.

Er dachte zuerst, dass es "anscheinend ein Kind" sein könnte, war aber fasziniert, konzentrierte seine Aufmerksamkeit und erkannte, dass es kein normales Kind war. Das Wesen war mit einem grünen Gewand bedeckt, das mit Luft aufgeblasen zu sein schien, und hatte einen großen metallischen Helm mit einer Glasfront, die den Kopf umschloss und oben zu einer leichten Spitze kam, die von einer kurzen Verlängerung mit einem leuchtenden Punkt oben überragt wurde. Auf seinem Rücken war eine Kiste wie ein Tornister.

De Olmos bemerkte auch, dass das Wesen nur vier Finger hatte, dass seine Füße denen einer Ente ähnelten und dass er einen Schwanz hatte, der nicht lang genug war, um den Boden zu erreichen. In seiner rechten Hand hatte er einen kleinen glänzenden Gegenstand.

De Olmos rief seiner Tochter Irasema zu, sie solle Bleistift und Papier bringen, damit er das Wesen zeichnen könne, ohne wegzusehen. Später erklärte er gegenüber dem Ermittler Sebastian Robiou Lamarche:

„Ich habe meiner Tochter gesagt, sie soll das Licht im Wohnzimmer einschalten, aber sie hat sich geirrt und die Außenlampe
angezündet, die die Terrasse beleuchtet. Sobald sie angezündet war, sah ich, wie sich die Kreatur zum Stacheldrahtzaun zurückzog. Es rutschte nach unten und blieb regungslos stehen, es legte seine Hände auf die Vorderseite seines Gürtels und etwas, das es hinten hatte, wie ein Rucksack, wurde mit einem Geräusch angezündet, das dem einer elektrischen Bohrmaschine ähnelte, dann erhob sich das Ding in der Luft und verschwand hinter den Bäumen."

Zu diesem Zeitpunkt kamen die Tochter, die Frau und die beiden Söhne von De Olmos nach draußen, gerade rechtzeitig, um die Lichter des Objekts in der Luft fliegen zu sehen. So beobachteten sie es während zehn Minuten, wie es von Baum zu Baum ging und manchmal bis auf Bodenhöhe hinunterging. Inzwischen hatte sich eine Gruppe von Nachbarn zu ihnen gesellt und verfolgte diese Vorführung ebenfalls. Während dieser Zeit "spielte" das Vieh auf dem angrenzenden Bauernhof "verrückt", rannte herum und brüllte.

Eine zweite Gruppe von Lichtern, von der spekuliert wurde, dass es sich um einen zweiten Humanoiden handelt, schloss sich der ersten an.

De Olmos dachte, dass es seinem Begleiter zu Hilfe käme, dessen "Rucksackgerät nicht zufriedenstellend funktionierte".

Die Lichter verschwanden bald und hinterließen in der Nacht eine kleine Gruppe verängstigter Zeugen, die sich beeilten, die Polizei zu rufen.

Die Polizei führte eine umfassende Untersuchung durch, ebenso wie danach Sebastian Robiou Lamarche. In dem

Bericht, den er für die British Flying Saucer Review veröffentlichte, schrieb Lamarche:
„Während unserer Ermittlungen konnten wir sicherstellen, dass Herr Adrian ein seriöser, geschätzter Mann und ein ehrlicher Arbeiter war. Er genießt die Rücksicht aller seiner Nachbarn. Er ist ein Geschäftsmann, der Futter für das Vieh im Nordwesten verkauft." der Insel. Er hatte noch nie zuvor das geringste Interesse an UFOs oder ähnlichen Dingen gezeigt. Er sagte uns jedoch: ‚Jetzt glaube ich daran.'"
Am nächsten Tag wurden Spuren gefunden und fotografiert, die vermutlich von dem Humanoiden hinterlassen wurden, und es wurde festgestellt, dass eine Nachbarin zwei Tage zuvor ein leuchtendes Objekt in das Waldgebiet herabsteigen gesehen hatte.

Zeuge **CHARLES BERLITZ:**

Der Zeuge weist darauf hin, dass Adrian de Olmos Ordonez, in seinen Vierzigern, an einem schönen Abend im Juli 1977 auf seinem Balkon ruhte, als er sah, wie etwas unter den Stacheldrahtzaun des benachbarten Bauernhofs rutschte. Er konnte im Zwielicht erkennen, dass es sich um ein kleines Wesen handelte, „anscheinend ein Kind".
Er war fasziniert und konzentrierte seine Aufmerksamkeit und erkannte, dass es kein normales Kind war. Das Wesen trug eine Art grüne Glühbirne und einen Metallhelm, der von einer Antenne gekrönt wurde, an deren Ende sich ein Licht oder eine Flamme befand. De Olmos rief seiner Tochter Irasema zu, sie solle Bleistift und Papier bringen, damit er das Formular zeichnen könne, ohne wegzusehen. Später erklärte er gegenüber

dem Ermittler Robiou Lamarche:
„Ich habe meiner Tochter gesagt, sie soll das Licht im Wohnzimmer einschalten, aber sie hat sich geirrt und die Außenlampe angezündet, die die Terrasse beleuchtet. Sobald sie angezündet war, sah ich, wie sich die Kreatur zum Stacheldrahtzaun zurückzog.
Es rutschte nach unten und blieb regungslos stehen, es legte seine Hände auf die Vorderseite seines Gürtels und etwas, das es hinten hatte, wie ein Rucksack, wurde mit einem Geräusch angezündet, das dem einer elektrischen Bohrmaschine ähnelte, dann erhob sich das Ding in der Luft und verschwand hinter den Bäumen."
Zu diesem Zeitpunkt kamen die Tochter, die Frau und die beiden Söhne von Olmos nach draußen, gerade rechtzeitig, um die Lichter des Objekts in der Luft fliegen zu sehen. So beobachteten sie es während zehn Minuten, wie es von Baum zu Baum ging und manchmal bis auf Bodenhöhe hinunterging.
Inzwischen hatte sich eine Gruppe von Nachbarn zu ihnen gesellt und verfolgte diese Vorführung ebenfalls. Eine zweite Gruppe von Lichtern, von denen vermutet wurde, dass es sich um einen zweiten Humanoiden handelte, schloss sich der ersten an. De Olmos dachte, dass es seinem Begleiter zu Hilfe käme, dessen "Rucksackgerät nicht zufriedenstellend funktionierte". Die Lichter verschwanden bald und hinterließen in der Nacht eine kleine Gruppe
verängstigter Zeugen, die sich beeilten, die
Polizei zu rufen. Die Polizei führte eine umfassende Untersuchung durch, ebenso wie danach Robiou Lamarche. In dem Bericht über die Ereignisse, den er für eine britische Zeitschrift über die fliegenden Untertassen herausgab [Flying Saucer Review], schrieb Lamarche:

„Während unserer Ermittlungen konnten wir sicherstellen, dass Herr Adrian ein seriöser, geschätzter Mann und ein ehrlicher Arbeiter war. Er genießt die Rücksicht aller seiner Nachbarn. Er ist ein Geschäftsmann, der Futter für das Vieh im Nordwesten verkauft." der Insel. Er hatte noch nie zuvor das geringste Interesse an UFOs oder ähnlichen Dingen gezeigt. Er sagte uns jedoch: ‚Jetzt glaube ich daran.'"

Zeuge **JANET UND COLIN BORD:**

Die beiden Fokloristen weisen darauf hin, dass am 12. Juli 1977 in Quebradillas, Puerto Rico, eine kleine behelmte Einheit gesehen wurde, die in Grün gekleidet war, einen Schwanz hatte und auf der Rückseite eine mit roten und blauen Lichtern versehene Kiste trug. Die Kiste hob sich und die Entität flog davon, die Zeugen beobachteten die Lichter
der Kiste über einigen Bäumen, wo sie von anderen identischen Lichtern begleitet wurden, als ob eine andere Entität darauf gewartet hätte.

Zeuge **ROGER BOAR UND NIGEL BLUNDEL:**

Die Zeugen geben an, dass ein Vater und seine Tochter auf ihrem Gelände waren, als sie eine kleine Entität sahen, die unter dem Drahtzaun hindurchging und sich dem Haus näherte. Der Vater dachte zunächst, es sei ein Kind und forderte seine Tochter auf, das Außenlicht einzuschalten. Das Wesen ging dann weg.
Er maß ungefähr 1,10 Meter, war vollständig grün gekleidet, einschließlich der Füße, und trug einen Helm

mit einem durchsichtigen Teil vor dem Gesicht. Am Helm war eine Antenne befestigt, und das Wesen trug einen Rucksack, der an seinem Gürtel befestigt war. Es hatte einen Schwanz.
Es passierte wieder den Zaun, drückte etwas auf seinen Gürtel und flog in der Art von Superman davon, auf einige weiter entfernte funkelnde Lichter zu.

Zeuge **RICHARD HALL:**

Richard Hall listet auf, dass A. Ordonez am 12. Juli 1977 in Quebradillas, Puerto Rico, um 20:30 Uhr Zeuge eines 3,5 Fuß großen Wesens in grüner Kleidung mit Helm, Rucksack und vier Fingern an den Händen wurde, das vom Balkon aus gesehen wurde. ohne Handwerk gesehen; dieses Wesen floh, als die Lichter eingeschaltet wurden, und schwebte nach oben.

Zeuge **JOSEPH TRAINER:**

Joseph Trainor listet auf, dass 1977 ein kleiner Außerirdischer, der eine grüne Uniform und einen Helm mit blinkenden roten und weißen Lichtern trägt, von mehreren Menschen in Quebradillas, Puerto Rico, gesehen wird.

Zeuge **ALBERT ROSALES:**

Albert Rosales gibt in seinem Katalog an, dass Adrian De Olmos Ordones, 42, am 12. Juli 1977 um 20:30 Uhr in Quebradillas, Puerto Rico, auf dem Balkon seines Hauses ruhte, als

er eine sehr kleine Gestalt in 40 Fuß
Entfernung sah auf der anderen Straßenseite, schlüpfen
Sie unter den Stacheldrahtzaun eines Bauernhofs und
gehen Sie auf einen 20 Fuß entfernten
Straßenlaternenpfahl zu.
Er war 3,5 Fuß groß und von einem grünen
Kleidungsstück bedeckt, das mit Luft aufgeblasen zu sein
schien; Ein großer Metallhelm mit einer Glasfront
umschloss den Kopf und kam oben zu einer leichten
Spitze, die von einer kurzen Verlängerung mit einem
leuchtenden Punkt oben überragt wurde. Auf seinem
Rücken war eine Kiste wie ein Tornister. Der Zeuge
bemerkte auch, dass er nur vier Finger hatte, dass seine
Füße denen einer Ente ähnelten und dass er einen
Schwanz hatte, der nicht lang genug war, um den Boden
zu erreichen. In seiner rechten Hand hatte er einen
kleinen glänzenden Gegenstand.
Der Zeuge ließ sich von seiner Tochter Bleistift und
Papier bringen, damit er eine Skizze machen konnte, aber
aus Versehen schaltete sie das Balkonlicht ein; Das Wesen
rannte erschrocken zum Zaun zurück, ging darunter
hindurch, blieb dann stehen und legte seine Hand auf
seinen Gürtel. Auf dem
Rucksack erschienen zwei rote und zwei blaue Lichter
mit zwei nach unten gerichteten
Funkenstrahlen, begleitet von einem Geräusch wie von
einer elektrischen Bohrmaschine. Damit stieg das Wesen
10 Fuß in die Luft, hob seinen Schwanz und flog
horizontal zu einem 150 Meter entfernten Wäldchen.
Herr Olmos, seine Familie und Nachbarn beobachteten
die Lichter der Figur, als er sich 10 Minuten lang in
Begleitung eines anderen Lichts zwischen den Bäumen
bewegte. Während dieser Zeit "spielte" das Vieh auf dem

angrenzenden Bauernhof "verrückt", rannte herum und brüllte.
Am nächsten Tag wurden Spuren gefunden und fotografiert, die vermutlich von dem Humanoiden hinterlassen wurden. Eine Nachbarin hatte zwei Tage zuvor gesehen, wie ein leuchtendes Objekt in das Waldgebiet hinabstieg.

Zeuge **SCOTT CORRALES:**

Scott Corrales gibt an, dass 1977 ein kleiner Außerirdischer, der eine grüne Uniform und einen Helm mit blinkenden weißen und roten Lichtern trug, von mehreren Menschen in Quebradillas, Puerto Rico, gesehen wurde.[23]

Der Journalist / UFO-Forscher Jorge Martin leitet einen Artikel weiter, den er über ein Video einer unbekannten Entität geschrieben hat, das in El Yunque im Regenwald von Puerto Rico aufgenommen wurde. [24]

Viele Besucher des Regenwaldes El Yunque, der sich in der östlichen Region der Insel Puerto Rico befindet, haben Begegnungen mit UFOs und scheinbar außerirdischen Kreaturen an diesem Ort erlebt. Eine interessante Tatsache im Zusammenhang mit den Begegnungen ist die Tatsache, dass Musik, insbesondere Flötenmusik, die rätselhaften Kreaturen im Wald anzuziehen scheint.
Genau das, Flötenmusik, scheint es gewesen zu sein, das eines Nachts im Dezember 1997 die Begegnung einer sehr seltsam aussehenden Kreatur mit mehreren jungen Männern in der Gegend verursacht hat, die dort als

"La Coca-Wasserfall" bekannt ist.
Die Gruppe der Jugendlichen bestand aus Mr. Benjamín Laureano, Mr. Danny Quiñones und zwei weiteren Begleitern, die auf dem Highway 191 bis zu dem Sektor gegangen waren, in dem sich der oben erwähnte La Coca-Wasserfall befindet.
Sie parkten ihr Auto am Straßenrand, und Laureano holte einen tragbaren Panasonic-Camcorder aus dem Auto, den er mitgebracht hatte.
Ihre Absicht war es, eine UFO-Sichtung zu erleben, da sie an der UFO-Angelegenheit interessiert waren und der Wald ein Ort war, an dem viele UFO-bezogene Ereignisse stattgefunden hatten.
Auch, wenn möglich, ein Video von der UFO-Sichtung zu machen.
Außerdem hatten sie die Absicht, die Natur zu genießen und zu meditieren. Sie waren weit davon entfernt, zu wissen, dass sie in dieser Nacht Teil der großen Zahl von Zeugen werden würden, die Begegnungen mit anomalen Kreaturen in diesem Gebiet erlebten.
Spät in der Nacht beschlossen sie zu meditieren, und Danny Quiñones begann Flöte zu spielen. Augenblicke später hörten sie alle etwas Schweres von den hohen Ästen eines Baumes hinter ihnen zu Boden fallen.
Als sie auf eine Baumgruppe schauten, von der das Geräusch kam, sahen sie alle eine seltsam aussehende Kreatur, die versuchte, sich hinter einem Baum und dem Unterholz an Ort und Stelle zu verstecken.
Sie rannten sofort dorthin, wo die Kreatur war, Laureano schaltete den Camcorder ein und begann zu filmen, was passierte, unterstützt durch das Licht der Kameralampe. Er richtete die Kamera auf die Stelle, an der sich die Kreatur befand, und nahm einige Sekunden

lang ein Video auf, woraufhin die Kreatur davonlief und sich in der Dunkelheit der Nacht im Busch verirrte. Aufgeregt untersuchten sie die Aufnahme und tatsächlich tauchte das Bild der mysteriösen Gestalt im Video auf. Dann kontaktierten sie mich telefonisch in einer Radiosendung, die ich im Radiosender NotiUno in San Juan hatte, um mich über das Ereignis und die Videobeweise, die sie erhalten hatten, zu informieren. Ich traf Vorkehrungen und traf mich noch am selben Abend mit ihnen, um mir das Video anzusehen.

Foto: La Criatura filmada en video en el bosque de El Yunque, Puerto Rico, por el Sr. Benjamín Laureano. C. Jorge Martín.

Als ich es untersuchte, bestätigte ich darin das Bild einer extrem dünnen, seltsamen Kreatur, die etwa vier Fuß groß war (ich sage das, weil ich später zum Ort ihrer Begegnung neben dem La Coca-Wasserfall ging und die Größe des Baumstamms überprüfte, den die Kreatur versteckte und in welcher Höhe sie den Kopf der Kreatur sahen.

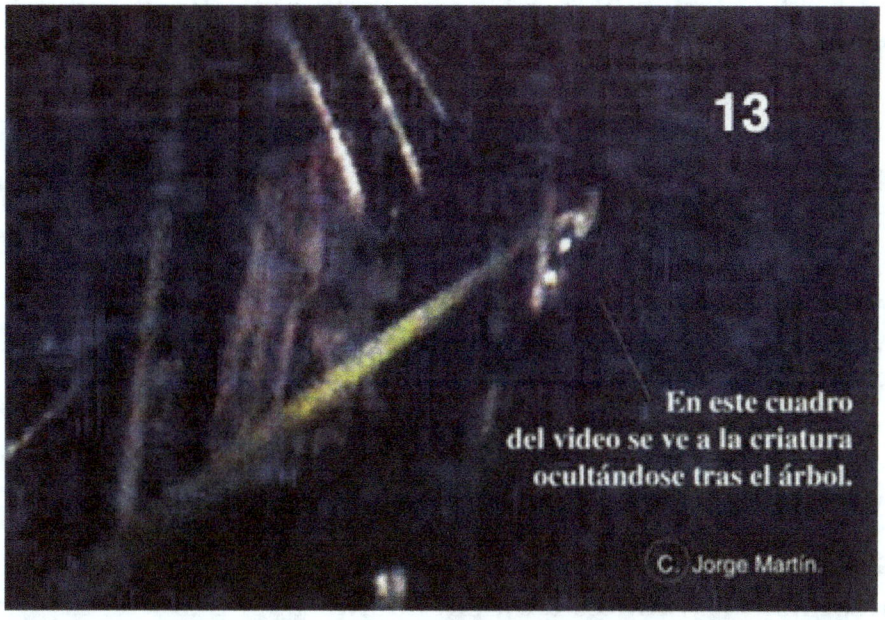

In Bezug auf die physische Erscheinung der Kreatur im Video muss ich sagen, dass sie eine graugrüne Haut hatte, die ölig, feucht oder glänzend aussah.
Auch wenn alles sehr schnell ging, konnte man sehen, dass die Kreatur lange, dünne Arme hatte und auf zwei Beinen ging. Mit einer schnellen Bewegung sprang er hinter dem Gestrüpp auf die linke Seite des Bildes, wo er sich hinter einem Baumstamm versteckte, aber gleichzeitig ein paar Mal dahinter hervorschaute, um die Jungtiere zu beobachten.

Wir konnten sehen, dass der Kopf der Kreatur halbdreieckig war, oben breit und unten dünn, und dass er zwei sehr große, dunkle Augen hatte, die schräg und nach oben verlängert waren.

An einem Punkt öffnete und schloss die Kreatur, vielleicht weil das schwache Licht der Kameralampe ihre Sicht störte, die Augen, und dann konnte ich sehen, dass sie zwei verschiedene Sätze von membranartigen Augenlidern zu haben schien, von denen sich eines öffnete und seitlich geschlossen und eine andere, die sich nach oben und unten öffnete und schloss! Augenblicke später verschwand die Kreatur schnell und rannte durch die dichte Vegetation an der Stelle.

Wir haben das Video mehreren Tierärzten und Biologen in Puerto Rico gezeigt, und keiner von ihnen konnte identifizieren, zu welcher Art von „Tier" die Kreatur auf dem Bild gehören könnte.

Nur einer von ihnen, Tierarzt Dr. Carlos Soto, gab an, dass ihn die Details dieser Membranen-Augenlider in den Augen der Kreatur bis zu einem gewissen Grad glauben ließen, dass es sich um etwas Reptilienverwandtes handeln könnte, aber das war es eindeutig, basierend auf der physischen Erscheinung der Kreatur war etwas, das einen scheinbar humanoiden physischen Körper hatte.

Da nur die Hälfte des Gesichts der Kreatur verfügbar war, machte ich ein Foto von dem Bild seines Kopfes, wie er hinter dem Baumstamm hervorkam, und machte ein umgekehrtes Duplikat des Bildes auf der linken Seite. Danach habe ich beide Teile davon in der Mitte verbunden und voilá, ich konnte mehr oder weniger sehen, wie das gesamte Gesicht der Kreatur aussehen würde (siehe das hier eingefügte Bild).

Geheimnisvolle Steinköpfe

Einige im Wald gefundene archäologische Stücke deuten darauf hin, dass die Anwesenheit dieser Art von Kreaturen im Wald seit langer Zeit bekannt ist, vielleicht Hunderte von Jahren, und dass unsere indianischen Vorfahren (die Taíno – Arawak-Indianer) möglicherweise Kontakt mit ihnen hatten.

Im südöstlichen Teil des Waldes, der den Highway 191 vom Viertel Campo Florida in der Gemeinde Naguabo in Richtung Cubuy-Sektor hinaufführte, befand sich das Cafeteria-Geschäft von Mr. 'Junior' Luyando, der gerne den Wald erkundete und mit einigen Freunden zusammen war von ihm hatte abgelegene Gebiete erkundet, wodurch er interessante archäologische Funde gemacht hatte.

Beispiele für solche Funde sind zwei schwere

„Köpfe" aus Granitfelsen, die er zusammen

mit anderen Stücken präkolumbianischer einheimischer Keramik in einer Höhle in einem sehr hohen Gebiet nahe der Quelle des Flusses Espíritu Santo gefunden hat .

Beide 'Köpfe' zeigen sehr interessante Details. Eines davon zeigt zwei große leere Augenhöhlen in aufrechter Schrägstellung, eine vorgewölbte Kopfform und einen sehr dünnen „Kiefer" (siehe Foto), und es hat sicherlich eine starke Ähnlichkeit mit dem Gesicht der Kreatur in Mr. Benjamín Laureanos Video und die Gesichter einiger mysteriöser humanoider Kreaturen, die im Wald angetroffen wurden, viele Zeugen in verschiedenen Bereichen des Waldes.

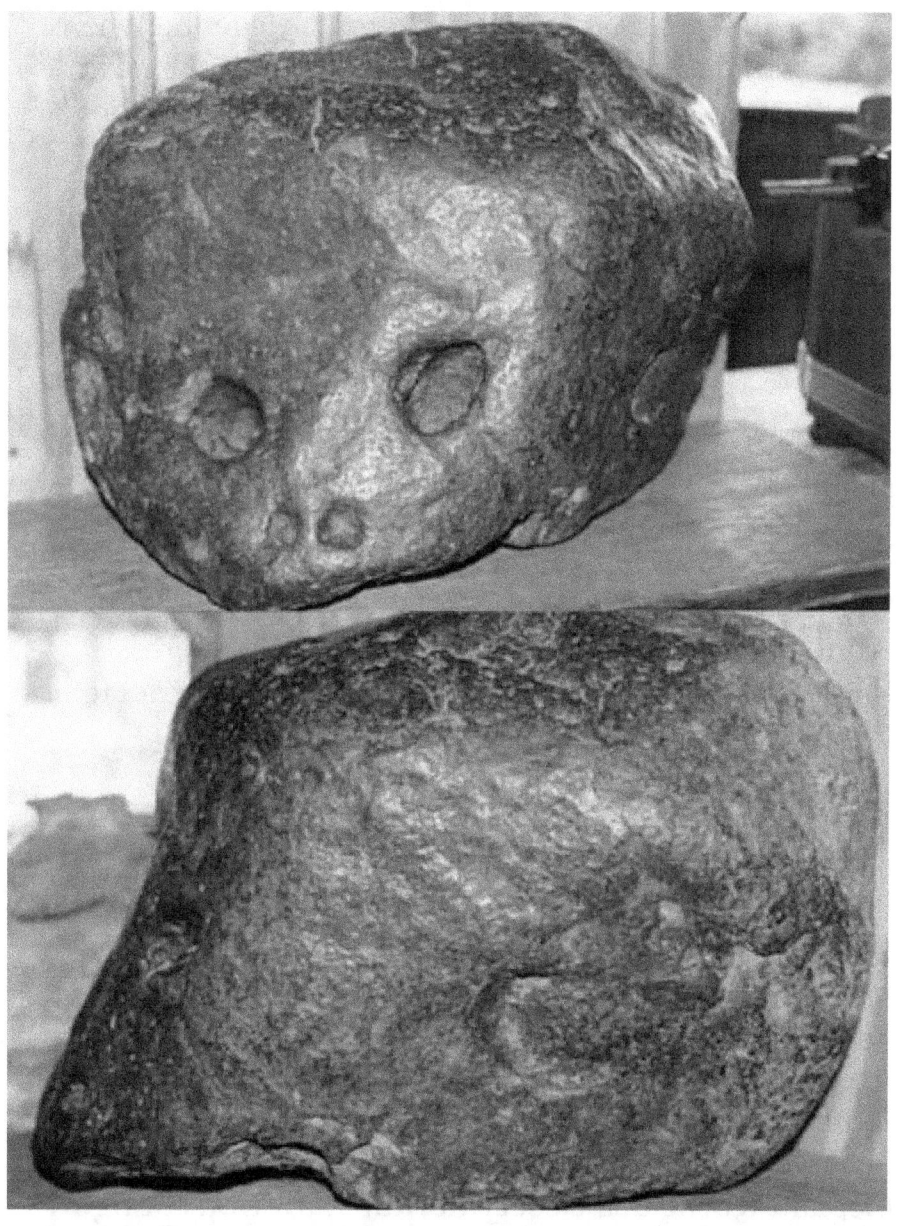

Mr. Luyando verriet uns, dass er früher in die oben erwähnte „Höhle" gegangen sei und dort „andere sehr seltsame Dinge" gefunden habe.

Er gab auch an, dass er bei mehreren Gelegenheiten von Mitarbeitern des US Federal Forestry Service besucht worden sei, die ihn eindringlich fragten, wo sich die angebliche „Höhle" befinde.

Die Sichtungen, in welcher Form auch immer, blieben auch dem US-Verteidigungsministerium nicht verborgen! Deshalb errichteten sie 1963 das Arecibo Teleskop! Mitten auf Puerto Rico! Das Arecibo-Observatorium ist ein 15 Kilometer südlich der Hafenstadt Arecibo in Puerto Rico gelegenes Observatorium mit diversen Teleskopen. Es ist bekannt für sein mittlerweile kollabiertes großes Radioteleskop, offiziell William-E.-Gordon-Teleskop (1963–2020) Zu den weiteren Instrumenten des Arecibo-Observatoriums gehören optische Instrumente zur Atmosphärenforschung, ein LIDAR, ein kleineres Radioteleskop und ein 30 Kilometer entfernt errichteter Ionesphärenheizer

Der Betrieb dieser Instrumente sowie die Forschungs- und Bildungsarbeit des Observatoriums sollen weitergeführt werden Das Radioteleskop hatte einen unbeweglichen Hauptspiegel von 305 Metern Durchmesser aus justierbaren Facetten. Mit Instrumenten, die beweglich an einer darüberhängenden Plattform montiert waren, konnte ein Bereich von knapp 20 Grad um den Zenit herum beobachtet werden. Geplant wurde das Observatorium zur Erforschung der Ionosphäre. Dazu war das Teleskop von Anfang an mit Sendern ausgestattet, deren Radiowellen von der Ionosphäre zurückgestreut werden. Später wurde mit stärkeren Sendern auch Radarastronomie betrieben.

Im passiven Betrieb wurde Strahlung ferner Radioquellen empfangen. Mit der großen Reflektorfläche und nach mehrfacher Aufrüstung eignete sich das Teleskop besonders für die Durchmusterung, das Aufspüren schwacher, schmalbandiger oder intermittierender Quellen, wie HI-Gebiete bzw. Pulsare,auch im Verbund mit anderen Radioteleskopen

Am Observatorium, das rund um die Uhr in Betrieb war, waren zuletzt etwa 140 Menschen beschäftigt. Ein unabhängiges Gremium verteilte nach wissenschaftlichen Kriterien Beobachtungszeit an jährlich rund 200 Astronomen in aller Welt, die diese meist aus der Ferne wahrnehmen konnten. Das Besucherzentrum des Observatoriums zählte rund 100.000 Besucher pro Jahr.

Die Idee zur Ionosphärenforschung mit einem großen vertikalen Radar und den Willen zur Umsetzung hatte William E. Gordon . Konstruiert und von Sommer 1960 bis November 1963 gebaut wurde das Observatorium für 9 Millionen Dollar aus Mitteln der ARPA inrichtung hieß zunächst *Arecibo Ionospheric Observatory* (AIO) und war dem US _ Verteidigungsministerium unterstellt. Im

Oktober 1969 wurde sie der National Science Fondation(NSF) überantwortet und im

September 1971 in *National Astronomy and Ionosphere Center* (NAIC) umbenannt. Für neun Millionen Dollar wurde das Teleskop von 1972 bis 1974 für die Astronomen tauglich gemacht und von 1992 bis 1998 für 25 Mio. Dollar noch einmal wesentlich verbessert.

Im Auftrag der NSF gemanagt wurde das NAIC von 1969 bis 2011 von der Cornell University. 2006 kündigte die NSF die schrittweise Reduzierung ihres Anteils an der

Betriebskostenfinanzierung an, so dass für 2011 die Stilllegung drohte. 2011 wurde eine fünfjährige Kooperation mit SRI International vereinbart, die die Finanzierung für diesen Zeitraum absicherte. Nach deren Ablauf war die NSF erneut auf der Suche nach Finanzierungspartnern, um den Betrieb des Observatoriums aufrechtzuerhalten, speziell nach dem millionenschweren Schaden durch Hurrokan Maria im Jahr 2017. 2018 ging das Management an ein Konsortium von Universitäten unter der Führung der University of Central Florida über. Damit verbunden war eine stetig steigende finanzielle Beteiligung der Universitäten, die sie zuvor im Rahmen der Studentenausbildung geleistet hatten, während der Anteil der NSF bis Oktober 2022 schrittweise auf 2 Mio. Dollar sinken sollte.

Dem chinesischen FAST ähnlicher Bauart ist mit einem 500 Meter messenden, adaptiven Hauptspiegel ein größerer Teil des Himmels zugänglich. Zur weit überlegenen Konkurrenz würde das Square Kilometre Array zählen. Sowohl FAST wie auch das Square Kilometre Array haben jedoch keinen Sender und sind daher nicht für Radarastronomie tauglich.

Am 10. August riss in der Nacht um 2:45 Uhr Ortszeit (6:45 UTC) eines der acht Zentimeter dicken Stahlseile am Tower T4 (dem Südost-Turm des Radioteleskops), welche als Hilfsseil die Höhe der Empfängerplattform stabilisieren, aus seiner Endhülse. Es beschädigte den Gregory- Dome und hinterließ im Hauptspiegel ein 30 Meter langes Loch. Der Betrieb des Teleskops wurde vorläufig eingestellt.

Eines der tragenden Hauptseile am Tower T4, an denen die Empfangseinheit aufgehängt ist, riss am 6. November und verursachte weitere Beschädigungen an der Anlage. Dieses Seil wurde 1963 eingebaut und war 57 Jahre im Betrieb.

Da dieses Seil bei nur 60 % seiner eigentlichen Maximalbelastung bei ruhigem Wetter nachgab, wurde in der Folge davon ausgegangen, dass auch andere tragende Seile eventuell schwächer sind, als für die Planung der Reparatur angenommen wurde. Ein weiterer kaskadierender Seilbruch und ein Absturz der Instrumentenplattform wurde befürchtet.

Die National Science Foundation betrachtete nach einer Inspektion am 19. November die Reparatur als zu gefährlich und entschloss sich dazu, das Observatorium dauerhaft stillzulegen und abreißen zu lassen. Das Ende des jahrzehntelang in wissenschaftlich produktivem Betrieb gewesenen Radioteleskops wurde von der weltweiten Astronomen- und Astrophysiker-Gemeinde mit Bestürzung aufgenommen.

Am 24. November wurden weitere Aderbrüche an den Seilen des Tower T4 festgestellt.

Um 7:53:50 Uhr (11:53 UTC) des 1. Dezember stürzte die Instrumentenplattform ab, nachdem fast gleichzeitig zwei weitere Seile des Tower T4 gerissen waren. Wenige Sekunden später riss das letzte verbliebene Seil. Die 900 Tonnen schwere Instrumentenplattform stürzte 137

Meter in die Tiefe auf den Reflektor, dabei wurden erhebliche Teile des Spiegels zerstört, die drei Stahlbetonpfeiler verloren ihre oberen Segmente und

weitere Gebäude wurden beschädigt. Verletzt wurde niemand, von einem Kollaps gefährdete Gebäude waren ohnehin nach dem zweiten Kabelbruch evakuiert und gesperrt worden.

Seit dem Kollaps gibt es neue Pläne für eine Nachfolgeeinrichtung. Ein vorläufiger Entwurf mit dem Namen Next Generation Arecibo Telescope (NGAT) beruht auf einem beweglichen Array von vielen kleinen Teleskopen in einem Phased Array, die

insgesamt eine größere Sammelfläche als das alte Teleskop haben, eine größere Empfindlichkeit, weitere Frequenzbänder und ein 500 mal größeres Sichtfeld aufweisen.

Das Teleskop soll außerdem weitaus stärkere Radarpulse in höheren Frequenzen abstrahlen können und damit die Radarastronomie entscheidend weiterbringen.

Am 17. Oktober 2022 teilte die National Science Foundation mit, dass das Observatorium nicht wieder aufgebaut wird. An dem Standort in Puerto Rico soll demnach stattdessen ein „neues multidisziplinäres Bildungszentrum" entstehen. Mit dem Schritt folge man Empfehlungen aus der Wissenschaft, hat ein Sprecher gegenüber dem US-Forschungsmagazin *Nature* versichert[25]

Nach 20 Jahren: SETI@home stellt die verteilte Arbeit im März 2020 ein

Es ist wohl das bekannteste Programm zum verteilten Rechnen, aber nun steht das Ende bevor. Nur noch im März bekommt die SETI@home-Software neue Daten.

SETI@home wird nur noch bis Ende März Daten zur Analyse an die Software zur
verteilten Suche nach außerirdischem Leben schicken. Danach werden sie das Programm in einen Ruhezustand versetzen, erklären die Macher. Sollten andere Astronomen der University of California, Berkeley ein neues Projekt beginnen, könne die Software aber reaktiviert werden, versichern die Verantwortlichen. Sie begründen den Schritt mit dem sich immer weiter verringernden Nutzen – "im Grunde haben wir alle Daten analysiert, die wir aktuell brauchen" – und der anstehenden Analysearbeit, die in einem wissenschaftlichen Paper münden solle.Sien freuen sich darauf, das ursprüngliche Projekt nach 20 Jahren abzuschließen.

Verteilte Suche nach Außerirdischen
SETI@home ist sicher das bekannteste Computing-Projekt zum verteilten Rechnen und widmet sich seit dem 17. Mai 1999 der Suche nach Signalen etwaiger extraterrestrischen Intelligenzen. Es wird in Berkeley betrieben und widmete sich anfangs ausschließlich Signalen, die quasi nebenbei am weltbekannten Radioteleskop Arecibo in Puerto Rico gesammelt wurden. Später kamen das Green Bank Telescope in West Virginia und das Parkes-Observatorium in Australien hinzu. Dort aufgefangene Signale werden in handliche Päckchen zerlegt, die dann auf jene Software verteilt wird, die Privatnutzer auf ihren Rechnern installiert haben. Die arbeitet als Bildschirmschoner nur, wenn der Computer gerade nichts zu tun hat, und analysiert dann die Signale. Ist das Datenpaket fertig aufbereitet, gehen die Ergebnisse zurück an die Zentrale in Berkeley.

Vor allem in den ersten Jahren des 21. Jahrhunderts war die Software millionenfach installiert und wurde zum erfolgreichsten Projekt des verteilten Rechnens. Schon vor dem zweijährigen Geburtstag konnte beispielsweise im Frühjahr 2001der dreimillionste Nutzer begrüßt werden. Mit den immensen Nutzerzahlen und der dadurch erreichten gigantischen Rechenleistung landete das Projekt auch im Guinness-Buch der Recorde. 2004 wechslete SETI @home auf die BOINC – Infrastruktur (Berkeley Open Infrastructure for Network Computing), die auch andere Projekte unterstützte.Gegenwärtig hat SETI @home noch 1,8 Millionen Nutzer, die Software läuft im Schnitt auf rund 148.000 Rechnern. Damit ist es weiterhin das mit Abstand erfolgreichste BOINC-Projekt. Nach mehr als 20 Jahren bedanken sich die Verantwortlichen nun bei all den freiwilligen Teilnehmern – auch wenn keine Signale gefunden wurden, die auf außerirdische Intelligenzen hinweisen. Auf Twitter erklärten sie„ dass aktuelle Programme wie etwa die von Breakthrough Listen inzwischen so viele Daten sammeln, dass die Rechenleistung zu den Daten wandern muss und nicht mehr anders herum. Aktive Nutzer von SETI@home ermutigen sie, sich eines der anderen BOINC – Projekten anzusehen, die unterstützt werden können. Außerdem verweisen sie auf das Projekt Science United, das auf der gleichen Infrastruktur aufsetzt. Nutzer unterstützten hier aber keine Projekte, sondern stellen ihre Kapazitäten Wissenschaftsdisziplinen zur Verfügung. Für die nahe Zukunft versprechen die Forscher dann noch "spannende Neuigkeiten".[26]

Die 100 am nächsten gelegenen Sichtungen, sortiert nach Sichtungsdatum (100-Meilen-Radius):

San Juan	30.11.21	Quadrat	20 Sek.
Lajas	01.10.20	Kreis	33 Sek.
Caguas	31.10.19	Dreieck	1:16 Min
Caguas	20.09.19	Diamant	1:23 Min
Caguas	18.09.19	Kugel	k.A.
Caguas	11.09.19	Kugel	k.A.
Caguas	10.09.19	Kugel	k.A.
Caguas	10.09.19	Kugel	k.A.
Caguas	07.09.19	Kugel	k.A.
Caguas	26.08.19	k.A.	k.A.
Salinen	16.08.19	Kreis	< Min
Caguas	02.04.19	Dreieck	2:40 Mim
Quebradillas	07.04.18	Zigarre	k.A.
Quebradillas	07.04.18	Zigarre	k.A.
Mayaguez	09.02.18	Stern	0:33 Sek
Guayabo	06.11.17	Sphärisch	0:33 Sek
San Juan	23.10.17	Kreis	0:33 Sek.
Mayaguez	03.03.17	Feuerball	0:03 Sek
Ponce	29.12.16	Zylinder	k.A.
San Juan	01.10.16	Scheibe	23 Min.

San Juan	10.09.16	andere	10 Sek

San Juan	10.09.16	andere	10 Min
San Juan	10.09.16	andere	7 Min
Adjuntas	14.07.16	Rabatt	40 Min
Ponce	10.03.16	Blinken	1 Min
San Juan	27.11.15	Kugel	k.A.
Arecibo	08.09.15	k.A.	k.A.
San Juan	13.07.15	k.A.	k.A.
Aguadilla	11.07.15	Kreis	k.A.
San Juan	06.06.15	k.A.	k.A.
Arecibo	16.04.15	Quadrat	k.A.
Anasco	16.02.15	Rabatt	k.A.
Cayey	20.12.14	k.A.	k.A.
Ponce	01.08.14	Kreis	60 Min
Cabo Rojo	20.07.14	Diamant	k.A.
Caguas	25.05.14	Blinken	45 Min
Cabo Rojo	20.04.14	k.A.	k.A.
Bayamon	19.04.14	Dreieck	1 Sek
San Juan	15.04.14	Formation	3 Min
Fajardo	22.03.14	Rund	5 Min
San Juan	14.03.14	Boomerang	k.A.
San Juan	03.09.14	Kreisförmiges Licht	Einige Nächte
Aquadilla	20.02.14	Licht	3 Min
Salinen	14.01.14	Dreieck	5 Min
Quebradillas	01.03.14	Sternenhaft	k.A.
San Juan	22.12.13	Kugelförmig	08:20:01

Hatilo	17.12.13	Feuerball	1 ½ Min.
Toa Alta	14.11.13	Zigarre	10 Min.
Toa Alta	07.11.13	Stern	k.A.
San Juan	30.10.13	Oval	40 Sek.
San Juan	22.09.13	Hexagon	2 Stunden
Dorado Maguayo	24.08.13	Lichter in Dreiecksform	1 Min
San Juan	15.08.13	k.A.	Einige Minuten
Vega Baja	02.05.13	Formation	30 Min
Caguas	22.03.13	Hell	5 Min
Arecibo	25.02.13	Blinken	10 Min
Bayamon	31.12.12	k.A.	k.A.
Toa Alta	26.12.12	Dreieck	40 Sek
Anasco	23.12.12	Feuerball	5 Min
Bayamon	10.11.12	Kugel	1:15 Min
Trujillo Alt	16.10.12	Hell	5-10 Min
San Juan	29.09.12	Feuerball	15 Min
Yauco	11.08.12	k.A.	15 Min
Gondado	20.06.12	Feuerball	3 Min
San Juan	20.06.12	Feuerball	k.A.
San Juan	04.04.12	Kugel	k.A.
Caguas	26.02.12	Hell	3 Min
Aquadilla	20.02.12	Feuerball	10-15 Min
Bayamon	11.01.12	Zylinder	k.A.
Bayamon	11.01.12	Zylinder	k.A.

Aquadilla	05.01.12	Rabatt	1 Std
San Juan	26.09.11	Formation	1 Min
Bayamon	14.05.11	k.A.	5 Min
Aquadilla	01.05.11	Kreis	k.A.
Salinen	25.10.10	Kugel	4 Min.
Atlantik (Brasilien)	22.09.10	Hell	Protokoll
Ft.Buchanan	14.08.10	Kreis	10 Sek.
Dorado	20.04.10	Hell	01:30 Min
Aquadilla	29.11.09	Scheibe	Sekunden
Dorado	31.10.09	Dreieck	k.A.
Lajas	25.10.09	Blinken	15 Min
San Juan	21.10.09	Kugel	5 Min
Dorado	29.08.09	k.A.	15 Min
Puerto Rico	16.02.09	Unbekannt	20 Min
Cabo Rojo	30.12.08	Kreis	5 Min
Manati	06.11.08	Rechteck	8 Sek.
Puerto Rico	06.11.08	Träne	5 Std
Cabo Rojo	19.09.08	Kreis	10 Sek.
Utoado	12.08.08	Zigarre	10 Sek
Rio Grande	15.05.08	k.A	5 Sek
Trujillo Alt	11.05.08	Feuerball	5 Sek
Rincon	25.03.08	Hell	30 -40 Sek
San Juan	03.02.08	Oval	10 Sek
Puerto Rico	24.02.08	Kreis	1 Min
Adjuntas	20.01.08	k.A.	5 Sek

Orocovis	08.11.07	Oval	30 Sek
Trujillo Alt	24.10.07	Kreis	30 Sek
San Juan	16.04.07	k.A.	6 Min
Hatillo	27.01.07	Hell	3 Min

HINWEIS: In den letzten zehn Jahren hat Puerto Rico kontinuierliche UFO-/Alien-Aktivitäten erlebt, gemischt mit bizarren Kreaturen, Explosionen, Erschütterungen, Kornkreisen, schwarzen Hubschraubern, Desinformation usw. Die Anzahl der hier gemeldeten Fälle ist nur ein sehr kleines Beispiel von vielen solche wichtigen Situationen, die sich heute auf der Insel abspielen.

Folgende Fälle wurden von Jorge Martin aus berichtet, Ihn zitieren wir hier als Quelle und Urheber des folgenden Textes!
Weitere bekannte X Files aus Puerto Rico.

Am 30. Dezember 1997 verhafteten und denunzierten Polizeiagenten von Puerto Rico, die der Stadt Gurabo zugeteilt waren, einen US-Bundesagenten [angeblich vom FBI] namens Cesar Remus Ramirez, der bis vor kurzem MUFONs [gegenseitiges UFO-Netzwerk] war, Staatsdirektor für Puerto Rico, 1994 von Herrn Walt Andrus Jr., Generaldirektor der Organisation mit Sitz in Seguin, Texas, USA, in diese Position berufen. Der Agent hatte in einem bewaldeten Feld im Sektor Tulo Aleman im Barrio Santa einen illegalen Schießstand eingerichtet Rita [Straße 181, km. 15,5], in der Gemeinde Gurabo. Der Agent wurde auch des illegalen Besitzes und Umgangs mit nicht registrierten automatischen Gewehren und Karabinern beschuldigt, die er illegal auf der Insel eingeführt hatte.

Die Polizisten Charlie Oyola und Sergeant Soto, die dem Polizeihauptquartier von Gurabo zugeteilt sind, verhafteten den Agenten, nachdem sie mehrere Beschwerden von alarmierten Nachbarn des Sektors Tulo Aleman erhalten hatten, als sie Schüsse in der Zone hörten.

Oyola patrouillierte in der Gegend und beschloss, Nachforschungen anzustellen, aber als er ununterbrochene Explosionen in Serie hörte, forderte er eine Verstärkung an. Mehrere andere Streifenwagen trafen am Ort ein und ein Team von Polizisten studierte einen Plan, um das Gelände, einen Bergwald, zu betreten und das Schlimmste zu erwarten. Laut Oyola waren sie überrascht, als der Agent ein automatisches AK-47-Gewehr abfeuerte.

Zwei junge Männer, einer von ihnen laut einigen Quellen ein ehemaliger US-Marine, wurden zusammen mit dem Agenten am Tatort gefunden.

Der Agent zeigte seinen offiziellen Ausweis, angeblich von der FBI-Agentur, und versuchte, sich aus der Verhaftung zu befreien, aber als die Polizisten überprüften, ob die Gewehre und Karabiner in Puerto Rico registriert waren, was nicht der Fall war, nahmen sie ihn fest. Remus behauptete, dass die Waffen sein persönliches Eigentum seien und dass sie angeblich in den Vereinigten Staaten registriert seien und dass er sie besäße, weil die Behörde, für die er arbeitete [FBI] ihm erlaubte, sie nach Belieben zu mobilisieren und sogar einzuführen der Insel, aufgrund der Art der Arbeit, die er für die Agentur erledigte [eine Arbeit, die nie erklärt wurde].
Nachdem dies erneut bestätigt worden war, legten die Polizisten ihm Handschellen an und verhafteten ihn.
Die vorläufige Gerichtsverhandlung zu diesem Fall wurde am 8. Januar 1998 im Gerichtszentrum der Stadt Caguas abgehalten. Der Agent sah sich sieben Anklagen gegenüber, mit einer Kaution von 1.000 Dollar pro Anklage [7.000 $], die auf nur 10 % der Gesamtsumme [700 $] reduziert wurde, die er sofort zahlte. Weder Remus noch sein Rechtsberater, der ebenfalls beim FBI angestellt ist, haben sich gegenüber den Vertretern der puertoricanischen Presse, darunter Reporter Carlos Weber, vom Nachrichtendienst des Fernsehsenders 11, geäußert.
Das Urteil in Bezug auf die Anschuldigungen gegen den Agenten sollte am 26. Januar 1998 im Judicial Court Center von Caguas vollstreckt werden, wurde aber auf den 2. März 1998 um 9:00 Uhr verschoben. Das FBI gab zu, dass die Person für sie gearbeitet hatte
Diese Agentur, obwohl die Agentur bestritt, irgendetwas mit den Waffen zu tun zu haben, die der Agent in seinem

Besitz hatte, und erklärte, dass die puertoricanische Justizabteilung. und die Behörden des Landes sollten die Anklagen und Gerichtsverfahren bis zum Ende fortsetzen.

Die Anklage und die Festnahme von Agent Remus kam für uns überraschend, da wir zuvor einige anomale „Reibungen" mit ihm hatten. Das Folgende sind Beispiele dafür.

SELTSAMES VERHALTEN

Wir trafen Herrn Cesar Remus Ramirez ursprünglich während des UFO-Symposiums von MUFON 1990, das in Pensacola, Florida, USA, stattfand. Bei dieser Gelegenheit hielten wir einen nicht offiziellen Nebenvortrag, der von einer Gruppe von Freunden gesponsert wurde, in dem wir über die Situation in Puerto Rico informierten UFO / Alien-Situation. Nach dem Vortrag stellte sich Remus uns vor und erzählte uns in perfekter spanischer Sprache, dass er sich sehr für UFOs interessiere und in Clearwater, Florida, USA lebe. Er sagte, er sei US-Bürger mit einem venezolanischen Vater und einer puertoricanischen Mutter.

Wir haben nichts weiter von dem Mann gehört, bis Remus im Jahr 1992 nach Puerto Rico zog, angeblich aus beruflichen Gründen. Nach eigenen Angaben suchte er uns aufgrund seines Interesses am UFO-Thema auf. Bei dieser Gelegenheit identifizierte er sich als "... ein Maschinenbauingenieur", der für eine Firma auf der Insel arbeitete.

Aber wir haben eine Reihe seltsamer Situationen im

Zusammenhang mit seiner Person bemerkt. Einerseits erschien er, obwohl er gesagt hatte, er sei ein Maschinenbauingenieur, der für eine Firma auf der Insel arbeitete, bis dahin rund um die Uhr bei uns zu Hause oder im Büro der Zeitschrift, in der wir arbeiteten Tag oder Nacht, was uns zeigte, dass sein Arbeitszeitplan sehr unregelmäßig und seltsam war.

Ebenso wurde er jedes Mal, wenn wir über seine angebliche Arbeit sprachen, sehr nervös und vermied es, sofort über die Angelegenheit zu sprechen. Dieses Verhalten machte uns misstrauisch gegenüber ihm, da uns zusammen mit seinem Aussehen und seiner Körpersprache sowie aufgrund
früherer Erfahrungen die Möglichkeit
bewusst wurde, dass die Person mit den US-Streitkräften oder der US-Bundessicherheit in Verbindung stehen könnte Agenturen.

Sich dessen bewusst werdend, dass wir ihn verdächtigten, „gestand" er uns gegenüber, dass er ein „FBI-Agent" sei, dies aber nichts mit seinem Interesse an der UFO-Sache zu tun habe, sondern dass es sich um ein persönliches und privates Interesse handele von seinem. Er bat uns, sein Geheimnis nicht preiszugeben, da die FBI-Agentur seine Verbindung zu dieser Angelegenheit nicht mit gutem Auge sehen würde, und außerdem, da er angeblich Mitglied einer "Spezialeinheit" war, die Banküberfälle und internationalen Drogenhandel untersuchte, Sollte öffentlich bekannt werden, wer er wirklich war, könnte sein Leben in Gefahr sein. Dies verstehend und als Akt der Menschlichkeit ihm gegenüber, willigten wir ein, seine Identität geheim zu halten, bis wir sicher waren, wonach er suchte,

Wenig später begann diese Person jedoch, mehrere unserer Freunde und Mitarbeiter in unserer UFO-Untersuchung auf der Insel zu kontaktieren, und wir waren überrascht zu erfahren, dass er es allen meinen Freunden
und Freunden erzählte, obwohl er uns bat,
seine wahre Arbeit nicht preiszugeben Mitarbeiter sowie andere Leute, dass er tatsächlich ein FBI-Agent war und mit mir zusammenarbeitete, etwas, das völlig unwahr war.
Gleichzeitig fing er an, alle zu fragen, was ich über die UFO-/Alien-Situation in El Yunque [dem nationalen karibischen Regenwald] in der Sierra de Luquillo wüsste, einem Ort, an dem es ein schweres UFO/Alien gibt Gegenwart. Er fragte sogar unsere Frau in eindringlicher und grober Form, was ich über die Situation in El Yunque wisse, und sie, als sie sein seltsames Verhalten bemerkte, wich seinen Fragen aus.
Andererseits bestand er darauf, uns und unsere Freunde immer wieder aufzufordern, nachts im Regenwald von El Yunque zu campen. Als wir uns weigerten, dies zu tun, verwarf er sehr verärgert die ganze Idee. Warum war er so genervt? Wenn er nach El Yunque wollte, warum war unsere Anwesenheit dann so unverzichtbar? Außerdem, warum sein ungewöhnliches Interesse an allem, was wir über El Yunque wussten? Was kann da oben passieren, worüber er sich so Sorgen macht?
Kurz darauf wurden wir eingeladen, als Vortragender am MUFON UFO Symposium teilzunehmen, das am 2., 3. und 4. Juli 1993 in Richmond, Virginia, USA, stattfand. In unserem Vortrag informierten wir über die UFO-/Alien-Situation in Puerto Rico , aber wir hielten auch Vorlesungen über

bestimmte Tatsachen in Bezug auf die UFO-Situation in El Yunque, eine Reihe von Begegnungen mit außerirdischen Wesen und unseren Verdacht aufgrund bestimmter Tatsachen, dass die US-Regierung dort Flugkörper vom Typ einer fliegenden Untertasse halten könnte, wir auch haben uns über die Möglichkeit geäußert, dass es einen offiziellen Kontakt zwischen den USA und Außerirdischen an einem Ort in der Nähe des Regenwaldes gibt: Roosevelt Roads US Naval Station. Unmittelbar danach schickten wir unser Papier über all dies an Herrn Walt Andrus, Generaldirektor von MUFON, damit es im Tagungsband des Symposiums veröffentlicht wird [, das später an die Teilnehmer des Symposiums und MUFON-Mitglieder verkauft wird, um beim Sammeln von Geldern und der Finanzierung zu helfen Aktivität] begann eine seltsame Reihe von Ereignissen. Anscheinend hat der Inhalt des Papiers irgendwo einen empfindlichen Nerv getroffen und "jemand" schien darüber sehr beunruhigt zu sein. Aber interessanter, dieser selbe "Jemand" schien die höheren Ebenen von MUFON zu verbinden. Darauf deuten die folgenden Tatsachen hin. Lass sie uns sehen.

Wir waren zuerst überrascht, als wir den Agenten Cesar Remus am Flughafen Luis Muñoz Marin auf der Isla Verde, Puerto Rico, trafen, als wir in das Flugzeug stiegen, um zum MUFON-Symposium zu gehen. Er erklärte, dass er, da er an der UFO-Angelegenheit "so interessiert" sei und da er in seinem Job beim FBI Zeitausgleich angesammelt habe, um einen Kurzurlaub gebeten habe, den er nutzen würde, um am Symposium teilzunehmen. Er versicherte uns, dass er seine Flugtickets mit seinem eigenen Geld finanziert hatte, aber wir stellten fest, dass er überhaupt nicht mit regulären

Flugtickets reiste. Bei jedem Zwischenstopp der Reise füllte der Agent eine Reihe von "Gutscheinen", viele Papiere, zusammen mit den Mitarbeitern der Fluggesellschaft aus, zeigte ihnen seinen Ausweis der Bundesbehörde, tat aber alles, was möglich war, auf offensichtliche Weise, um zu
verhindern, dass wir die ID sehen.
Warum eine solche Einstellung, wenn er, wie er zuvor gesagt hatte, für das FBI arbeitete? War es vielleicht, um die Tatsache zu verbergen, dass er für jemand anderen als das FBI arbeitete?
Nach einigen diesbezüglichen Untersuchungen, die wir anstellten, waren die von ihm bei jedem Zwischenstopp ausgefüllten "Gutscheine" kompatibel mit denen, die ausgefüllt werden müssen, wenn diese Art von Agenten im Dienstdienst reisen und ihre Ausgaben von der Agentur übernommen werden, für die sie arbeiten. Es scheint also, dass er im Dienstdienst war und nicht auf einer persönlichen Vergnügungsreise, wie er behauptete. Und was könnte sein Werk sein? Um uns zu überwachen?
Er erklärte uns, dass er diese Papiere ausfüllen musste, weil er mit seiner Dienstwaffe unterwegs war, und dies den Vertretern der Fluggesellschaft mitteilen
musste. Aber wenn dem so war, warum hatte er dann keine regulären Flugtickets dabei?
Tatsächlich kam später während der Reise ein weiteres Mitglied der MUFON-Organisation, das zum Symposium ging, zu uns.
Bereits in Richmond wurde unser Paper als einziges nicht im Proceedings Book des
Symposiums veröffentlicht, mit der Begründung, es sei zu spät eingetroffen. Außerdem erlebten wir eine

schwere und systematische Belästigung, die anscheinend von den höheren Ebenen von MUFON selbst ausging [wir schließen Herrn Blashak aus, den Organisator des Richmond Symposiums, der sich zu jeder Zeit als echter Gentleman und von dieser Situation distanziert zeigte , jeglicher Verantwortung hierfür]. Während unseres Aufenthalts dort gab es mehrere belastende Zwischenfälle, aber unsere größere Überraschung kam am Morgen des Tages, an dem wir nach Puerto Rico zurückkehren sollten.

Als Geste der Höflichkeit, da wir zu jener Zeit MUFON-Staatsdirektor von Puerto Rico waren, riefen wir in Herrn Blashaks Zimmer, um ihm unsere Dankbarkeit dafür auszudrücken, dass er uns eingeladen hatte, dort einen Vortrag zu halten. Später riefen wir Mr. Walt Andrus, Generaldirektor von MUFON, in sein Zimmer, um ihm ebenfalls für die Einladung zu danken, die sie uns gemacht hatten, und er überraschte uns, indem er fragte, ob wir Mr. Cesar Remus kennen, der seiner Meinung nach Sie hatte sich mit ihm einen guten Teil der Nacht in seinem Zimmer unterhalten. Wir sagten ihm, dass wir den Mann kannten, aber es war eine echte Überraschung für uns zu wissen, dass Andrus in seinem Zimmer mit dem Agenten "...einen guten Teil der vergangenen Nacht" gesprochen hatte, wie er sagte, als Mr. Andrus ist kein sehr offener Mensch, schon gar nicht jemandem gegenüber, den er gerade kennengelernt hat, als Agent. Zu diesem Zeitpunkt befahl uns Andrus, den Agenten zum stellvertretenden Staatsdirektor von MUFON für Puerto Rico zu ernennen, was ihn zu meinem direkten Assistenten gemacht hätte. Ich fragte Mr. Andrus, ob er von der Arbeit des Mannes in Puerto Rico wüsste, und er antwortete: „Ja, er ist ein FBI-Agent, na und, gibt es irgendein Problem damit?" Überrascht von der Wendung der Ereignisse verabschiedeten wir uns von Andrus und als wir in Puerto Rico ankamen, riefen wir ihn zurück in sein Büro in Texas und besprachen die Angelegenheit erneut mit ihm. Herr Andrus bestand darauf, uns zu befehlen, Agent Remus zum stellvertretenden Staatsdirektor von MUFON für Puerto Rico zu ernennen, und wir erklärten ihm, dass wir damit nicht einverstanden seien. Wir sagten ihm, dass die bloße Tatsache, ein aktiver Bundesagent zu sein, niemanden von der MUFON-Mitgliedschaft ausschließt oder disqualifiziert, wenn er ernsthaft an der UFO-Angelegenheit interessiert ist, aber wir erklärten ihm auch, dass es eine Reihe von Belästigungen gegeben hatte und Drohungen gegen UFO-Zeugen in Puerto Rico, angeblich von US-Bundesagenten, und dies war unserem Volk und der puertoricanischen UFO-Gemeinschaft bekannt. Deswegen, Es gab einige Befürchtungen in Bezug auf die Anwesenheit von Bundesagenten in Bezug auf UFO-Situationen. Wir erklärten Herrn Andrus, dass, wenn MUFON einen aktiven Bundesagenten zum stellvertretenden Staatsdirektor für Puerto Rico ernannte, selbst wenn er qualifiziert wäre, niemand der Organisation mehr vertrauen würde.

Wir erklärten auch, dass unsere vertraulichen militärischen und polizeilichen Quellen usw. und unsere Mitarbeiter in verschiedenen Bereichen uns nicht mehr vertrauen und sich von uns distanzieren würden, wodurch der Datenfluss gestoppt und unser Zugang zu den wichtigen Informationen, die wir waren, abgeschnitten würde Empfang und Veröffentlichung in Bezug auf die UFO-/Alien-Situation in Puerto Rico. Wir erklärten ihm auch, dass wir unsere

Arbeit für sehr wichtig hielten und es niemandem erlauben würden, sie zu gefährden, dass leider ein gewisser Paranoiazustand herrschte, der auf den bereits erwähnten Belästigungen und Drohungen gegen UFO-Zeugen beruhte, die angeblich von US-Bundesagenten ausgesprochen wurden , und dass, wenn der Agent zum stellvertretenden Staatsdirektor ernannt würde, MUFON eine tote Organisation auf der Insel werden würde, als würde ihm niemand trauen. Wir erwarteten, dass Mr. Andrus das verstehen würde, aber überraschenderweise verlangte er von uns, befahl uns direkt, Remus trotzdem für die Position zu ernennen. Dies haben wir nicht akzeptiert. Wir verabschiedeten uns höflich und legten auf. Danach analysierten wir alles, was auf dem MUFON-Symposium in Richmond passiert war, und die neue Situation, die Herr Andrus geschaffen hatte, und nachdem wir über alles nachgedacht hatten, traten wir von der Position des MUFON-Staatsdirektors für Puerto Rico zurück.Ein paar Tage später, bereits über unser Gespräch mit Herrn Andrus informiert, rief uns Agent Remus telefonisch an und sagte: „... er konnte nicht verstehen, wie Herr Andrus auf so etwas ‚Absurdes' wie seine Ernennung zum Beamten der Polizei kommen konnte Position des stellvertretenden Staatsdirektors", dass er sicherlich niemals eine solche Position bei MUFON haben könnte, weil seine Arbeit beim FBI es ihm nicht erlauben würde.

Wir baten ihn, davon abzusehen, uns zu kontaktieren oder zu sagen, dass wir zusammengearbeitet hätten, da dies nicht wahr sei und wir niemandem erlauben würden, das Vertrauen unserer Leute und der puertoricanischen UFO-Gemeinschaft aufs Spiel zu setzen.

Aber er machte weiter Druck. Ah!, als weiterer seltsamer Zufall" wurde in das Büro der Zeitschrift, für die wir damals arbeiteten, eingebrochen, und die Räuber nahmen nur unseren Computer, den Computer der Sekretärin und das Faxgerät mit, sonst nichts. Das war ziemlich seltsam , da unsere Computer kleine, alte und billige Modelle waren, und es gab noch einige andere, neuere und teurere, sowie einen teuren Laserdrucker, aber diese wurden nicht mitgenommen. Handelte es sich bei den Räubern um gewöhnliche Kriminelle oder war das " Jemand Besonderes" wollte wissen, welche Art von Daten sich auf unserem Computer befinden?

In der Zwischenzeit begann der Agent, unsere engsten Mitarbeiter und Mitarbeiter in der UFO-Forschung zu kontaktieren und sie alle zu fragen, was wir über El Yunque wüssten, während er andererseits anfing, negative Kommentare über unsere Arbeit zu verbreiten, offensichtlich um unsere zu distanzieren Freunde von uns.
Außerdem fing er an, einige unserer Vorlesungen über die UFO-Thematik zu besuchen, die wir an einer Universität in San Juan hielten, und erzählte allen, dass er mit uns zusammenarbeitete. Einige der Anwesenden, die bereits wussten, dass er ein Bundesagent war, machten uns sehr alarmiert auf ihn aufmerksam. Wir mussten ihnen erklären, dass es anscheinend einen Agenten gab, der uns diskreditieren und das Vertrauen der Menschen in uns beeinträchtigen wollte. Diese Art von Taktik wird als "Verbrennen des Charakters und Vertrauens einer Person durch Assoziation" beschrieben und zielt darauf ab, die Öffentlichkeit dazu zu bringen, eine Person,

das Ziel des Agenten, mit jemandem wie dem Agenten in Verbindung zu bringen, um die Öffentlichkeit am Vertrauen zu hindern ihm, da es den Anschein hat, dass er auch ein Regierungsagent war und ihm daher nicht zu trauen war. Auf diese Weise wir'

Aber was uns wirklich beunruhigte, war, dass wir anfingen, Berichte von unseren Freunden und Mitarbeitern zu erhalten, in dem Sinne, dass der Agent sie besuchte und sie bat, ihre Häuser zu verlassen und zu seinem Auto zu gehen. Dort angekommen öffnete er den Kofferraum des Autos und zeigte ihnen mehrere Gewehre und bat sie, sie in den Händen zu halten und zu untersuchen, was sie leider taten [Karabiner, automatische Gewehre]. An diesem Punkt wuchs unser Verdacht in dieser Angelegenheit wirklich. Das seltsame Verhalten des Agenten war definitiv kein zufälliges oder normales. Warum sollte ein aktiver Bundesagent, der angeblich seine Identität geheim halten wollte, Waffen in seinem Auto herumtragen, sie zeigen und sie mehreren Personen zur Handhabung geben, die tatsächlich waren Freunde von uns und Mitarbeiter in der UFO-Forschung?

Nach unserem besten Wissen verstoßen dieses Verhalten und die Handlungen eines aktiven Bundes- oder FBI-Agenten gegen die Vorschriften der Behörde ... es sei denn, ein offizieller Mitarbeiter der Behörde ist unterwegs.

Beunruhigt riefen wir unsere Freunde an und verifizierten all dies, einen nach dem anderen. Am nächsten Tag besuchte der Agent unser Büro und bat uns, mit ihm nach draußen zu gehen, er wollte uns etwas "richtig Cooles" zeigen. Da wir seine Absichten ahnten, gingen wir mit ihm hinaus, und als er an seinem Auto ankam, öffnete er den Kofferraum und zeigte uns die Waffen und bat uns, sie zu handhaben und zu untersuchen. Wir weigerten uns, es zu tun, erklärten ihm, dass wir Waffen nie mochten, und baten ihn, zu gehen. Im selben Moment kam unsere Frau und wir gingen.

Aufgrund seines seltsamen Verhaltens konsultierten wir seine Handlungen mit mehreren Polizeispezialisten sowie Anwälten, darunter dem bekannten US-Anwalt Daniel Sheehan [bekannt unter anderem durch seine Verbindung zu den Fällen „Karen Silkwood" und „The Pentagon Papers". andere wichtige]. Nachdem sie die Situation analysiert hatten, äußerten sie alle
die gleiche Meinung: Wir mussten vorsichtig sein, denn solche Aktionen schienen darauf hinzudeuten, dass eine Operation im Gange war, vielleicht um einen Fall um uns herum und unsere Freunde zu fabrizieren, um uns in einige hineinzuziehen Art einer rechtswidrigen Handlung und beschuldigen uns dann und gehen gegen uns vor, was uns auch diskreditiert.

Was würde zum Beispiel passieren, wenn wir in eine solche Aktion verwickelt wären und dabei die Waffen des Agenten benutzt würden? Da sich einige der Fingerabdrücke der Gruppenmitglieder bereits darin befanden, wer würde glauben, dass wir unschuldig sind? Könnte es möglich sein, dass „jemand" einen neuen „Maravilla-Fall" schaffen wollte, einen tragischen Vorfall, der die Menschen von Puerto Rico noch immer betrifft, aber mit einem UFO-Blickwinkel, um ernsthafte Ufologen in Puerto Rico zu beschuldigen, gewalttätige Fanatiker zu sein, wie er hat angeblich, laut einigen, kürzlich mit dem UFO-Forscher John Ford aus Long

Island von der LIUFON-Gruppe in den Vereinigten Staaten passiert ist?
Natürlich werfen wir dem Agenten nicht vor, so etwas zu planen, aber sicherlich zeigt sein
seltsames Verhalten zusammen mit allen anderen bereits beschriebenen Ereignissen ein Panorama, das uns beunruhigt und zu implizieren scheint, dass "jemand" versucht, "zu brennen". uns" als Forscher auf diesem Gebiet. Wir haben mehr Belästigungssituationen von dieser Person erlebt, aber sie können zu einem anderen Zeitpunkt besprochen werden.
Mit den hier berichteten Ereignissen sind sich die UFO-Gemeinschaften aus Puerto Rico und dem Ausland dieser Situation bewusst, falls „jemand" versucht, uns in kriminelle oder unmoralische Handlungen zu verwickeln, um uns und unsere Arbeit zu diskreditieren, um ernsthafte UFO-Forschung in der USA zu beeinflussen Insel. Aber wie wir gesehen haben, scheint diese ganze Situation von „etwas" herzurühren, das im Regenwald von El Yunque passieren würde, etwas, dass derselbe „Jemand" Angst davor zu haben scheint, dass wir davon wissen. Wir wissen nicht, was dieses scheinbar so wichtige „Etwas" ist, aber diese Situation motiviert uns, mehr darüber zu recherchieren, und vielleicht tun wir es.
Auf der anderen Seite versuchte auch Agent Cesar Remus, der, wie gesagt, von Mr. Walt
Andrus Jr. auf die Position des MUFON-Staatsdirektors für Puerto Rico ernannt wurde, nachdem wir von dieser Position zurückgetreten waren, sich mit den Hauptzeugen in Verbindung zu setzen die UFO / Chupacabras-Situation in Puerto Rico, mit der wir während unserer Recherchen zu diesem Thema

gearbeitet hatten. Er stellte sich ihnen manchmal als Ingenieur vor, manchmal als Repräsentant eines staatlichen Berufsausbildungsprogramms und manchmal auch als US-Bundesagent ... und der Waffenwinkel tauchte wieder auf, zumindest im Campo-Rico-Sektor von die Stadt Canovanas, wo er mehrere Hauptzeugen überzeugte, mit ihm zu gehen und in den umliegenden Waldgebieten nach den Kreaturen zu suchen. Dort angekommen holte er eine große Tasche heraus, die einen Satz Karabiner usw. enthielt. Als sie dies sahen und bereits von uns in dem Sinne gewarnt wurden, dass sie vorsichtig sein müssten, weil dieser Mann solche Dinge tat, verließen sie den Ort , vermied danach jeglichen Kontakt mit ihm. Es sind mehrere andere "Anomalien" aufgetreten, die sich auf das Verhalten dieses Mannes beziehen, eines FBI-Agenten, der angeblich nach eigenen Angaben UFOs untersucht hat.

Der Agent trat vor kurzem von der Position des MUFON-Staatsdirektors für Puerto Rico zurück, und einigen Quellen zufolge wurden einige seiner Mitarbeiter für diese und andere MUFON-Positionen auf der Insel ernannt.

Nach all dem müssen wir uns fragen: Wussten seine Vorgesetzten in der FBI-Agentur von dem Verhalten des Agenten? Haben sie seine Handlungen gebilligt? Waren seine Handlungen Teil eines Plans, der von dieser Agentur ausging, einer Anlage oder Operation, um ernsthafte UFO-Forscher in Puerto Rico zu beeinträchtigen, oder war es etwas Zufälliges? Auf der anderen Seite; Waren sich die leitenden Ebenen von MUFON und insbesondere Herr Walt Andrus Jr., der den Agenten zum Staatsdirektor für Puerto Rico ernannte, der hier beschriebenen Situation bewusst? Wenn ja, inwieweit und wie steht er zu all dem? Es wäre interessant, seine Antworten auf diese Fragen zu erfahren.

Mitglieder der Polizeibehörde von Puerto Rico haben ihre Besorgnis und Besorgnis darüber ausgedrückt, dass der Agent die bereits erwähnten Karabiner usw. bei sich hatte und dass er sie illegal in Puerto Rico eingeführt hatte. „Wenn er sie bei sich hätte und sie illegal eingeführt hätte, wie viele weitere würden auf die gleiche Weise in das Land eingeführt, und wofür würden sie verwendet werden, wenn sie nicht registriert würden? Das muss uns wirklich Sorgen machen", sie habe gesagt. Sicherlich kann dieser Fall, wenn er gründlich untersucht wird, eine Büchse der Pandora in Puerto Rico öffnen und vielleicht auch die offensichtliche Infiltration der zivilen UFO-Forschungsorganisationen der Hauptwelt in diesem Moment offenbaren. Wir sollten uns alle daran erinnern, dass eine solche Infiltration vor Jahrzehnten die direkte Ursache für die Zerstörung der zivilen UFO-Forschungsorganisation NICAP [National Investigations Committee on Aerial Phenomena] war. Wir können es uns nicht leisten, dasselbe mit anderen sehr wichtigen Organisationen der Gegenwart wie MUFON passieren zu lassen.

Wir möchten klarstellen, dass wir die MUFON-Organisation nicht beschuldigen, für diejenigen zu arbeiten, die hinter der UFO-Vertuschung stecken, da wir selbst Mitglieder dieser wichtigen Organisation waren und uns daher der sehr wichtigen
Arbeit, die sie leistet, bewusst sind wirklich wichtige und wertvolle Interaktion und Kommunikation, die es zwischen seinen Mitgliedern, UFO-Forschern und der UFO-Gemeinschaft im Allgemeinen ermöglicht. Dies ist

ein wertvoller Aspekt der Arbeit von MUFON, und wir müssen sagen, dass wir die Freundschaft und Zusammenarbeit schätzen, die wir mit vielen seiner Mitglieder haben, bekannten und ernsthaften Forschern auf dem UFO-Gebiet, wie unserem Freund Ademar Gevaerd [aus Brasilien], John Carpenter und Forrest Crawford, darunter viele aus den USA und viele andere aus dem Ausland. Wir sind jedoch der aufrichtigen Meinung,

Abschließend laden wir alle Mitglieder der UFO-Gemeinschaft ein, die möglicherweise selbst diese Art von Situationen erlebt haben, vorzutreten und darüber zu informieren. '

US-Streitkräfte waren an einer Vielzahl von Situationen in Gebieten mit starker außerirdischer Aktivität auf der Insel Puerto Rico, in der Karibik und anderswo beteiligt. Bei einigen Vorfällen berichten Zeugen, eine so beschriebene, „grüne Blut"-Substanz beobachtet zu haben. In diesem Artikel erwähnen wir einige dieser Vorfälle.

Die vielen UFO-Vorfälle, an denen US-Streitkräfte in Puerto Rico beteiligt waren, weisen auf die Möglichkeit hin, dass spezielle militärische Eliteeinheiten und Geheimdienste beauftragt wurden, sich mit der Situation zu befassen, und in einigen Fällen ist es möglich, dass die Regierung dies getan hat bereits [direkt oder indirekt] auf verschiedenen.

Wegen offiziellen Kontakt mit einer außerirdischen Spezies in Puerto Rico aufgenommen hat und dass die US-Regierung offenbar geheime Einrichtungen auf dem puertoricanischen Territorium mit speziell ausgebildetem Personal eingerichtet hat, um sich mit der außerirdischen Angelegenheit zu befassen.

Der Nationale Karibische Regenwald, gelegen in der Sierra de Luquillo, im Osten von Puerto Rico, wird von unseren Leuten auch als „El Yunque" bezeichnet, dies nach dem Namen des bekanntesten Berges dort. Der Ort ist bekannt für seine wunderschönen Landschaften und die üppige tropische Regenwaldvegetation, aber seit vielen Jahrzehnten ist er von einer geheimnisvollen Aura umgeben und wird als ein Ort beschrieben, an dem seltsame Dinge passieren, wie Begegnungen mit unglaublichen Kreaturen, scheinbar Außerirdischen Wesen, Bigfoot-ähnliche Kreaturen, UFOs, mysteriöses Verschwinden von Menschen in der Gegend ... und in den letzten zehn Jahren eine klare Beteiligung des US-Militärs an der sich dort entwickelnden Alien-Situation. Die folgenden Fälle sind Beispiele dafür. In der Nacht zum 19. Februar 1984 ein UFO soll angeblich in einem Hang in einem der Berge des National Caribbean Rain Forest abgestürzt sein, der unseren Leuten auch als „El Yunque" [nach dem Namen des bekanntesten Berges dort] bekannt ist. Laut vielen Quellen, die wir zu diesem Thema befragt haben, stürzte dort in dieser Nacht ein fliegendes Untertassen-Flugzeug ab, und die gesamte Situation wurde von der US-Regierung vertuscht. Das Schiff und mehrere außerirdische Leichen wurden angeblich von Militärpersonal, das von der Roosevelt Roads Naval Station aus arbeitete, sowie von Geheimdienst- und Sicherheitspersonal mehrerer Bundesbehörden in Puerto Rico in die USA gebracht. Aber einige andere anomale Ereignisse ereigneten sich an denselben Tagen in diesem Sektor. Schauen wir uns diese an. unseren Leuten auch als 'El Yunque' [nach dem Namen des bekanntesten Berges dort] bekannt.

Laut vielen Quellen, die wir zu diesem Thema befragt haben, stürzte dort in dieser Nacht ein fliegendes Untertassen-Flugzeug ab, und die gesamte Situation wurde von der US-Regierung vertuscht. Das Schiff und mehrere außerirdische Leichen wurden angeblich von Militärpersonal, das von der Roosevelt Roads Naval Station aus arbeitete, sowie von Geheimdienst- und Sicherheitspersonal mehrerer Bundesbehörden in Puerto Rico in die USA gebracht. Aber einige andere anomale Ereignisse ereigneten sich an denselben Tagen in diesem Sektor. Schauen wir uns diese an. unseren Leuten auch als 'El Yunque' [nach dem Namen des bekanntesten Berges dort] bekannt. Laut vielen Quellen, die wir zu diesem Thema befragt haben, stürzte dort in dieser Nacht ein fliegendes Untertassen-Flugzeug ab, und die gesamte Situation wurde von der US-Regierung vertuscht. Das Schiff und mehrere außerirdische Leichen wurden angeblich von Militärpersonal, das von der Roosevelt Roads Naval Station aus arbeitete, sowie von Geheimdienst- und Sicherheitspersonal mehrerer Bundesbehörden in Puerto Rico in die USA gebracht. Aber einige andere anomale Ereignisse ereigneten sich an denselben Tagen in diesem Sektor. Schauen wir uns diese an. dort stürzte in dieser Nacht ein Raumschiff vom Typ einer fliegenden Untertasse ab, und die gesamte Situation wurde von der US-Regierung vertuscht.
Das Schiff und mehrere außerirdische Leichen wurden angeblich von Militärpersonal, das von der Roosevelt Roads Naval Station aus arbeitete, sowie von Geheimdienst- und Sicherheitspersonal mehrerer Bundesbehörden in Puerto Rico in die USA gebracht. Aber einige andere anomale Ereignisse ereigneten sich an denselben Tagen in diesem

Sektor. Schauen wir uns diese an. dort stürzte in dieser Nacht ein Raumschiff vom Typ einer fliegenden Untertasse ab, und die gesamte Situation wurde von der US-Regierung vertuscht. Das Schiff und mehrere außerirdische Leichen wurden angeblich von Militärpersonal, das von der Roosevelt Roads Naval Station aus arbeitete, sowie von Geheimdienst- und Sicherheitspersonal mehrerer Bundesbehörden in Puerto Rico in die USA gebracht. Aber einige andere anomale Ereignisse ereigneten sich an denselben Tagen in diesem Sektor. Schauen wir uns diese an. Aber einige andere anomale Ereignisse ereigneten sich an denselben Tagen in diesem Sektor. Schauen wir uns diese an. Aber einige andere anomale Ereignisse ereigneten sich an denselben Tagen in diesem Sektor. Schauen wir uns diese an.

Eine bewaffnete Begegnung und... "grünes Blut"?

Dieser Bericht wurde uns vertraulich von einem hochrangigen Offizier des US-Militärs in Puerto Rico gegeben. Der Offizier bat uns, seinen Rang oder Namen nicht preiszugeben, da seine persönliche Sicherheit davon abhängt. Er machte uns einige sensationelle Enthüllungen über eine Begegnung seiner Einheit mit einem unbekannten "Etwas" im Wald.
Als das UFO am 19. Februar 1984 in El Yunque abstürzte, befand sich das Gebiet nach Angaben des Offiziers bereits seit Freitag, dem 16., unter US-Militärkontrolle. Ihm zufolge gehörten 15 Soldaten und 3 beauftragte Offiziere einem speziellen Spezialkorps der US-Armee an zusammen mit anderen Einheiten in einer geheimen Mission im National Caribbean Rain Forest, über die er nicht weiter sprechen wollte. Der Beamte erklärte, dass

die Einheiten in einem Gebiet neben dem Berg „El Toro" stationiert seien.

„Gegen 1:00 Uhr" – sagte er – „fuhr eine Gruppe von Soldaten in einem Jeep nach Palmer [ein Sektor am Fuße von El Yunque, in der 65. Infanteriestraße], um ein paar Zigaretten und andere Dinge zu holen "Eine Tankstelle", sagte der Offizier. Als sie am Wasserfallabschnitt "La Coca" unten auf der Straße 191 ankamen, hörten die Männer seltsame Geräusche im Gestrüpp, die sich anhörten wie schwere Schritte auf den trockenen Blättern und Zweigen im Wald. Sie blieben stehen ihren Jeep, stiegen aus und überprüften die Gegend, um zu sehen, wer dort war. Denken Sie daran, sie waren in einer geheimen Mission dort und niemand sollte von unserer Anwesenheit im Wald wissen. Als sie anhielten, ging der Jeep aus. Die Lichter, der Motor des Jeeps, das Funkgerät ... alles war tot.Ihre Uhren würden nicht mehr funktionieren, nicht einmal Quarzuhren."

oder vielleicht Leute, die die Anwesenheit der Spezialkorps-Einheiten dort überprüfen.

Sie wurden angewiesen, in Alarmbereitschaft zu sein und im Umkreis Stellung zu beziehen. Ihr kommandierender Offizier schoss eine Leuchtrakete ab und sie hatten 100 % Sicht, vollständig, aber sie konnten immer noch nicht sehen, was sich ihnen näherte.

Die Männer waren sehr gestresst. Dann war viel Lärm aus dem Wald zu hören, und das Geräusch von etwas, das lief und schwer über die Äste und Blätter trat und sich von dem Ort entfernte. Dann hörte alles auf und eine seltsame Ruhe überkam den Umkreis".

Nach Angaben des Offiziers wurden die Soldaten zu einer Suche im Umkreis befohlen. Sie fanden nichts. Minuten später funktionierten ihre Uhren, elektronischen

Geräte und der Jeep wieder, und sie kontaktierten die anderen auf dem klassifizierten „Trainingsbereich", um das Ereignis zu melden. Danach entfaltete sich eine Reihe wichtiger Ereignisse. Der Offizier führte dies weiter aus: „Nachdem der Vorfall gemeldet wurde, war El Yunque etwa eine halbe Stunde lang voll mit Militärpersonal. Sie waren überall, und das Gebiet wurde zum Sperrgebiet und unter US-Militärkontrolle erklärt. Gegen 2:00 bis 3:00 Uhr. Um 00:00 Uhr trafen viele Leute von der Roosevelt Roads Naval Station ein, und mit ihnen kam eine unbekannte Gruppe von Männern in Fahrzeugen der US Navy. Sie alle trugen weiße einteilige Antikontaminationsanzüge mit Masken. Nur ihre Augen waren durch Kristallöffnungen zu sehen. Die Art der Kleidung, die Sie verwenden, um Strahlung oder bakterielle Kontamination zu verhindern. Diese Leute mit den Anzügen betraten den Wald mit scheinbar einer Art Detektoren und führten eine umfassende Suche im Umkreis durch, der sich bis zu dem Hang erstreckte, der nach Westen vom Antennensektor auf dem Gipfel von El Yunque und in Richtung El abfällt Grün. Ich habe gehört, dass diese Männer eine Spur einer seltsam grün leuchtenden flüssigen Substanz auf dem Boden und den Blättern gefunden haben und ihr zu einem unbekannten Ort gefolgt sind, wo sie etwas gefunden haben." Die Art der Kleidung, die Sie verwenden, um Strahlung oder bakterielle Kontamination zu verhindern. Diese Leute mit den Anzügen betraten den Wald mit scheinbar einer Art Detektoren und führten eine umfassende Suche im Umkreis durch, der sich bis zu dem Hang erstreckte, der nach Westen vom Antennensektor auf dem Gipfel von El Yunque und in Richtung El abfällt Grün. Ich habe gehört, dass diese Männer eine Spur einer seltsam grün

leuchtenden flüssigen Substanz auf dem Boden und den Blättern gefunden haben und ihr zu einem unbekannten Ort gefolgt sind, wo sie etwas gefunden haben." Die Art der Kleidung, die Sie verwenden, um Strahlung oder bakterielle Kontamination zu verhindern. Diese Leute mit den Anzügen betraten den Wald mit scheinbar einer Art Detektoren und führten eine umfassende Suche im Umkreis durch, der sich bis zu dem Hang erstreckte, der nach Westen vom Antennensektor auf dem Gipfel von El Yunque und in Richtung El abfällt Grün. Ich habe gehört, dass diese Männer eine Spur einer seltsam grün leuchtenden flüssigen Substanz auf dem Boden und den Blättern gefunden haben und ihr zu einem unbekannten Ort gefolgt sind, wo sie etwas gefunden haben." die bis zum Hang verlängert wurde, der vom Antennensektor im Gipfel von El Yunque nach Westen in Richtung El Verde abfällt. Ich habe gehört, dass diese Männer eine Spur einer seltsam grün leuchtenden flüssigen Substanz auf dem Boden und den Blättern gefunden haben und ihr zu einem unbekannten Ort gefolgt sind, wo sie etwas gefunden haben." die bis zum Hang verlängert wurde, der vom Antennensektor im Gipfel von El Yunque nach Westen in Richtung El Verde abfällt. Ich habe gehört, dass diese Männer eine Spur einer seltsam grün leuchtenden flüssigen Substanz auf dem Boden und den Blättern gefunden haben und ihr zu einem unbekannten Ort gefolgt sind, wo sie etwas gefunden haben."
Der Beamte deutete an, dass die grüne Substanz eine Art „Blut"-Substanz von dem Marodeur war, den sie anscheinend erschossen hatten.
„Die an der Begegnung beteiligten Soldaten" – fügte er hinzu – „wurden in den aktiven Dienst versetzt und angewiesen, ihre Positionen zu halten. Alle glaubten,

dass es dort zu einer Art militärischer Aktion kommen würde, zu einer Konfrontation. Später die an dem Vorfall beteiligten Soldaten wurde befohlen, einen der Lastwagen zu besteigen und sofort zur Roosevelt Roads Naval Station in Ceiba zu fahren. Dort
angekommen wurden sie alle psychologischen Tests, einer strengen medizinischen Untersuchung und einer intensiven Nachbesprechung des Vorfalls in El Yunque unterzogen. Ihre Waffen, ihre Ausrüstung und all ihre Kleidung wurde analysiert und dann zerstört, verbrannt.Am Morgen erhielten sie neue Befehle und geheime Anweisungen, und allen wurde gesagt, dass sie von diesem Moment an aus dem aktiven Dienst und jeglichem Militärdienst seien und ihr ziviles Leben fortsetzen sollten, als wäre nie etwas passiert und sie könnten es Sprich niemals und unter keinen Umständen mit irgendjemandem darüber, was in dieser Nacht im Wald passiert ist."
Wir fragten, woher er das alles wisse. „Ich wurde aufgrund meiner Beteiligung an der Arbeit im Wald, als dies geschah, und aufgrund meines Ranges und meiner Sicherheitsfreigabe darüber informiert", und fügte hinzu: „… es wäre derzeit unmöglich, einen Nachweis darüber zu erhalten diesen Vorfall aus den Militärakten der Soldaten durch das Informationsfreiheitsgesetz, weil ihre Akten unter eine hohe
Geheimhaltungsstufe gestellt wurden und es keinen möglichen Zugang zu ihnen gibt jemals mit einer Spezialeinheit zu tun gehabt
zu haben. Ihre Aufzeichnungen wurden
geändert, damit dies auch nicht auftaucht."
Schließlich und zu meiner Überraschung sagte er mit einem grimmigen und besorgten Blick: „Hören Sie, ich

weiß, dass Sie mich fragen werden ... und ich sage Ihnen ... Ja, es gibt einen offiziellen Kontakt zwischen Außerirdischen und der US-Regierung In Puerto Rico Alles wird auf höchstem Niveau von einer Militär- und Sicherheitselitegruppe kontrolliert, die mit der CIA verwandt ist Die US-Armee, die Luftwaffe, die Marine und mehrere Sicherheits- und Geheimdienste sind daran beteiligt, insbesondere Elitekorps der CIA "

An diesem Punkt sagte er: "Ich muss gehen. Ich hätte nicht so viel reden sollen, Wände können dich hören ... Du hast keine Ahnung, wie die Dinge sind ..." Ich fragte ihn, warum er bereit sei, mit mir zu sprechen

darauf. Seine Antwort war: "Sehen Sie, da oben passieren Dinge, die viele von uns beunruhigen, und es ist an der Zeit, dass diese Dinge den Leuten bekannt werden. Es gibt noch andere Dinge, aber ich werde sie Ihnen nicht verraten."

Bevor er ging, sagte ich ihm, wenn das, was er mir gesagt hatte, wahr sei, dann sei das Militär einige Tage vor dem UFO-Absturz

dort oben in El Yunque gewesen, und er sagte: „Ja, wir waren dort seit Freitag, dem 16. und dem anderen Das Ding, dieser Absturz, ereignete sich am 19., als das Militär noch mit der Soldatenbegegnung am 'La Coca'-Wasserfall beschäftigt war. Von diesem Absturz weiß ich wirklich nichts, nur dass dort etwas abgestürzt ist ... Das ist alles."

Wir haben die Zeugnisse dieses Offiziers und seine militärische Laufbahn überprüft. Alles in Ordnung. Außerdem gibt es mehrere Zeugen unseres Gesprächs. Es gibt mehrere wichtige Fakten zu diesem

Vorfall. Erstens trug das Personal, das mit dem Militär der Roosevelt Roads Naval Station zusammenkam,

bereits Antikontaminationsanzüge, und das ist ein interessantes Detail. Es gab keinen Grund dafür, wenn das, was passiert war, wie der Offizier erklärte, nur ein zufälliger Vorfall war, bei dem es zu einer Schießerei einiger Soldaten kam, es sei denn, die Militärbehörden kannten bereits die Natur des mutmaßlichen Plünderers. Sie haben angeblich geschossen, etwas, von dem sonst niemand wusste. Warum so eine Sorge und so eine Stillschweigen-Haltung?
Zweitens, was war der Grund für die Tests und Analysen, die an den Soldaten und ihrer Ausrüstung durchgeführt wurden, und warum wurden ihre Uniformen und ihre Ausrüstung nach der Analyse zerstört? Drittens, warum wurden ihre Militärunterlagen sofort klassifiziert und geändert, sodass es keine Beweise dafür gibt, dass sie jemals Teil dieser Spezialeinheit waren und sich in jener schicksalhaften Nacht in El Yunque aufgehalten haben? Was wollten die Militärbehörden verbergen? Was passiert in El Yunque, was die US-Regierung so sehr beunruhigt? Die Erwähnung des offensichtlichen „grünen Blutes" kam mir immer verdächtig vor, da ich nicht wusste, was ich davon halten sollte. Überraschenderweise erfuhren wir einige Zeit später von einem weiteren unglaublichen Vorfall, der uns einige Hinweise auf das Rätsel im Zusammenhang mit einem solchen geben könnte.

Eine seltsame Kreatur erschossen ... und mehr "grünes Blut"

Ich traf Herrn Edwin Godoy und seine Frau Myrna zu einem Interview über mehrere Vorfälle im Zusammenhang mit UFOs, die sie beim Tauchen in Cabo Rojo in der südwestlichen Region von Puerto Rico miterlebt hatten. Diese werden in einem anderen Bericht besprochen, den wir derzeit vorbereiten, aber während des Interviews erwähnte er mehrere andere Dinge, wie eine UFO-Sichtung, die er vom Haus seiner Schwiegermutter im Sektor Guzmán Arriba in Rio Grande neben El Yunque erlebte. Dort sah er zusammen mit seiner Frau und anderen, wie ein helles, sternähnliches Objekt von einer Stelle an einem Hang neben dem Berg El Yunque aufflog. Nachdem es mehrere schnelle Zickzackkurven am Himmel gemacht hatte, machte das helle Objekt einen plötzlichen „Sprung" nach unten und schien mit dem Berg an derselben Stelle zu verschmelzen, von der es ursprünglich gekommen war. 1978 war Godoy ein E-4-Soldat der US-ARMEE, der in Fort Lewis im US-Bundesstaat Washington stationiert war. Fort Lewis liegt neben einem Waldgebiet in diesem westlichen Bundesstaat. Herr Godoy war auch ein erfahrener Schütze, der in diesem Jahr als drittbester Schütze der US-Armee hervorging.

Eines Nachts, als sein Zug in einem Lastwagen von einigen Kriegsspielen im Wald zurückkehrte, hatte der Lastwagen eine Fehlfunktion und verlor jegliche Energie. Da es unmöglich war, ihn zum Laufen zu bringen, beschloss der amtierende Kommandant, mit den Soldaten zu Fuß zur Basis zurückzukehren, und befahl Godoy, da er derjenige war, der für die Abholung des

Lastwagens unterschrieben hatte, dort zu bleiben und ihn bis zum Morgen zu bewachen, als eine Abschleppeinheit eintraf von der Basis geschickt werden, um ihn und das Fahrzeug abzuholen.

Für Godoy war dies etwas unregelmäßig, da normalerweise zwei Männer dazu befohlen wurden. Wie auch immer, die anderen fuhren gegen 20:00 Uhr los und er blieb dort mit dem Lastwagen.

Gegen 0:15 Uhr bemerkte er etwa 300 Meter von ihm entfernt eine Gestalt, die neben einigen Kiefern im Wald stand. Was Godoy schockierte, war die Größe der Figur, da sie sehr groß war ... und ihr Körper vollständig mit Haaren bedeckt war.

"Es war etwas sehr Großes, Riesiges ... ein Riese!" - sagte er -, "und es war am ganzen Körper von dunklen, langen grauen Haaren bedeckt. Es stand neben einer Kiefer und schwang seinen Körper seitwärts, während es mich direkt ansah. Es sah ein bisschen aus wie ein Mann, aber es war so war kein Mann ... sehr kräftig gebaut, mit breiter Brust ... und seine Augen glühten im Dunkeln rot, der Mond stand im Hintergrund und es gab kein Licht in der Gegend, es war total dunkel. ... also war dieses rote Leuchten nicht auf Lichtreflexion zurückzuführen ... es war etwas ... diese Augen hatten ein rotes Leuchten, sie leuchteten selbst."

„Das Ding fing an, auf mich zuzurennen, also rief ich dreimal anhalten und bat das Ding, anzuhalten und sich zu identifizieren.

Da es nicht antwortete, machte ich einen ersten Schuss in die Luft und dann schoss ich auf ihn oder ‚es', Ich weiß nicht, wie ich es nennen soll. Das haarige Ding packte seine Brust und stieß ein lautes

Stöhnen aus, hielt an und rannte dann nach rechts und

verschwand im Wald."Godoy, sehr nervös, argumentierte, dass er gerade einen „Bigfoot" gesehen hatte, eine der legendären Kreaturen des Waldes, von der die Indianer in der Region oft sprachen. Aus Angst schloss er sich bis 6:00 Uhr im Lastwagen ein. als zwei Mechaniker von der Basis mit einer Schleppeinheit eintrafen, um den LKW abzuholen.

Er erklärte, was passiert war, aber sie wollten ihm nicht glauben. Sie gingen alle zu der Stelle, an der das haarige Ding erschossen wurde, und die Männer waren überrascht, riesige menschenähnliche Fußabdrücke auf dem weichen Boden und mehrere kleine Blutlachen zu sehen, die rot aussahen, aber seltsam ölig und frisch aussahen. Die Mechaniker starrten einander an und sahen dann Godoy auf eine seltsame Weise an und murmelten leise etwas zwischen sich.

Von diesem Moment an hielten sie Abstand und redeten nicht mehr mit ihm.

Sie kommunizierten per Funk mit der Basis und meldeten den Vorfall. Später sprang der Truck auf Anhieb an. Gegen 7:30 Uhr traf ein unbekanntes Personal am Standort ein.

Mehrere Männer in weißen Laborkitteln, mit dicken grauen Handschuhen und Stiefeln aus 'Gummi' [bleihaltig?] nahmen Proben von den Abdrücken der Spuren auf dem Boden und dem angeblichen 'Blut'. Mehrere Fläschchen wurden mit der flüssigen Substanz gefüllt und mit äußerster Sorgfalt gehandhabt. Die Mechaniker sprachen mit diesen Männern, aber Godoy durfte nicht dasselbe tun. Später wurden sie alle per Funk angewiesen, sofort nach Ft. Lewis. Godoy sollte sich sofort nach seiner Ankunft im Basiskrankenhaus melden.

Zu seiner Überraschung wartete dort ein medizinischer Offizier der Air Force, ein Oberst, auf ihn. Fort Lewis ist ein Stützpunkt der US-ARMEE ohne Verbindungen zur Air Force, also warum die Anwesenheit dieses Oberst der Air Force dort? Er konnte es nicht sagen. Üblicherweise hätte ihn das reguläre medizinische Personal des Basiskrankenhauses betreut. Dieser Mann gehörte nicht zum medizinischen Personal des Krankenhauses. Der Beamte informierte ihn gründlich über den Vorfall und führte eine vollständige medizinische und körperliche Untersuchung bei ihm durch. Während er ihn untersuchte, fragte er immer wieder, in welcher Entfernung er von der Kreatur war, als er darauf schoss, auf die Beschreibung der Kreatur, ob er ein Kribbeln verspürte oder Halsschmerzen, Kopfschmerzen, ob sich ein Ausschlag auf seiner Haut entwickelt hatte ... Und andere Dinge.

Der medizinische Offizier der Air Force wusste anscheinend, was er fragen musste. Für Godoy war es offensichtlich, dass er nach bestimmten Symptomen suchte ... und Antworten, aber Symptome und Antworten auf was?

Godoy wurden mehrere Blutproben, Hautabschabungen, Urin, Speichel und andere Arten von Proben entnommen. Der Soldat wusste, dass etwas Seltsames vor sich ging, er fragte den Offizier immer wieder, woher er komme, aber er antwortete nicht. Nach der Untersuchung wurde ihm befohlen, in seine Kaserne zu gehen, dann duschte er und ruhte sich aus.

Später wurde ihm befohlen, zum Büro des Stützpunktkommandanten zu gehen. Dort angekommen, war der Basiskommandant, ein Generalleutnant [Name erinnert sich nicht an Godoy], zusammen mit seinem

Kompaniekommandanten, Captain Underwood, und einem Colonel, dessen Nachname, soweit er sich erinnert, Kropsie war. Sie befragten ihn erneut darüber, was draußen im Wald passiert war, und dann befahl der Kommandant der Basis Godoy, mit niemandem darüber zu sprechen, was passiert war. Er wurde gewarnt, dass er vor ein Kriegsgericht gestellt würde, wenn er jemals darüber sprechen würde um sich den Konsequenzen zu stellen. Godoy antwortete, er würde gehorchen.

Später, als er in sein Zimmer ging, wurde er von L. Robles angesprochen, einem anderen puertoricanischen Soldaten, der im Labor des Krankenhauses arbeitete. Robles fragte Godoy, was er erschossen habe. Godoy sagte, er dürfe die Angelegenheit nicht diskutieren, und Robles bestand darauf, zu fragen. Er fragte Robles, warum es so wichtig für ihn sei, das zu wissen. Robles antwortete: „Ich musste zusammen mit zwei anderen Typen die vom Boden entnommenen Blutproben analysieren, und wir wissen, dass Sie der beteiligte Soldat sind, weil es im Bericht so angegeben wurde … Und wissen Sie? Es ist verrückt, aber ... was zum Teufel hast du da draußen erschossen?

Als wir die Blutproben untersuchten, fanden wir drei seltsame Dinge darin ... Dieses Blut enthielt menschliche Blutkörperchen, tierische Blutkörperchen ... und Chlorophyll! Mann, das ist unglaublich! Was zum Teufel war das?

Es musste etwas Genetisches sein... eine Art Aberration. Auch als das Blut vom Licht weggenommen und in einen dunklen Bereich gelegt wurde ... leuchtete es grün! Es hatte eine seltsame grünliche Phosphoreszenz ... fast so, als wäre es radioaktiv. Mann, was war das für ein Ding?"

Godoy, schockiert von Robles Worten, erklärte, er könne den Vorfall nicht diskutieren und ging. Wenn er jetzt zurückdenkt, hat er das Gefühl, dass der Kommandant der Basis, Colonel Kropsie, und Captain Underwood alle zu wissen schienen, womit sie es zu tun hatten, und aus diesem Grund hatten sie ihm befohlen, den Mund zu dem Vorfall zu halten. Er erinnerte sich, dass er einmal einen riesigen Sicherheitstresor in der Basis betreten musste, in dem viele Flaschen lagern. Alle diese Flaschen waren mit einer flüssigen Substanz gefüllt, die grün leuchtete, ähnlich wie Robles es beschrieben hatte. Die Flaschen im Tresorraum wurden dort unter sehr strengen Sicherheitsvorkehrungen aufbewahrt, da die Flüssigkeit in den Flaschen seiner Meinung nach Plutonium zu sein schien, das am Boden gelagert wurde. Gab es einen Zusammenhang zwischen beiden Substanzen? Er wusste es nicht.

Aber er fand es ziemlich seltsam, dass er allein den Lastwagen bewachen musste.

Warum wurde er allein gelassen? „Ich kenne Martín nicht, aber nachdem ich darüber nachgedacht hatte, hatte ich ein seltsames Gefühl ... Wer weiß, vielleicht wollte mich das Ding gefangen nehmen. Alles, was ich mit Sicherheit weiß, ist, dass die US-Regierung und das Militär wissen, dass etwas Seltsames passiert im Westen der USA, im Nordwesten, und sie wollen nicht, dass die Leute davon erfahren", sagte Godoy.

Die Beschreibung des seltsamen "grünen Blutes" der im Basislabor analysierten Kreatur vom Typ Bigfoot ähnelt dem angeblichen Blut, das der Marodeur hinterlassen hat, der in der Nacht des 16. Februar 1984 von der Spezialeinheit in El Yunque erschossen wurde. Wie bei dem Vorfall in El Yunque trug das Personal, offenbar von der Roosevelt Roads Naval Station, das ankam, um die Proben im Wald zu entnehmen, bereits spezielle Kleidung wie dicke Handschuhe und Stiefel sowie Schutzanzüge gegen Kontamination oder Strahlung . Warum das? Sie schienen auch zu wissen, womit sie es zu tun hatten. Aber was wussten sie?

Noch mehr „grünes Blut" bei einem Flugzeugabsturz

Die bereits erwähnten Fälle sind nicht die einzigen, bei denen das seltsame „grüne Blut" gemeldet wurde. Vor etwa vier Jahren kam es in Kolumbien, Südamerika, zu einem tödlichen Flugzeugabsturz. Unter den verstümmelten Leichen der unglückseligen Passagiere befand sich die Leiche eines Mannes, eines mutmaßlichen Bürgers Israels. Aber dieser Mann hatte etwas Unglaubliches: Statt Blut zirkulierte eine hellgrüne Flüssigkeit in seinem Körper! Der Leichnam dieses Mannes wurde von der israelischen Regierung beansprucht. Es wurde auch darüber informiert, dass die US-Regierung Vertreter nach Kolumbien entsandt hatte, um die Angelegenheit zu untersuchen und Gewebe- und „Blutproben" der Leiche zu entnehmen, bevor sie an die israelische Regierung übergeben wurden. Dieser Fall wurde in den spanischsprachigen USA gemeldet
Wir müssen mitteilen, dass dieselbe Art von „grüne Blut" oder flüssiger Substanz, die hier beschrieben wird, in mehreren Entführungsfällen in Puerto Rico und Mexiko bei mehreren Frauen aufgetreten ist, die

behaupten, von Außerirdischen während Entführungen, die sie erlebt hatten, künstlich geschwängert worden zu sein. Die grüne Flüssigkeit, so vermuten wir, scheint eine Substanz zu sein, die hilft, die Abstoßung von Implantaten oder veränderten Embryonen zu verhindern, die in die Frauen und einige UFO-Entführte eingesetzt wurden. Wir überprüfen diesen Winkel noch, aber wir müssen auch erwähnen, dass kürzlich mehrere mutmaßliche Alien-Implantate von Chirurgen zusammen mit dem UFO-Forscher Derrel Simms in den USA chirurgisch entfernt wurden und diese Implantate mit einer Substanz bedeckt waren, die hellgrün leuchtete. eine Flüssigkeit mit ähnlicher Beschreibung wie in den Fällen, über die wir hier berichtet haben. Vor diesem Hintergrund ist es sehr wahrscheinlich, dass wir auf dem richtigen Weg sind.

Schließlich scheint es nach den Angaben der Zeugen zu den in diesem Artikel beschriebenen Ereignissen offensichtlich, dass die US-Militärbehörden, die in die hier geschilderten Situationen verwickelt waren, zu wissen schienen, womit sie es zu tun hatten, und dass verschiedene US-Militärbehörden, wie z die US ARMY und die US Air Force arbeiteten in dieser Angelegenheit zusammen [der Vorfall in Fort Lewis im US-Bundesstaat Washington]. Aber es gab noch viele weitere Vorfälle in El Yunque, schauen wir uns einige davon an.

Drei kleine Aliens und ein UFO

Eines Nachts im Juli 1987 gingen vier Mitglieder der Nationalgarde von Puerto Rico außerhalb des Militärdienstes zusammen mit drei kleinen Kindern in ein Gebiet in "Las Tres T" neben dem Berg El Yunque, um dort Süßwassergarnelen zu fischen einen der Flüsse dort ... aber stattdessen begegneten sie außerirdischen Wesen.
Gegen 21 Uhr hatte sich einer der Männer, ein Offizier der Nationalgarde, der als Zivilist eine Führungsposition in einem der bekanntesten Lebensmittel- und Getränkevertriebsunternehmen von Puerto Rico innehat, von der Gruppe getrennt und sah sich neben ihm um Fluss, als er plötzlich eine kleine, drei bis vier Fuß große Gestalt bemerkte, die durch das Gestrüpp ging. Er glaubte, es könnte ein Kind sein, und fragte sich, was ein Kind zu dieser Nachtzeit allein im Wald tun könnte [die Figur war nicht
eines der Kinder, die bei ihm waren]. Neugierig und besorgt um das „Kind" folgte er ihm ins Gebüsch. Das 'Kind' ging seltsam, mit wellenförmigem Gang zur Seite. Seine Partner sahen ihn ins Gestrüpp eintreten und folgten ihm. Er drehte sich zu ihnen um und bedeutete ihnen zu schweigen. Schon näher dran blieb die Gestalt stehen und drehte sich zu ihnen um, in diesem Moment sahen sie alle, dass die Gestalt nicht die eines Menschen war. Es war das, was heute als „grauer" außerirdischer Humanoid bekannt ist, dünn, mit einem großen eiähnlichen Kopf und großen dunklen Augen, mit einem dünnen Körper und langen Armen und Händen.
Das Wesen hatte eine Membran, die seinen Oberkörper mit seinen Oberarmen verband.

Die Männer und Kinder starrten den Humanoiden an und glaubten nicht, was sie sahen. dünn, mit einem großen eiähnlichen Kopf und großen dunklen Augen, mit einem dünnen Körper und langen Armen und Händen. Das Wesen hatte eine Membran, die seinen Oberkörper mit seinen Oberarmen verband. Die Männer und Kinder starrten den Humanoiden an und glaubten nicht, was sie sahen. dünn, mit einem großen eiähnlichen Kopf und großen dunklen Augen, mit einem dünnen Körper und langen Armen und Händen. Das Wesen hatte eine Membran, die seinen Oberkörper mit seinen Oberarmen verband. Die Männer und Kinder starrten den Humanoiden an und glaubten nicht, was sie sahen. Plötzlich bemerkten sie ein Leuchten auf ihrem Rücken über dem Gestrüpp und drehten sich um, um zu sehen, woher das Leuchten kam. Sie waren alle überrascht zu sehen, dass ein Raumschiff vom Typ einer fliegenden Untertasse vom Berg El Yunque herunterkam. Das Schiff landete vor ihnen, direkt hinter der seltsamen humanoiden Kreatur. Es hatte drei starke und blendende Lichter davor, die sie daran hinderten, die Details des Fahrzeugs klar zu beobachten. In dem Moment, in dem das Schiff landete, fühlten sie sich alle unfähig, sich zu bewegen, sie sind sich nicht sicher, ob dies auf eine Wirkung zurückzuführen war, die ihnen auferlegt wurde, oder auf ihre Angst, nicht zu wissen, was als nächstes passieren könnte.

Eine Lukentür öffnete sich vor der Untertasse und zwei weitere Kreaturen, ähnlich derjenigen, der sie gefolgt waren, kamen heraus, gingen eine Rampe hinunter und stellten sich zu jeder Seite der ersten Kreatur auf, legten ihre Hände auf die Schultern von ihr die erste Kreatur, während sie den Offizier und seine Freunde ansah.

Er interpretierte dies als Warnung für sie, nicht näher zu kommen, dass sie da waren, um die erste Kreatur zu beschützen. „Wir hatten Angst – sagte er – und wussten nicht, was wir tun sollten, aber in diesem Moment machte das Wesen in der Mitte ein Geräusch in spanischer Sprache mit einem lustigen Akzent, das klang wie ‚Wir kommen rein ... [hier ein unverständliches Fasten Jargon war zu hören und die Zeugen konnten nichts anderes verstehen]." Dann wurde wieder auf Spanisch geredet, sagen "...und wir werden..." [der schnelle Jargon war wieder zu hören, anstelle der spanischen Sprache]. Dann drehten alle drei Außerirdischen der Gruppe den Rücken zu und rannten in das untertassenförmige Raumschiff. Die Lukentür schloss sich hinter ihnen und das UFO gab ein ohrenbetäubendes Summen von sich. Danach erhob sich das Fahrzeug in die Luft und flog sehr schnell in Richtung des Antennensektors auf dem Gipfel des El Yunque-Berges, wo es verschwand. Sie waren alle verblüfft über das, was sie gesehen hatten, und aufgrund ihrer Positionen in ihrem militärischen und zivilen Leben schworen sie gemeinsam, niemals darüber zu sprechen, was mit jemandem passiert war. Die Erfahrung hat sie und die Kinder tief berührt. Aus diesem Grund kehrten sie nie an den Ort zurück, an dem dies geschah.

Seltsame Kreatur, fotografiert in El Yunque

Eines Nachmittags um 18:30 Uhr im März 1993 machten Herr Nelson Berríos und vier weitere Freunde ein Picknick im Waldgebiet, das als „Las Minas Falls" bekannt ist und für die vielen schönen Wasserfälle dort und ihre bekannt ist Naturbecken, in denen viele Besucher schwimmen. Nelson, der schwimmen ging, bat Joaquín Ruiz, einen seiner Freunde, seine Kamera, eine 35-mm-Concord-Kamera, die er in einem Kaufhaus gekauft hatte, mitzunehmen und einige Fotos von dem Ort zu machen, was er tat. Unwissentlich hatte er etwas anderes fotografiert.Tage später, als Berríos die Filmrolle [einen 400 ASA-Film mit 24 Belichtungen] in ein Fotolabor in Carolina brachte, um ihn entwickeln zu lassen, stellten die Entwickler fest, dass eine kleine Figur fotografiert worden war und auf mindestens vier der Bilder zu sehen war der Rolle. Die Figur ist die einer kleinen humanoid aussehenden Kreatur mit einer blassrosa Haut und einem seltsam aussehenden, klar gefärbten, strohähnlichen, aufstehenden „punkartigen" Haar, das seinen Kopf hinter einem Felsen neben den Wasserfällen erhob.

Häufige UFO-Sichtungen

Es gab auch zahlreiche wichtige UFO-Sichtungen im Regenwald. Am 14. Februar 1994 sah Herr Víctor Delgado, der im Cubuy-Sektor in der Nähe von El Yunque lebt, um 5:30 Uhr morgens, als er die Straße hinunterfuhr, um zu seiner Arbeit in der Stadt Carolina zu gehen, a riesiges fliegendes Untertassen-Fahrzeug mit drei Ebenen und vielen farbigen Lichtern, die auf seiner Unterseite kreisen, über dem Rand eines Abhangs neben dem Gipfel des El Yunque-Berges aufgehängt.
Laut Delgado "... hatte es einen Durchmesser von etwa 1.500 Fuß und hatte viele farbige Lichter um sich herum sowie ein riesiges gelbgrünes Licht darauf, das wie eine

helle Kuppel aussah." Dieselbe Art von Schiff wurde in derselben Gegend bei vielen Gelegenheiten von vielen Menschen beobachtet.

Ein weiteres Beispiel für die vielen solcher Sichtungen ist das folgende. Am 14. Januar 1995 kampierte Mr. Orlando Morales, ein bekannter Radiosender in Puerto Rico, der bei WSKN, einem Nachrichtensender mit Sitz in San Juan, arbeitet, zusammen mit vier anderen Freunden im Mount Briton Watchtower oben in der Gipfel. Um 22:30 Uhr waren sie alle überrascht, ein riesiges Raumschiff vom Typ einer fliegenden Untertasse zu sehen, das vom Himmel herunterkam und den Wachturm in geringer Höhe überflog.

Das Fahrzeug gab ein leises Summen von sich, flog nach unten und verlor sich aus den Augen, als es in den Nebel und die Wolken in der Gegend eindrang und zwischen den Bergen hinunterging. Morales und die anderen verließen sofort den Ort.

Einer der Camper musste medizinisch versorgt werden, da er aufgrund des Erlebnisses einen Nervenzusammenbruch erlitt.

Das Fahrzeug wurde als riesig beschrieben, mit einem Durchmesser von etwa 600 Fuß oder mehr, mit der Form einer klassischen fliegenden Untertasse mit vielen farbigen Lichtern rund um seine Unterseite [blau, rot, lila, gelb, orange]. Es hatte auch viele quadratische fensterähnliche Öffnungen an seiner Unterseite von jeweils etwa 1,50 m Größe, durch die ein helles weißes Licht herauskam. Die Oberfläche des Fahrzeugs wurde als metallisch mattgrau beschrieben. Nach diesem Vorfall sperrte der US Forestry Service das Gebiet für die Öffentlichkeit, angeblich wegen Reparaturarbeiten an der Straße 191 in El Yunque.

Aber "zufällig" wurden von Februar bis April 1995 mehrere riesige UFOs ähnlich dem von Morales und seinen Freunden beobachteten, wurden von vielen Bewohnern der Gemeinden von Rio Blanco und Florida beobachtet, wie sie in den Wald flogen oder daraus herauskamen, südöstlich des Regenwaldes, an den Ausläufern der Sierra de Luquillo, in der Gemeinde Naguabo. Einige der Sichtungen dauerten von einer halben Stunde bis zu einer Stunde, sowohl tagsüber als auch nachts. Die meisten Fahrzeuge wurden direkt über einem Abschnitt der Straße 191 in der Luft schwebend beobachtet, der vom US Forestry Service wegen eines angeblichen Erdrutsches, der die Straße abgeschnitten hat, dauerhaft gesperrt wurde. sowohl tagsüber als auch nachts. Die meisten Fahrzeuge wurden direkt über einem Abschnitt der Straße 191 in der Luft schwebend beobachtet, der vom US Forestry Service wegen eines angeblichen Erdrutsches, der die Straße abgeschnitten hat, dauerhaft gesperrt wurde. sowohl tagsüber als auch nachts. Die meisten Fahrzeuge wurden direkt über einem Abschnitt der Straße 191 in der Luft schwebend beobachtet, der vom US Forestry Service wegen eines angeblichen Erdrutsches, der die Straße abgeschnitten hat, dauerhaft gesperrt wurde.
Interessanterweise werden einige der Anwohner, wenn sie nach den Sichtungen versuchten, das Gelände zu Fuß zu erreichen, von US-Soldaten in schwarzen Uniformen oder getarnten Arbeitsuniformen ohne Ausweis angehalten und ihnen auf grobe Weise befohlen, das Gebiet zu verlassen Waffe Punkt. Dieser Bereich der Straße 191 ist keine militärische Sperrzone, wie dies bei der Navy-Radarstation in Pico del Este der Fall ist. Also, was passiert dort?

Diese Seite ist bekannt für die vielen Begegnungen, die Besucher und Ranger des US Forestry Service dort sowohl mit Kreaturen vom Typ Bigfoot als auch mit Außerirdischen vom Typ "Grey" erlebt haben. Wenn wir all dies und viele andere solcher Vorfälle zusammenfassen, scheint die Antwort offensichtlich.

TEIL 1

Anomale Explosion und Beben – Wie alles begann

Am 31. Mai 1987 um 13:55 Uhr wurden die Bewohner des Südwestens von Puerto Rico sowohl von einem starken Beben als auch von dem Geräusch einer lauten Explosion erschüttert, die aus dem Untergrund zu kommen schien. Tausende haben Angst vor dem unerwarteten Phänomen.
Die Presse berichtete ausführlich über das Erdbeben und veröffentlichte mehrere Berichte von Nachbarn aus den Städten Cabo Rojo, Lajas und Mayaguez, in denen es hieß, wie der Boden für einige Momente auf und ab bebte, als sie alle die Explosion hörten.
Auch Häuser und Gebäude in der Region brachen aufgrund des Bebens zusammen.

Ursprünglich wurde das Epizentrum des Bebens vom Puerto Rico Seismological Service auf 81.000 Fuß tief unter der Laguna Cartagena, einer Lagune zwischen den Städten Lajas und Cabo Rojo, lokalisiert, aber am nächsten Tag wurde der Bericht seltsamerweise geändert und besagt, dass die Explosion und Das Epizentrum des

Bebens lag westlich von Puerto Rico im Mona-Kanal auf hoher See. Diese plötzliche Änderung der Daten war sehr verdächtig, da anscheinend „jemand" die Aufmerksamkeit der Öffentlichkeit vom Standort Laguna Cartagena ablenken wollte. Warum denken wir das? Die folgenden Situationen werden es erklären, da sich zusammen mit dem "Erdbeben" andere Ereignisse in diesem und den folgenden Tagen abspielten, die der Öffentlichkeit nicht mitgeteilt wurden,
Am nächsten Tag nach dem Beben und der Explosion, am Sonntag, dem 1. Juni 1987, gegen 22:00 Uhr, wurde ein riesiges, nicht identifiziertes Flugobjekt über der Laguna Cartagena schwebend gesehen. Viele Zeugen, Bewohner von Gemeinden rund um das Gelände, sahen das unglaubliche Objekt, als es dort am Nachthimmel hing, von ihren Häusern in der Betances-Gemeinde, der Maguayo-Gemeinde und anderen aus. Herr Carlos Mercado erklärte, was er und andere sahen: „Ich blickte auf die Sierra Bermeja und die Lagune und plötzlich sah ich zwei sehr große und helle Sterne oder Lichter, die sehr langsam Seite an Seite herunterkamen. Ich rief meine Frau und holte mein Fernglas Die Lichter befanden sich am Ende von etwas sehr Großem, das wie ein riesiges metallisch aussehendes silbernes Rohr aussah. Es war zylindrisch mit zwei großen Kugeln aus grünlich-weißem Licht an jedem Ende. Auf der Unterseite des Objekts war so etwas wie ein rotierendes rötliches Licht."
Mrs. Haydeé Alvarez, Mercados Frau, die wir ebenfalls zu dem Vorfall interviewten, sagte: „... sie waren wie zwei sehr große Sterne, so groß wie eine halbe Dollarmünze, verbunden durch ein langes, metallisches Rohr mit Lichtern darunter .

„Mercado und seine Familie und Nachbarn waren Zeugen vieler UFO-Vorfälle in diesem Sektor, weil sie direkt vor den wichtigsten UFO-Spots dort leben, der bereits erwähnten Laguna Cartagena und der Sierra Bermeja,
einem kleinen Bergrücken, der seit Jahren besteht Schauplatz vieler UFO-bezogener Vorfälle gewesen.
Frau Rosa Acosta, ebenfalls eine Bewohnerin derselben Gemeinde, sagte: „Es war wirklich groß! Ich sah es aus etwa drei Kilometern Entfernung und konnte es aus der Entfernung immer noch etwa sechs Zoll lang sehen ... Es war unglaublich Das Ding kam herunter und schwebte dort regungslos über der Laguna Cartagena in der Luft, dann, etwa 15 Minuten später, flog es hoch und verschwand im Süden hinter der Sierra Bermeja.Das ist hier nicht neu.
Diese mysteriösen Lichter und Artefakte sind hier seit Jahren zu sehen, besonders an diesem Ort. Es gab Momente, in denen ich in meiner Hängematte lag, hier auf der Terrasse, und plötzlich strahlte mich von oben ein helles Licht an. Als ich aufschaue, ist eines dieser Dinge, etwas Untertassenförmiges, über mir und scheint ein helles weißes Licht auf mich. Das ist ein paar Mal passiert ... Warum sie es tun, weiß ich nicht ... und warum ich ... ich frage mich darüber."
Carlitos Muñoz, ein junger Bursche, der bei den Interviews anwesend war, erklärte, dass seine ganze Familie diese Art von Objekten
schon seit einiger Zeit sieht: „Vor ungefähr einem Jahr [1986] sahen wir alle eines Nachts zu Hause eine sehr große Plattform, etwas die vom Himmel herunterkam und dort regungslos blieb, über der Laguna Cartagena. Sie hatte sehr helle gelbe und grüne Lichter, und viele

kleinere leuchtende Objekte kamen von der Unterseite dieser Plattform heraus und flogen in verschiedene Richtungen. Sie gingen weiter hinein und aus diesem Ding heraus. Nach einigen Minuten traten die kleineren Objekte in das große ein und es flog davon und verschwand am Himmel. Es passiert regelmäßig ... und immer über der Sierra Bermeja und der Laguna.
Viele Leute riefen die regionalen Radiosender an, um die Sichtung des riesigen UFOs über der Lagune zu melden, aber erstaunlicherweise kehrten diese Objekte für zwei weitere aufeinanderfolgende Nächte an den Ort zurück, immer um 22:00 bis 22:30 Uhr, und blieben bewegungslos über der Lagune bei etwa 500 ft. der Höhe, für einige Minuten, bevor Sie abreisen.

Rätselhafte Kreise und gestrahlte "Röntgenstrahlen"

Einige Tage später, bewegt von den Zeugenberichten, dass die Objekte immer über und hinter der Sierra Bermeja, neben der Laguna Cartagena wegflogen, begaben wir uns bereits in den Sektor hinter dem Kamm, den Olivares-Sektor und das dortige Müllhaldengebiet in der Gemeinde der Stadt Lajas und neben dem Erholungsgebiet "La Parguera" auch in Lajas. Als wir dort nachforschten, machten wir einen unerwarteten Fund, mehrere perfekte kreisförmige Markierungen, die klar definiert waren, als ob sie über das Gelände geschnitten worden wären, waren auf einem Feld neben der Sierra

Bermeja deutlich zu sehen, in einem Landsektor, der Herrn Fidel Avilés, einem Landbesitzer und gehörte Geschäftsmann. Bei der Messung hatten die meisten Kreise einen Durchmesser von 35 bis 40 Fuß und waren perfekt durch einen 3 Fuß breiten Rand definiert.
Ein fast grasfreier Rand, in dem die Erde durch eine große Hitzeeinwirkung gebacken und härter geworden zu sein schien als die Erde außerhalb oder innerhalb des Randes.
Nur der Boden innerhalb des Randes schien betroffen zu sein, anders.
Das wenige Gras, das sich noch im Randbereich befand, war völlig vertrocknet und abgestorben.
Alle Nachbarn waren auf Nachfrage überrascht, die Kreise zu sehen, sie waren ihnen vorher nicht aufgefallen. Die Kreise schienen sich dort über Nacht gebildet zu haben.
Die Nachbarn gaben an, dass sie nichts über sie wüssten, dass sie normalerweise früh schlafen gehen, sodass sie nicht sagen könnten, was passiert ist oder was sie geformt hat, aber sie alle gaben an, dass für mehrere Nächte, beginnend mit der Nacht nach dem sogenannten "Erdbeben", und "Explosion" hatten sie "... seltsame Lichter und ein sehr großes Objekt mit vielen farbigen Lichtern gesehen, das am Himmel schwebte und über die Sierra Bermeja in Richtung Cabo Rojo und die Laguna auf die andere Seite der Sierra flog.

Herr Roosevelt Acosta, sein Bruder Heriberto und andere Verwandte, die im Olivares-Sektor leben, bezeugten dies alle und wiesen darauf hin, dass Nachbarn dort sowie sie selbst gelegentlich seltsame kleine Wesen gesehen hatten, deren Körper ein schwaches

Leuchten zu haben schienen und die sehr schnell verschwanden, wenn sie von den Zeugen angesprochen wurden.

Einmal war Frau Dolín Acosta, eine andere Bewohnerin des Olivares-Sektors, auf dem Balkon ihres Hauses, und plötzlich kam ein heller Lichtstrahl von oben und verschlang sie. „Es war ein sehr helles weißes Licht – sagte sie – und es kam von über der Decke des Balkons. Da war ein Loch in der Decke und als ich nach oben schaute … Da war etwas dort oben … So etwas wie ein große Lichtkugel, und ein heller Lichtstrahl kam heraus und schien auf mich. Als ich mich ansah... Ich konnte es nicht glauben! Ich konnte meine Knochen sehen! Es war, als ob ich einen ansähe Röntgenplakette! Ich konnte die Knochen in meinen Fingern sehen, in meinen Armen, meinem Körper ... sogar meine Zehen! Dieses Objekt war da oben und ich konnte ein leises Geräusch hören, das von ihm kam, so etwas wie Luft, die in Intervallen ausgestoßen wird, wie pssss ... pssss ... pssss".
Dann ging es, aber ich konnte mich noch einige Minuten lang so sehen. Meine Schwester Eunice kam aus ihrem Zimmer, um zu sehen, was verursachte das helle Licht und wir konnten beide das Innere unserer Körper sehen, unsere Knochen. Als ich sie ansah, hatte sie keine Augen, ich konnte deutlich ihre leeren Augenhöhlen sehen, und sie sah dasselbe an mir. Nach ungefähr fünf Minuten waren wir wieder normal." Bei Dolín und ihrer Schwester waren nie Nachwirkungen zu spüren. Als ich sie ansah, hatte sie keine Augen, ich konnte deutlich ihre leeren Augenhöhlen sehen, und sie sah dasselbe an mir. Nach etwa fünf Minuten waren wir wieder normal." Dolín und ihre Schwester haben nie

Nachwirkungen gespürt. Als ich sie ansah, hatte sie keine Augen, ich konnte deutlich ihre leeren Augenhöhlen sehen, und sie sah dasselbe an mir. Nach etwa fünf Minuten waren wir wieder normal." Dolín und ihre Schwester haben nie Nachwirkungen gespürt.

Aber zurück zu den Kreisen. Herr Fidel Avilés, Eigentümer des Grundstücks, auf dem sie erschienen, erklärte: „Ich lebe hier seit 50 Jahren und habe so etwas noch nie gesehen. Diese Kreise tauchten dort über Nacht nach der Explosion und dem Beben auf."

Avilés hat dort in Olivares einen kleinen Lebensmittelladen, und an dem Morgen, als wir ihn interviewten, waren drei weitere Kreise hinter dem Laden aufgetaucht. Sein Sohn Fillo Avilés, der den Laden besucht, erklärte, dass am selben Morgen ein junger Mann, sehr nervös, in den Laden gekommen sei und ihm und anderen dort erklärt habe, dass er mit einer Gruppe von Freunden weiter unten an der Straße zeltete und ausging für eine Fahrt mit seinem Motorrad um etwa 3:00 Uhr. Als er vor dem Geschäft vorbeiging, sah er, dass hinter dem Geschäft drei seltsame leuchtende Objekte neben dem Boden schwebten. Laut dem, was der junge Mann Fillo sagte, waren die leuchtenden Dinge, die er sah, "... rund, geräuschlos und sahen aus wie umgedrehte Teller, von denen helles gelbliches Licht ausging".

Bei den Kreisen, die wir gefunden haben, waren es zunächst 8 Kreise, zwei Tage später waren es 12. Fasziniert sprachen wir darüber mit unseren Freunden Captain Luis Irizarry, einem zertifizierten Flugzeug- und Linienpiloten mit langjähriger Erfahrung, und Julio César Rivera, einem Flugschüler. Sie einigten sich darauf, uns in Irizarrys Flugzeug mitzunehmen,

um die Gegend zu überfliegen und ein paar Fotos zu machen.
Als wir das taten, waren wir überrascht von
dem, was wir sahen: Es gab 38 dieser Kreise dort im Gelände! Sie sahen völlig symmetrisch aus und neigten dazu, paarweise zu sein.
Einige Tage später nahmen wir
einige Bodenproben in den Kreisen und schickten sie an das Agricultural Extension Division Program in Mayaguez, einer großen Stadt neben Cabo Rojo, um zu überprüfen, ob eine Pilzart, die wir vor Ort gefunden haben, die Kreise gebildet haben könnte, aber es wurde vom Zytologen des Programms bestätigt, dass die betreffende Pilzart sie nicht gebildet haben
kann. Außerdem zeigten die Bodenproben, dass sich der pH-Wert im Boden verändert hatte, jedoch nur im Randbereich.
Die anderen Proben, die innerhalb und außerhalb der Kreise entnommen wurden, waren völlig normal. Aber es gab noch viele andere seltsame Dinge im Zusammenhang mit dem sogenannten "Erdbeben". Lass sie uns sehen. Die anderen Proben, die innerhalb und außerhalb der Kreise entnommen wurden, waren völlig normal.
Aber es gab noch viele andere seltsame Dinge im Zusammenhang mit dem sogenannten "Erdbeben". Lass sie uns sehen. Die anderen Proben, die innerhalb und außerhalb der Kreise entnommen wurden, waren völlig normal. Aber es gab noch viele andere seltsame Dinge im Zusammenhang mit dem sogenannten "Erdbeben". Lass sie uns sehen.

Kobaltblauer Rauch und mysteriöse Männer in der Laguna Cartagena

Wir fanden weitere seltsame Winkel zu dem, was vor, während und nach dem Beben vom 31. Mai 1987 geschah. Mehrere Nachbarn des Maguayo-Sektors neben der Laguna gaben an, dass sie in der Nacht vor der Explosion und dem Beben ein seltsames großes „Rot" gesehen hatten Feuerball", der flog und mehrere Drehungen über der Laguna machte und dann kontrolliert und langsam unter einem summenden Geräusch hinabstieg und langsam in den Gewässern der Laguna Cartagena verschwand.
Um 2:00 Uhr morgens wurden viele Bewohner von Maguayo von einem sehr starken und strahlend weißen Licht geweckt, das durch alle Fenster und Öffnungen in ihre Häuser eindrang. Neugierig schauten die Nachbarn hinaus und waren erstaunt über den Anblick eines riesigen fliegenden Untertassen-Flugzeugs, das tief über der Lagune schwebte, als würde es dort nach etwas suchen. Allen zufolge war das Fahrzeug von hellem weißem Licht bedeckt und kreiste sehr langsam über dem Gebiet. Nach ungefähr 2 Minuten verließ das Fahrzeug und verschwand sehr schnell am Himmel. Am nächsten Tag um 13:55 Uhr ereigneten sich das Beben und die Explosion. Wir müssen uns daran erinnern, dass das Epizentrum des Bebens und der Explosion ursprünglich von den Behörden offiziell auf 81.000 Fuß Tiefe unter der Laguna Cartagena festgelegt wurde ... Man sieht ein nicht identifiziertes Objekt in die Lagune eindringen, ein weiteres nicht identifiziertes Objekt schwebt und kreist spät in der Nacht über der Lagune, als suche man dort etwas ... und am nächsten Tag ist eine

Explosion zu spüren, die die ganze Region erschüttert ... entstanden ist in der Laguna Cartagena. Was ist wirklich an diesem Ort passiert?

Nach diesem Vorfall wurden viele Düsenjäger, Hubschrauber und große Radarflugzeuge vom Typ AWACs ständig im Tiefflug gesehen und kreisten über der Lagune, als ob sie dort nach etwas suchen würden, und die Fischer und Nachbarn berichteten weiterhin, dass sie UFOs gesehen hatten, die ins Meer ein- und ausgingen , an der Küste, sowie schwebend über der Sierra Bermeja und der Laguna Cartagena.

Nach der Explosion erschienen mehrere Risse im Land, an verschiedenen Stellen von Lajas und Cabo Rojo, und viele Zeugen sagten aus, dass ein heller kobaltblauer Rauch mit Kraft aus diesen Spalten austrat.

Herr Pedro Asencio Vargas, wohnhaft im Sektor „La 22" von Llanos Tuna, Cabo Rojo, und Lehrer, sagte, dies sei in seinem Haus passiert: „Ich habe es deutlich gesehen, einige Risse erschienen im Boden in meinem Garten und dieser blaue Rauch kam mit Gewalt aus ihnen heraus. Das erschreckte mich und meine Familie. Ich befürchtete, dass sich in meinem Land vielleicht ein Vulkan bildete. Einige

Leute vom Mayaguez Agricultural and Mechanical Arts College [Teil des Komplexes der Universität von Puerto Rico haben sich darauf spezialisiert Ingenieurwesen und landwirtschaftliche Techniken] kam, um zu sehen, was passiert ist, aber seltsamerweise weigerten sie sich, Proben der Rückstände des blauen Rauchs und Pulvers zu nehmen, die auf einigen Pflanzen und dem Boden zurückgeblieben waren.

Das war seltsam, weil sie sagten, dass sie untersuchten, was passiert war ...

Warum sollten sie sich dann weigern, die Proben zu nehmen und sie zu analysieren? Ich verstehe ihr Verhalten immer noch nicht."

Aber dieser helle kobaltblaue Rauch stieg laut mehreren Zeugen auch aus der Laguna Cartagena aus. Herr Carlos [Carlencho] Medina erklärte zusammen mit anderen Bewohnern der Maguayo-Gemeinde, dass nach der Explosion ein hellblauer Rauch aus der Lagune aufstieg [kobaltblauer Rauch hat nichts mit Vulkanismus oder seismisch- geologischer Aktivität zu tun], und der Ort wurde von einem seltsamen, nicht identifizierten Personal abgesperrt.

Dieses Personal bestand aus einigen Männern, die in Militäruniformen mit Tarnkleidung gekleidet waren und deren ID-Tags mit Klebestreifen bedeckt waren, andere waren als Zivilisten in Zivil oder elegante Anzüge gekleidet, aber mit Gummistiefeln, die bis zu den Knien reichten, und wieder andere waren weiß gekleidet von Kopf bis Fuß Schutzanzüge vom Typ Anti-Kontamination.

Die Männer in den Antikontaminationsanzügen trugen dicke dunkelgraue Handschuhe und Stiefel und entnahmen in riesigen durchscheinenden Kanistern Wasser-, Schlamm- und Erdproben aus der Lagune sowie von den dortigen Pflanzen. Laut Zeugen hatten sie eine Art „Funkgeräte", mit denen sie etwas im Wasser überprüften, ihre Beschreibungen der „Funkgeräte" erinnerten uns an Strahlungszähler.

Das Militär und die Männer in Anzügen hinderten irgendjemanden daran, zu dem Ort zu gelangen, und erklärten, dass Spezialpersonal dort sei, "... um zu untersuchen, was hier passiert ist", und dass niemand das Gebiet betreten dürfe. Medina und andere erklärten, dass am zweiten Tag ein dunkelgrüner Militärhubschrauber ohne Markierungen in das Gebiet gebracht und eine große Metallkugel mit etwas, das wie ein elektronisches Gerät aussah, ins Wasser gesenkt wurde, das an einer sehr langen Metalleine befestigt war, die befestigt war zum Helikopter. Das Personal dort schien nach etwas zu suchen. Die Zeugen bemerkten auch, dass es eine Reihe von beigefarbenen Lieferwagen und Fahrzeugen vom Typ Bronco mit kleinen rotierenden Parabolantennen darauf gab.

Frau Zulma Ramírez de Perez, die zu dieser Zeit zusammen mit ihrer Familie eine der Eigentümerinnen eines Teils des Landes war, auf dem sich die Laguna Cartagena befindet, ging mit ihrer Schwester zum Standort, um zu sehen, was passiert war, weil sie hatte hellblauen Rauch gesehen, der aus der Lagune in einem Gebiet aufstieg, in dem es Wasser gibt [dasselbe Gebiet, in das Carlos Medina und andere gegangen sind]. Mehrere amerikanische Männer in dunklen Anzügen mit einem rechteckigen roten Etikett auf der rechten Seite ihrer Anzüge, eine Art amerikanischer Agenten, so die Damen, näherten sich ihnen und befahlen ihnen, den Ort sofort zu verlassen. Sie erklärten, dass das Land ihnen gehöre, und die Agenten antworteten, dass es ihnen egal sei, dass sie sowieso gehen müssten, und sagten, sie versuchten herauszufinden, was dort wirklich passiert sei. Das war seltsam, denn bei der vorherigen Gelegenheit mit Carlos Medina wurde den Frauen gesagt, dass sie versuchten herauszufinden, was dort passiert war ... Aber wurde nicht offiziell von den Behörden informiert, dass es ein Zittern war, was dort passiert war ... ... oder nicht? Diese Männer waren groß, hellhäutig, blond und trugen gut

aussehende Anzüge, trugen aber, wie bereits erwähnt, scheinbar schwarze Gummistiefel. Sie hatten laut den beiden Schwestern auch metallisch-silberne Aktentaschen dabei.
Blond und in gutaussehenden Anzügen gekleidet, trug aber, wie bereits erwähnt, scheinbar schwarze Gummistiefel. Sie hatten laut den beiden Schwestern auch metallisch-silberne Aktentaschen dabei. blond und in gutaussehenden Anzügen gekleidet, trug aber, wie bereits erwähnt, scheinbar schwarze Gummistiefel. Sie hatten laut den beiden Schwestern auch metallisch-silberne Aktentaschen dabei.
An diesem Punkt sagte Frau Ramírez etwas sehr Wichtiges, sie erklärte, ihre ganze Familie habe seit dem Jahr 1956 gesehen, wie Raumschiffe vom Typ Fliegende Untertassen aus den Gewässern der Laguna Cartagena kamen oder in diese eindrangen. „Zuerst waren sie sehr hell und leuchtend – sagte sie – und als sie herauskamen, konnte man ihre Form klarer definieren. Sie waren scheibenförmig, silbrig, metallisch, mit durchscheinenden Kuppeln oben und sie hatten viele schöne farbige Lichter überall um sie herum. Sie machten ein Rauschen. Man konnte Menschen sehen, Gestalten in den Kuppeln, denn manchmal, wenn sie herauskamen, haben wir sie angeschrien und sie blieben vor uns in der Luft stehen. Wir haben versucht, diese zu melden Dinge, die wir in den Medien gesehen haben, aber bis dahin würde uns niemand Aufmerksamkeit schenken,
Sie lächelten ihn süß an und gingen zurück in die Lagune. Er floh aus dem Ort und erklärte uns morgens alles. Er war sehr aufgebracht, weil wir ihm nicht glauben wollten. Danach hat er nie wieder etwas zu uns gesagt. Wir wissen, dass er andere Begegnungen mit diesen

Wesen hatte, weil er in manchen Nächten in der Lagune verschwand und die ganze Nacht nicht darüber sprach, was er dort tat.
Aber wir wussten, dass er bei „seinen Freunden" war, wie er sie früher nannte. Es tut mir leid, dass er jetzt tot ist, weil ich weiß, dass es ihn freuen würde, all die Dinge zu hören, die die Leute dort über die Lagune und die Außerirdischen sagen, denn es würde alles bestätigen, was er gesagt hat."
Er war sehr aufgebracht, weil wir ihm nicht glauben wollten.
Danach hat er nie wieder etwas zu uns gesagt. Wir wissen, dass er andere Begegnungen mit diesen Wesen hatte, weil er in manchen Nächten in der Lagune verschwand und die ganze Nacht nicht darüber sprach, was er dort tat. Aber wir wussten, dass er bei „seinen Freunden" war, wie er sie früher nannte.
Es tut mir leid, dass er jetzt tot ist, weil ich weiß, dass es ihn freuen würde, all die Dinge zu hören, die die Leute dort über die Lagune und die Außerirdischen sagen, denn es würde alles bestätigen, was er gesagt hat." Er war sehr aufgebracht, weil wir ihm nicht glauben wollten. Danach hat er nie wieder etwas zu uns gesagt. Wir wissen, dass er andere Begegnungen mit diesen Wesen hatte, weil er in manchen Nächten in der Lagune verschwand und die ganze Nacht nicht darüber sprach, was er dort tat.
Aber wir wussten, dass er bei „seinen Freunden" war, wie er sie früher nannte. Es tut mir leid, dass er jetzt tot ist, weil ich weiß, dass es ihn freuen würde, all die Dinge zu hören, die die Leute dort über die Lagune und die Außerirdischen sagen, denn es würde alles bestätigen, was er gesagt hat."

Am Tag nach der Explosion und dem Beben landete ein grüner Militärhubschrauber ohne Kennzeichen auf einem der Hügel der Sierra Bermeja, direkt hinter der Residenz von Mr.
Milton Velez. Velez, seine Frau und seine Kinder sahen mehrere Männer in grünen Militäranzügen und -stiefeln und mit schwarzen Baskenmützen aus dem Hubschrauber steigen und begannen, den Boden überall auf dem Hügel mit Instrumenten zu scannen, die für Milton wie Metalldetektoren aussahen. „Sie sahen für mich wie Leute der Spezialeinheit aus – sagte Velez –, sie suchten dort oben nach etwas. Nach einer Stunde verließen sie den Hubschrauber ohne irgendwelche Erklärungen." In den letzten Tagen Velez, Seine Familie und Nachbarn haben alle leuchtende fliegende Untertassen gesehen, die nachts vom Himmel herabkommen und bewegungslos neben einem von der Regierung installierten Radar-Luftschiff stehen bleiben. Nach einigen Minuten verschwinden die UFOs sehr schnell. Dies ist dort zu einem gemeinsamen Ereignis geworden. Mehr über die Beteiligung dieses Radar-Luftschiffs an der Situation wird später in diesem Bericht erörtert.

Erdlichter?

Aufgrund der vielen Sichtungen von leuchtenden Objekten und wiederholten Explosionen in der Gegend erklärten die Behörden, dies anhand offizieller „Erklärungen" von Seismologen, dass alle Sichtungen auf Erdenergien zurückzuführen seien, die über diesen Gebieten durch geologische Verwerfungen in die Atmosphäre freigesetzt würden tiefer Untergrund. Ihnen zufolge erzeugte die Reibung in diesen Fehlern die „Lichter", die die UFO-Sichtungen als Fehlidentifikationen durch die unwissenden Zeugen abtaten.

Die reale Situation war, dass viele der Sichtungen mit gut definierten festen, metallischen Objekten zu tun hatten, die auf intelligent kontrollierte Weise über die Gebiete flogen.

Die meisten UFOs waren untertassenartige und zigarrenförmige Objekte. Andere wurden als Lichtkugeln oder ebenfalls kontrolliert fliegende Kugeln beschrieben. Herr Luis Bonet aus der Stadt Hormigueros, etwa 20 Meilen von Cabo Rojo entfernt, besuchte, fasziniert von den Vorfällen in der Laguna Cartagena, den Ort spät in der Nacht, um zu sehen, ob er dort etwas Seltsames sehen könnte. Stattdessen erlebte er Folgendes: „Nach der Explosion, einige Tage später, ging ich dorthin, um zu sehen, was los war. Ich ging in der Dunkelheit und plötzlich berührte mich jemand am Rücken.

Das machte mir Angst, und ich ließ ein böses Wort los. Wer auch immer Es wurde auf Englisch geantwortet und mich gefragt, wer ich sei und was ich dort mache, dass ich sofort gehen müsste, sonst würde ich ein Problem bekommen."

Ich sagte ihm, einem amerikanischen blonden Mann in einem feinen schwarzen Anzug mit einem Krawatte, dass ich untersuchte, was dort passiert war, und er befahl mir, von dort wegzukommen, Sie erklärten, dass sie [wer auch immer sie waren] untersuchten, ob das, was auch immer passiert war, etwas Natürliches oder etwas anderes war. Ich wollte keine Probleme, also bin ich gegangen."

Zwei Polizisten, ein schwarzer Helikopter und „Bundesagenten"

Außerdem, und dies ist das erste Mal, dass wir dies offenlegen, haben wir einen Polizisten interviewt, der ein paar Tage vor der Explosion mit einem anderen befreundeten Polizisten an der Lagune war. An jenem Tag ist dort etwas passiert, das sie nie vergessen werden. Laut Angaben des Polizisten waren sie zum Angeln in die Lagune gegangen, und plötzlich sahen sein Freund und sein Kollege seltsame Bewegungen an einem Hang in einem der Hügel der Sierra Bermeja und Rauch stieg aus dem Boden auf. Er ging den Hügel hinauf, um nachzusehen, und sah mehrere Männer in silbrig aussehenden Overalls zusammen mit Handschuhen und Stiefeln, die etwas in der Gegend mit etwas überprüften, das wie Geigerzähler aussah. Sein Freund ruft ihn, und als er den Hügel hinaufklettert, bemerken sie einige andere Männer, die ähnlich gekleidet sind und drei große Rollen mit dicken schwarzen Elektro- oder Kommunikationsgummikabeln mehrere Zoll breit in großen schwarzen Lastwagen schleppen. Die Männer betraten dann eines der Kabel im Wasser der Lagune, insbesondere in dem Gebiet, das frei von Gras ist, das auf dem größten Teil seiner Oberfläche wächst [das Gebiet, in dem die meisten Sichtungen stattgefunden haben und von dem aus die Ramírez's früher die UFOs kommen sahen]. Die anderen Lastwagen fuhren rechts in eine Fahrspur einer der dortigen Rinderfarmen ein und gerieten aus den Augen.

In diesem Moment tauchte wie aus dem Nichts ein Helikopter auf und jemand befahl ihnen über einen Lautsprecher, anzuhalten, wo sie waren, und sofort den Hügel hinunterzufahren. Der Polizist, dessen Namen wir aus offensichtlichen Sicherheitsgründen nicht nennen können, erklärte: „Es war ein großer schwarzer Hubschrauber ohne Markierungen. Jemand darin befahl uns anzuhalten und sagte, sie wüssten, dass wir bewaffnet seien. Woher wussten sie das? Wir hatten unsere Waffen dabei? Ich kann das immer noch nicht verstehen. Vielleicht hatten sie irgendeine Art von Ausrüstung im Hubschrauber, die es ihnen ermöglichte, davon zu wissen. Wir kamen vom Hügel herunter und sie landeten sehr schnell neben uns. Zwei Männer in schwarzen Overalls und bewaffnet sprangen aus dem Helikopter und forderten meinen Freund auf, näher zu kommen. Sie waren weiß, mit dunklem Haar und Schnurrbart, hispanisch aussehend.

„Jetzt sind wir in Schwierigkeiten – sagte er – sie sind Bundesbeamte [Agenten]." Ich sagte ihm, er solle sich keine Sorgen machen, und wir gingen beide zum Hubschrauber. Sie fragten, was wir da machten, und wir erklärten, dass wir Polizisten seien, die an dem Ort fischten."

Sie antworteten in perfektem Spanisch mit

puertoricanischem Akzent: „Du kannst da nicht hochgehen.
Dies ist ein eingeschränkter Ort unter der US-Bundesregierung, und wir führen hier ein Experiment durch." Welche Art von Experiment haben sie nie gesagt [diese Aussage der Hubschraubermänner war eine Lüge, weil das Gebiet nicht an die US-Bundesregierung "verpachtet" war Regierung durch eine "Vereinbarung" zwischen der puertoricanischen Lokalregierung und dem US Fishing and Wildlife Service bis zum 8. August 1989].
Der Polizist erklärte weiter: „Sie brachten uns in ein Gebiet dort zwischen zwei Hügeln in der Sierra, und dort war ein Campingzelt.
Ein großer weißer Mann in einem Militäranzug kam aus dem Zelt heraus, er schien ein amerikanischer Offizier zu sein . Dieser Mann sprach mit ihnen, und wir merkten, dass er sie fragte, warum sie uns dorthin gebracht hatten. Er schien sehr besorgt und verärgert über unsere Anwesenheit."
Nachdem sie mit dem Militär gesprochen hatten, kam einer der Männer auf sie zu und das nächste, was sie bemerken, ist, dass sie mit dem Gesicht nach unten auf dem Feldweg liegen, der von der Laguna Cartagena zur Straße 101 führt. Unser Polizist ist der erste einer zum Reagieren, und als er wieder zu sich kommt, hört er einen Mann in perfektem Spanisch sagen: „Hey, sie wachen auf. Dann stiegen einige Männer in ein Auto und verschwanden sehr schnell. Beide Polizisten wachten auf, blieben aber einige Zeit benommen auf dem Feldweg sitzen. Sie verließen den Ort und kehrten nie wieder dorthin zurück. Der Freund unseres Polizisten blieb nach der Erfahrung etwas beunruhigt, zog später nach New York und kommt nicht nach Puerto Rico zurück.

„Ich weiß nicht, was passiert ist. Diese Männer haben uns etwas angetan, weil wir uns nicht erinnern können, was passiert ist,
nachdem der Mann mit dem Militäroffizier zu uns im Zeltlager gekommen ist, nur dass wir auf dem Feldweg und drinnen aufgewacht sind ein benommener Zustand. Es war, als wären wir unter Drogen gesetzt und dorthin gebracht worden. Jetzt kann ich das sagen. Ich bin sicher, sie haben uns irgendwie unter Drogen gesetzt. Aber warum? Wir haben nichts Wichtiges gesehen... ich glaube... nur diese Männer in den silbernen Suiten mit den Kabeln, die ins Wasser gehen ... Wer weiß ... vielleicht wollten sie uns das nicht zeigen ... und der Militäroffizier ... Und dann, einige Tage später die Explosion und das Erdbeben dort... Das ist alles seltsam, sehr seltsam", kommentierte der Polizist.

ZWEITER TEIL

Am 4. März 1988 um 14:00 Uhr war im Gebiet Lajas-Cabo Rojo eine weitere starke unterirdische Explosion zu spüren und zu hören. Der Radiosender Raymond Stewart von der Radiostation Super B in Lajas beschrieb die Explosion als "unglaublich!", die besagt, dass es eher wie eine unterirdische
Sprengung als wie ein Erdbeben aussah. Viele Leute riefen den Radiosender an, um sich über die Situation zu erkundigen und auch um über die Sichtung zweier riesiger Kugeln aus orangefarbenem Licht zu berichten, die vom Himmel herabkamen und über der Laguna Cartagena schwebten. Die Sichtungen wurden von den örtlichen Behörden als Beobachtungen der Planeten

Jupiter und Venus hintangestellt, aber Tatsache ist, dass beide Objekte eine leuchtend orange Farbe hatten und von Hunderten von Zeugen beobachtet wurden, wie sie sich am Himmel bewegten. viele von ihnen von verschiedenen Beobachtungspunkten in der ganzen Region. Nach Auswertung der vielen Zeugenaussagen kamen wir zu dem Schluss, dass sich beide Objekte bei Sichtung direkt über der Laguna Cartagena befanden. Außerdem haben wir an diesem Tag die Position von Jupiter und Venus am Himmel überprüft und sie befanden sich in einer Astralposition im Nordwesten. Außerdem hatten sie ein weißliches Leuchten, kein orangefarbenes.

Zur gleichen Zeit begannen Staffeln militärischer US-Jets im Tiefflug über das Gebiet und insbesondere über die Laguna Cartagena zu fliegen, zusammen mit einem großen grünen Militärflugzeug mit einer runden Radarschüssel darauf [Hawkeye, AWAC?]. Diese Art von Radar wird für spezielle Missionen verwendet. All dies beunruhigte die Bewohner der Zone. Was suchte dieses spezielle Radar-Aufklärungsflugzeug in der Laguna? Begleiteten die Jets es zum Schutz? Wenn ja warum? Noch kennt niemand die Antworten auf diese Fragen.

Nach diesen „Beben" stieg die Zahl der Sichtungen und Vorfälle weiter an.

Bei einer der vielen Sichtungen in diesem Sektor, am Mittwoch, dem 8. März 1988, gegen 17:40 Uhr, beobachteten Herr Jesus Padilla und mehrere andere Nachbarn aus der Gemeinde Parcelas Betances, wie ein seltsames schwarzes, dreieckiges, pyramidenförmiges Objekt mit farbigen Lichtern überflog Sektor und im Westen.

Am 1. April 1988 gab es eine weitere Explosion und ein weiterer großer Lichtball wurde beobachtet, der aus dem Süden kam und über der Sierra Bermeja schwebte. Mehrere Bewohner der Gemeinde Betances sahen ein riesiges zigarrenförmiges Objekt mit farbigen Lichtern und zwei kleineren, die aus dem ersten herauskamen, das über der Laguna schwebte und dann nach Westen davonflog und sich für einige Minuten über der Sierra Bermeja direkt gegenüber positionierte die damals im Bau befindlichen Räumlichkeiten einer sogenannten Voice of America Radiostation.

Der Sektor, der mit dieser „Voice of America"-Station verbunden ist, war auch ein Ort vieler UFO-Sichtungen. Aus irgendeinem seltsamen Grund scheinen diese Objekte das Gebiet zu überwachen. Die US-Regierung hat dort etwas gebaut, aber der angekündigte Radiosender hat nie funktioniert.

Das Gebiet ist für jedermann gesperrt, aber niemand weiß, was dort wirklich gebaut wurde. Nachdem es über dem Berg geschwebt hatte, trat das kleinere Licht in das größere ein und dann flog das Hauptobjekt nach Westen davon und verschwand aus dem Blickfeld. Unter den Zeugen dieser Sichtung waren Frau Dora Rodriguez Acosta, Herr Edgardo Plaza, Miss Karen Mercado und Miss Marylin Acosta und einige andere.

Im November 1988 sahen fast 300 Menschen, die an einer politischen Kundgebung teilnahmen, ein zigarrenförmiges leuchtendes UFO, das über der Gemeinde Betances und dann über der Sierra Bermeja und der Lagune schwebte, während es viele kleinere leuchtende Objekte aus seinem Inneren freigab. Die Sichtung dauerte eine halbe Stunde.

Ein riesiges dreieckiges UFO hat zwei US-Düsenjäger in Cabo Rojo eingefangen und verschwand

Die Situation ging weiter und "in Crescendo" bis zu der Nacht, in der zwei Düsenjäger der US Navy offenbar in der Luft von einem riesigen dreieckigen UFO entführt wurden und vor mehr als 115 Zeugen, die bis zu diesem Moment aufgetaucht sind, verschwanden. Dieses Ereignis ereignete sich in der Nacht zum 28. Dezember 1988 um 19:45 Uhr

Den meisten Zeugen zufolge schienen drei Düsenjäger an dem Vorfall beteiligt gewesen zu sein, zwei von ihnen verschwanden mitten in der Luft, als sie das riesige dreieckige UFO abfingen und sich ihm näherten, und das dritte floh aus dem Gebiet, flog nach Norden und wurde verfolgt von mehreren großen roten Lichtkugeln, die aus dem UFO kamen. Danach teilte sich das UFO in einem lautlosen Lichtblitz in zwei separate dreieckige Objekte, woraufhin eines der Objekte oder Abschnitte sehr schnell nach Norden davonflog und das andere nach Osten flog und verschwand. Wie die Leser erkennen müssen, hat dieser Vorfall tiefgreifende Auswirkungen auf uns alle und ist einer der wichtigsten UFO-Vorfälle, über die in den letzten Jahren in Puerto Rico und im Ausland berichtet wurde.

Die Regierung der Vereinigten Staaten "pachtet" das Gebiet

Am 8. August 1989, nach dem Jet/UFO-Zwischenfall, wurde nach Gerüchten in diesem Sinne die Laguna Cartagena durch eine „Vereinbarung" an den US Wildlife and Fishing Service „verpachtet", um dort gefährdete Tierarten zu „erhalten". des Aussterbens. Das Gebiet ist jetzt durch dieses Abkommen für 50 Jahre und möglicherweise für weitere 50 Jahre danach unter US-Kontrolle. Später übernahmen die Bundesbehörden die Kontrolle über einen weiteren UFO-Hotspot in der Sierra Bermeja, einem Feld neben dem Pitahaya-Olivares-Sektor, in der Küstenlinie, neben den Mangrovenkanälen zwischen La Parguera und dem Leuchtturm oder Leuchtfeuer von Cabo Rojo. Ein weiteres Gebiet, in dem viele UFOs regelmäßig ins Wasser gehen oder daraus herausfliegen, ein Gebiet, das von den USA genau überwacht wurde Navy-Schiffe und -Flugzeuge, und zu jenen Tagen wurde es eingeschränkt und für 2 Monate unter die Kontrolle zahlreicher US-Militärtruppen gestellt, ohne irgendjemanden zu erklären [das Leuchtturmgebiet]. Der „offizielle" Grund für die Kontrolle des Feldes im Pitahaya-Olivares-Gebiet? Die Behörden wollten in diesem Bereich einen Aerostaten, ein starkes Radar-Bimp, lokalisieren, um den Drogenschmuggel auf dem Luft- und Seeweg aufzuspüren und zu verhindern. Schließlich wurde das Radar dort eingesetzt und verankert und der Ort für alle zum Sperrgebiet erklärt. Zufälligerweise wurde die gleiche Art von Aerostaten oder Radar-Luftschiffen an anderen UFO-Hotspots in den USA und anderen Orten gefunden. Einer dieser heißen Orte ist die Region Gulf Breeze Pensacola, wo es seit einigen Jahren viele UFO-Vorfälle gibt. Ein weiterer Standort ist Marfa, Texas. Aber ist das nur „Zufall"? Aus all diesen „Zufällen" scheint sich ein seltsames Muster abzuzeichnen.

Seitdem haben viele Zeugen, Polizisten, Soldaten und Nachbarn der Gegend bei vielen Gelegenheiten UFOs gesehen, sowohl klar definierte metallisch aussehende Scheiben als auch leuchtende Objekte, die neben dem Zeppelin fliegen und daneben schweben und seltsame Lichtblitze in einem ähnlichen Muster aussenden zu einem, das der Zeppelin aussendet. Für manche scheint dies so, als würden beide Objekte in der Luft durch die Lichtblitze kommunizieren. Manchmal werden die UFOs von US-Militärflugzeugen verjagt, aber tatsächlich, wann immer dies passiert [die UFOs landen und schweben neben dem Radar-Luftschiff], funktioniert das Luftschiff nicht richtig und muss repariert werden. Laut Insider-Quellen gehen alle Computersysteme in der Installation leer, sie werden gelöscht und müssen neu programmiert werden. Für viele, Der wahre Grund für diese Installation dort ist ein anderer: die UFO-Situation in der Gegend. Ein Beispiel dafür ist die folgende Sichtung von Herrn Luis Collado und einigen anderen Bewohnern des Olivares-Sektors.

Ein seltsames Fahrzeug neben dem Aerostat-Gelände

Als wir mit Herrn Miguel Figueroa, einem Einwohner von Lajas, über eine Begegnung mit mehreren Außerirdischen vom Typ „Grau" in der Straße 101 neben der Laguna Cartagena sprachen, kam ein anderer Mann, Herr Luis Collado, auf uns zu, um es uns zu erzählen uns über etwas, das er in der Nacht zum 17. August 1991 gesehen hatte, als er ein seltsames Fahrzeug neben den Aerostatanlagen sah.

Du kennst das konische Oberteil der Hexenhüte? Es war so ähnlich, oben konisch und eine kreisförmige Basis drumherum. Es war groß und hatte viele Lichter um sich herum. Es war metallisch, wie silbrig.

Aber das Seltsamste war, dass darunter etwas hervorkam, wie ein wirbelnder Nebel, der in einer Säule direkt auf den Berg hinunterging, auf den Boden, aber wirbelnd, in einer spiralförmigen Säule. Diese Säule war halbleuchtend.

Es war eine Säule aus Licht und Wolken oder Nebel, die von diesem Objekt herabkamen … Ich glaube, das Ding war ein OVNI [UFO]." Aber das Seltsamste war, dass darunter etwas hervorkam, wie ein wirbelnder Nebel, der in einer Säule direkt auf den Berg hinunterging, auf den Boden, aber wirbelnd, in einer spiralförmigen Säule. Diese Säule war halbleuchtend. Es war eine Säule aus Licht und Wolken oder Nebel, die von diesem Objekt herabkamen … Ich glaube, das Ding war ein OVNI [UFO]." Aber das Seltsamste war, dass darunter etwas hervorkam, wie ein wirbelnder Nebel, der in einer Säule direkt auf den Berg hinunterging, auf den Boden, aber

wirbelnd, in einer spiralförmigen Säule. Diese Säule war halbleuchtend.
Es war eine Säule aus Licht und Wolken oder Nebel, die von diesem Objekt herabkamen ... Ich glaube, das Ding war ein OVNI [UFO]."
Luis fuhr fort: „Ich sagte mir ... Was für ein seltsames Ding! Ich hatte so etwas noch nie gesehen. Und man konnte ein summendes Geräusch von diesem Ding hören Aber das Ding war wirklich da, und ich bin sicher, ich habe es gesehen, und die Polizisten, die diesen Ort [die Aerostat-Einrichtungen] bewachen, haben es sicherlich auch gesehen, denn das Ding war oben auf dem Berg am Eingang des Ortes , also mussten sie es auch sehen, da bin ich mir sicher, wenn ich das Brummen hier auf der Straße gespürt habe, müssen sie es dort lauter gehört haben, weil sie näher dran waren Ich weiß nicht, aber wir haben hier das Gefühl, dass der Aerostat nichts mit dem Drogenproblem zu tun hat, wie uns die Regierung glauben machen will. Wir denken, dass es etwas mit den UFOs zu tun hat, die hier beobachtet werden, vielleicht um sie im Auge zu behalten."
Er machte deutlich, dass er zunächst zögerte, über das zu sprechen, was er sah, weil er befürchtete, niemand würde ihm glauben, aber nachdem er uns mit Herrn Figueroa sprechen hörte, erkannte er die Bedeutung dessen, was er in Bezug auf die UFO-Situation in der Gegend sah und seine Meinung geändert, wofür wir ihm zutiefst gedankt haben.
Collados Informationen waren sehr interessant, aber es gab glücklicherweise nichts, was sie stützte, als er am selben Tag Mr. Roosevelt Acostas Wohnung, seine Schwester Dolín [bereits erwähnt als „die Frau, die von einem UFO geröntgt wurde"] und ihre Töchter besuchte

und ein Schwiegersohn gaben alle an, dass sie alle in den frühen Morgenstunden des 17. August 1990 auf dem Weg zu Roosevelts Haus ein seltsames Fahrzeug sahen, das über einem Berg neben den Aerostat-Einrichtungen in der Luft schwebte. Ihren Angaben zufolge war es zwischen 2:00 und 2:30 Uhr morgens, als sie es sahen, und es war etwas „... wie eine fliegende Untertasse mit einem spitzen Ding oben drauf und mit vielen Lichtern. Die Sichtung wurde bestätigt!

Vier völlig unabhängige Zeugen sahen denselben Gegenstand, der von Luis Collado gemeldet wurde, zur selben Stunde und am selben Ort. Dolín Acosta und ihre Familie gaben an, das UFO etwa eine Stunde lang beobachtet zu haben, danach gingen sie schlafen, ohne zu wissen, was danach mit ihm geschah.

Unter anderem sahen Mrs. Jocelyn Irizarry und ihre Familie, Bewohner der Straße 116 von Lajas, im November 1991 neben dem Zeppelin ein riesiges, wie eine fliegende Untertasse geformtes Schiff in der Luft. Aufgrund all dieser Situationen glauben die meisten Bewohner im Südwesten Die Einrichtungen des Radar-Luftschiffs wurden dort platziert, um die UFO-Aktivität im Auge zu behalten und zu versuchen, die Flugbahnen der UFOs zu erkennen und die genauen Bereiche zu lokalisieren, in die sie
ständig ein- oder austreten, sowohl auf See als auch an Land.

Wurde eine direkte Alien-Präsenz in dem Gebiet gemeldet? Ja, es gab eine Menge, und die folgenden sind nur einige Beispiele.

Wie bereits erwähnt, hatte Herr Manuel Figueroa, ein Bewohner des Palmarejo-Sektors in Lajas, in den frühen Morgenstunden des 31. August 1990 eine enge Begegnung mit mehreren außerirdischen Wesen vom Typ „Grau", als er die Straße 101 hinunterfuhr, in der Nähe Laguna Cartagena: Die Kreaturen waren von mehreren anderen Leuten in der Gegend beobachtet worden, die ihm von ihnen und der Richtung erzählten, in die sie die Straße 101 hinuntergegangen waren. Sie waren grau, dünn, sahen zerbrechlich aus, mit großen Köpfen, spitzen Ohren, einem schlitzartigen Mund ohne Lippen, kleinen Nasenlöchern anstelle einer Nase und großen mandelförmigen leuchtenden Augen, die ein helles weißes Licht ausstrahlten. Das hatten sie lange Arme mit Händen mit nur drei Fingern und Füßen mit nur drei Zehen.
Als Figueroa näher auf sie zufuhr, drehten sie sich um und sahen ihn mit ihren strahlenden Augen an, was er als Warnung verstand, sich von ihnen fernzuhalten. Er blieb stehen und folgte ihnen dann aus kurzem Abstand weiter, ängstlich, aber auch fasziniert von den Wesen. Irgendwann bogen sie alle nach links ab und sprangen über eine kleine Brücke in der Straße in einen kleinen Bach, der mit der Laguna Cartagena verbunden war, und verschwanden dort. Immer noch nervös und schockiert von der Begegnung, verließ Figueroa und ging nach Hause. Aber am Morgen ist etwas Seltsames passiert. Figueroa erhielt einen Anruf bei

sich zu Hause und ein Mann, der Spanisch mit amerikanischem Englischakzent sprach, sagte ihm, er solle mit niemandem darüber sprechen oder etwas darüber sagen, was er gesehen hatte und wohin die kleinen Männer gegangen waren [die Laguna Cartagena, Ort der meisten UFO-Vorfälle in der Gegend], dass, wenn er sagen würde, " ihm etwas Schlimmes passieren könnte". Das war's! Er hatte schon Angst vor dem, was er gesehen hatte, und dann das... Was ihn am meisten beunruhigte, war, wie der mysteriöse Mann so schnell an seine Telefonnummer gekommen war, weil es eine Privatleitung war, und mehr noch, sie war unter einer anderen aufgeführt Name der Person, nicht seiner. Trotzdem wollte der Anrufer direkt mit ihm sprechen, Mr. Miguel Figueroa. Wie konnte er wissen...? Figueroa kann es immer noch nicht erklären. Was ihn am meisten beunruhigte, war, wie der mysteriöse Mann so schnell seine Telefonnummer erhalten hatte, weil es sich um eine Privatleitung handelte, und mehr noch, sie war unter einem anderen Namen aufgeführt, nicht unter seinem. Trotzdem wollte der Anrufer direkt mit ihm sprechen, Mr. Miguel Figueroa. Wie konnte er wissen...? Figueroa kann es immer noch nicht erklären. Was ihn am meisten beunruhigte, war, wie der mysteriöse Mann so schnell seine Telefonnummer erhalten hatte, weil es sich um eine Privatleitung handelte, und mehr noch, sie war unter einem anderen Namen aufgeführt, nicht unter seinem. Trotzdem wollte der Anrufer direkt mit ihm sprechen, Mr. Miguel Figueroa. Wie konnte er wissen...? Figueroa kann es immer noch nicht erklären. In diesem Moment ist Miguel Figueroa davon überzeugt, dass das, was er in den frühen Morgenstunden des 31.

August 1990 gesehen hat, mit den vielen UFO-Vorfällen zu tun hatte, die im Sektor gemeldet wurden. Zuerst würde ich nicht darüber sprechen, aber ich habe schon früher UFOs, fliegende Untertassen in dieser Gegend gesehen. Und ich sage Ihnen, was hier passiert, ist real, und diese Wesen müssen eine Basis oder etwas Untergrundhaftes in dieser Gegend haben. Ich glaube nicht, dass sie aggressiv sind. Ich war allein, und das Licht, das sie aussendeten, deutete darauf hin, dass sie mächtig sind, trotzdem haben sie mir keinen Schaden zugefügt. Hätten sie können, haben sie aber nicht. Es war, als ob sie mir sagten: "Komm nicht näher", aber sie wollten mich nicht verletzen. Ich wünschte nur, das wäre nicht passiert ... weil ich damit nicht umgehen kann. Ich würde es gerne alles zu vergessen."

Zufälligerweise befanden sich sowohl Timothy Good als auch ich zusammen mit anderen Ermittlern am Nachmittag des 31. August 1990 in derselben Gegend, aber der Bericht über den Fall erreichte uns erst Tage später.

"Zwei seltsame Kreaturen kontrollieren eine Pflanze..."

In der Nacht des 13. August 1991 erhielt Mrs. Marisol Camacho, eine junge Frau, die im hinteren Teil der Maguayo-Gemeinde direkt neben der Laguna Cartagena lebt, einen unerwarteten Besuch in ihrem Haus von zwei seltsamen und "seltsamen" Kreaturen. wie sie sie beschrieb.

Aber ich konnte mich nicht bewegen, ich war wie erstarrt... und sah sie an. Sie waren fast 1,20 m groß und hatten große Köpfe. Die Köpfe waren eiförmig, oben groß und mit einem schmalen Kinn. Sie waren dünn und schienen von grauer Farbe zu sein, ganz grau, und sie waren nackt. Sie hatten große schwarze längliche Augen, die sich zu den Seiten ihrer Köpfe verjüngten. Keine Pupillen und kein Weiß darin. Ihre Gesichter waren flach, mit einem schmalen Schlitz als Mund, ohne Lippen und zwei kleinen Löchern als Nase. Ich hatte nie Angst, ich war fasziniert von dem, was ich sah. Sie kamen mir wie Kinder vor! " und sie waren nackt. Sie hatten große schwarze längliche Augen, die sich zu den Seiten ihrer Köpfe verjüngten. Keine Pupillen und kein Weiß darin. Ihre Gesichter waren flach, mit einem schmalen Schlitz als Mund, ohne Lippen und zwei kleinen Löchern als Nase.

Ich hatte nie Angst, ich war fasziniert von dem, was ich sah. Sie kamen mir wie Kinder vor! " und sie waren nackt. Sie hatten große schwarze längliche Augen, die sich zu den Seiten ihrer Köpfe verjüngten. Keine Pupillen und kein Weiß darin. Ihre Gesichter waren flach, mit einem schmalen Schlitz als Mund, ohne Lippen und zwei kleinen Löchern als Nase. Ich hatte nie Angst, ich war fasziniert von dem, was ich sah. Sie kamen mir wie Kinder vor! "

Nach ihren Händen gefragt, erklärte sie: „... sie hatten Arme, die länger waren als unsere, und lange, dünne Hände mit vier langen Fingern. Sie schienen mich am Fenster nicht zu bemerken. Sie nahmen Blätter von der Pflanze und redeten weiter zwischen ihnen in diesem schnell gemurmelten Jargon. Sie gingen langsam in Richtung der Laguna Cartagena, traten dort am Ende der Straße in das Gestrüpp ein und verschwanden. Ich konnte es einfach nicht glauben! Was die Leute hier

sagten, war wahr! Es gibt Außerirdische hier!
Ich habe sie gesehen, und ich bin mir sicher, was ich gesehen habe.
Nachdem sie gegangen waren, konnte ich mich wieder bewegen. Ich ging zu Bett und erklärte später meinem Mann, was ich gesehen hatte."
Aber die Außerirdischen kamen zwei Wochen später zurück: "Es war wieder spät in der Nacht - sagte sie -, ich hörte die gleichen Geräusche, stand auf und ging zum selben Fenster, es war teilweise geschlossen ... und da waren sie wieder! Die dieselben oder andere, die mit den ersten identisch waren ... aber ich hatte das Gefühl, dass es dieselben waren. Sie überprüften wieder dieselbe Pflanze und redeten in diesem gemurmelten Jargon ... Aber dieses Mal konnte ich mich bewegen und ich versuchte es zu sagen. Ich begann, die Jalousien zu öffnen, aber als sie hörten, wie sich das Fenster öffnete, schauten sie mich sehr schnell an und rannten dann sehr schnell wieder die Straße hinunter zur Laguna Cartagena und verschwanden dort.

„Ich weiß nicht, was sie wollen, aber sie scheinen nicht gefährlich zu sein. Sie haben mir nichts getan. Und sie haben meinen Hunden nichts getan, die die ganze Zeit geschlafen haben, während sie hier auf dem Balkon waren. . Eines ist sicher, sie sind bereits hier und leben bei uns. Wir sollten uns darauf vorbereiten, dieser Tatsache ins Auge zu sehen … und ich bin überzeugt, dass sie dort in der Laguna Cartagena sind. Das ist ihr Territorium dort."

Eine Woche nach diesem zweiten Besuch wurden viele ihrer Nachbarn Zeugen einer leuchtend farbigen Scheibe, die eines Nachts um 21:30 Uhr etwa 50 Fuß über ihrem Haus etwa 3 Minuten lang schwebte

Ein Alien im Bewässerungskanal

Der Zeuge dieser anderen Begegnung ist Herr Ulises Pérez, ein junger Mann, der in Lajas lebt. Eines Nachmittags um 11:30 Uhr fuhr er mit seinem Motorrad auf einer unbefestigten Straße in einer verlassenen Rinderfarm im Sektor Cuesta Blanca zwischen La Parguera und der Laguna Cartagena, als: „... das Fahrrad in ein Wasser fiel – gefülltes Loch und es stotterte und ging aus. Ich fing an, es zu überprüfen, weil es nicht startete, und nachdem ich behoben hatte, was meiner Meinung nach die Ursache des Problems war, als ich versuchte, es wieder zu starten, schaute ich dort nach Bewässerungskanal ... und ich habe das Ding dort gesehen! Meine Freunde und Verwandten wollten mir nicht glauben, aber sie gingen mit mir zu dem Ort, um nachzusehen. Als sie dort die Spur zerquetschter Seerosen sahen, glaubten sie mir und bekamen Angst." Laut Ulises war die Kreatur identisch mit den bereits in den vorherigen Begegnungen beschriebenen. "Was mich am meisten beeindruckt hat, war sein großer Kopf und diese riesigen schwarzen Augen", sagte er. Wie in den anderen Fällen gibt es eine Verbindung zur Laguna Cartagena, denn der Bewässerungskanal, in dem Ulises die Kreatur sah, mündet schließlich in die Laguna.
All diese Fälle scheinen zu implizieren, dass diese Art von Wesen ihren Lebensraum möglicherweise tief unter der Laguna Cartagena und anderen Gewässern in der Region eingerichtet haben. Es wurde zuvor von anderen Ermittlern festgestellt, dass die Art dieser Kreatur von Natur aus amphibisch sein könnte, aufgrund der von vielen Zeugen regelmäßig beschriebenen Gurte zwischen ihren Fingern.

Die Begegnung eines alten Mannes mit mehreren "Grauen"

Ein weiterer solcher Begegnungsfall in der Sierra Bermeja oder neben der Lagune ist der von Herrn Eleuterio Acosta, einem sehr ernsthaften 80-jährigen Mann, der im Olivares-Sektor lebt, direkt vor den Radar-Luftschiff-Einrichtungen, der fünf dieser kleinen konfrontierte graue Kreaturen in seinem Haus. Eleuterio, der sich einen schweren Stock schnappte, drohte, damit auf sie einzuschlagen, während er sie anschrie, er solle sein Haus verlassen.
In diesem Moment wurde ihm ein anderer größerer, aber ähnlicher Wesenstyp bewusst, der etwas in schnellem Jargon zu den anderen sagte.
Dann rannten die Kleinen auf das Jalousienfenster zu, vor dem der Größere stand, und veränderten unglaublich ihre Form, indem sie durch das Fenster durch die Jalousien hinausgingen! Dann flohen alle sechs Kreaturen,

Eine Entführung verhindert?

Es gibt auch den Begegnungsfall von Frau Albita Acosta. Albita, ebenfalls Bewohnerin des Olivares-Sektors und Zeugin vieler UFOs, die neben dem Radar-Luftschiff gesehen wurden, wehrte sich im Mai 1991 gegen eine offensichtlich beabsichtigte Entführung durch diese Art von Kreaturen und verhinderte sie.

Aliens in der Ankerplattform des Aerostaten

Außerdem gab es die Begegnung einiger Polizisten, die den Ort bewachen, mit mehreren dieser Kreaturen in den Einrichtungen des Radar-Luftschiffs [Aerostat], im Ankerbereich des Luftschiffs, nachdem es gebaut worden war. Es geschah in einer Nacht im April 1990. Einer der Polizisten bemerkte von weitem, dass auf der Betonplattform für die Verankerung des Zeppelins einige Kinder zu spielen schienen.
Er näherte sich der Baustelle in seinem Streifenwagen und schaltete den Scheinwerfer seines Autos ein, nur um zu sehen, dass es dort anstelle von Kindern wirklich mehrere seltsame Kreaturen gab, die von ihm als 3 bis 4 Fuß groß, großköpfig und gräulich beschrieben wurden. Die kleinen Wesen flohen, rannten in verschiedene Richtungen und der Polizist rief per Funk an und bat um Unterstützung, wobei er den Code 1050 wiederholte. Als Hilfe eintraf, waren die Kreaturen verschwunden.
Eine umfangreiche Suche wurde durchgeführt, aber ohne Erfolg. Wir konnten vertraulich einen der an dem Vorfall beteiligten Polizisten interviewen, der die hier gemeldeten Details überprüfte.
Einige Tage später sah eine andere Gruppe von Polizisten dort eine kreiselförmige fliegende Untertasse mit einer goldenen Aura um sie herum, die beinahe auf dem Gelände des Aerostaten gelandet wäre.
Am nächsten Tag tauchte genau dort, wo das UFO gesichtet wurde, ein weiterer der mysteriösen Kreise im Boden auf.
Der Kreis wurde vom Boden "gelöscht", als befohlen wurde, einen Bulldozer einzusetzen und den Boden zu entfernen.

Aber es gibt wichtigere Berichte, die uns eine Antwort auf den Grund dessen zu geben scheinen, was in diesem Bereich vor sich geht. Einer davon ist der folgende.

"Sie brachten mich zu ihrer Basis …"

Mr. Carlos Manuel Mercado, ebenfalls bereits erwähnt, und einer der vielen Zeugen, die im Dezember 1988 die Entführung der beiden US-Düsenjäger in der Luft über der Laguna Cartagena durch ein riesiges dreieckiges UFO sahen und den wir sehr gut kennengelernt haben gut und als ernsthafter und ehrlicher Mann zu respektieren, enthüllte ihm während unseres Interviews, dass ihm eines Nachts sechs Monate vor dem Zwischenfall mit den Jets, den er miterlebt hatte, etwas Schockierendes widerfahren war. Diese andere Erfahrung geschah im Juni 1988:
' Zuerst war ich überrascht, aber als ich die Stimme hörte, fühlte ich mich ruhig, sehr ruhig. Sie baten mich herauszukommen, aber nicht mit ihrem Mund, sie öffneten nie ihren Mund, es war in meinem Kopf. Ich öffnete die Tür … Ich hatte das Gefühl, dass ich es tun musste, irgendwie wusste ich, dass sie mir nichts tun würden."
Laut Manuel waren die kleinen Männer fast 1,20 m groß, mit großen birnenförmigen Köpfen, hellgrauer Haut und großen
schwarzen, schrägstehenden Augen ohne Pupillen. Die Wesen hatten keine Ohren und
einen kleinen Schlitz als Mund [siehe Zeichnungen von Mercado]. Sie hatten nur zwei kleine Nasenlöcher für eine Nase.
Etwas anderes; diese Wesen hatten wie kleine

Unebenheiten in der Haut ihrer Gesichter ... „Wie Akne? So etwas in der Art", sagte er. Ihm zufolge waren die Wesen von humanoider Gestalt, aber ihre Arme waren etwas länger als bei Menschen. Alle drei trugen eng anliegende, sandfarbene Einteiler, „wie Mechaniker", sagte er, „und nur ihre Hände und Köpfe befanden sich außerhalb der Anzüge. Zwei von ihnen nahmen mich an den Händen und die Straße hinunter vor mein Haus [vor der Sierra Bermeja] Ich... ich konnte es nicht glauben... Da war eine fliegende Untertasse! Es stand auf drei Metallbeinen, die von seiner Unterseite herunterkamen. Es war rund, mit einer Kuppel oben drauf mit Fenstern und vielen farbigen Lichtern ringsum am Rand. Sie kennen die Form der Wasserhydranten? Das ist die Form, die das Ding hatte [siehe Zeichnung von Mercado]! An seiner Unterseite war eine Öffnung, eine Luke, von der eine lange Treppe zum Boden führte. Sie forderten mich auf, die Treppe hinaufzusteigen, und wir stiegen in das Boot ... denn das war ein Boot ... Da waren noch mehr von diesen kleinen Männern, und der Ort war voller Maschinen mit vielen bunten Lichtern und Tafeln. Das war im Bereich der vielen Fenster, wie ein Cockpit in der Kuppel. Die kleinen Männer stellten mir ein größeres Wesen vor, das ungefähr meine Größe [1,70 m] hatte. Ich fühlte mich wohler mit diesem, weil er, selbst wenn er wie die anderen war, weil er größer war und ein wenig menschlicher aussah, weniger war Dieser war mit einem weißen Gewand bekleidet, und sie sagten, er sei ihr Kapitän-Sanitäter.

„Dieses größere Wesen erklärte, dass sie mir keinen Schaden zufügen wollten, dass sie mir nur etwas zeigen und sagen wollten, damit ich es später mit anderen Leuten in Verbindung bringen könnte. Er sagte etwas zu den anderen in den Panels und ich fühlte, wie die Beine hochkamen und a Klemmgeräusch, die Luke schloss sich und das Fahrzeug setzte sich in Bewegung. Ich war beeindruckt, aber nicht ängstlich. Sie hielten mich irgendwie ruhig. Das Fahrzeug schoss nach oben, und ich glaubte, wir würden weit wegfliegen, aber stattdessen drehte das Fahrzeug nach links und stürzte in Richtung der Sierra Bermeja. Ich hatte Angst, dass wir abstürzen würden, aber in einer Senke an der Seite des Berges „El Cayúl" tauchte ein Loch auf, und das Fahrzeug fuhr den ganzen Weg durch einen Tunnel und kam an einer großen Stelle heraus das schien unterirdisch zu sein, wie eine sehr große und lange Höhle! Es gab viele kasernenähnliche Strukturen, Gebäude innerhalb dieses Ortes und Hunderte, viele der kleinen Außerirdischen arbeiteten dort wie in Fertigungsstraßen, die elektronische oder mechanische Teile, Maschinen zusammenbauten …

TEIL DREI

„Da unten gab es viele Gefährte, aber nicht wie Flugzeuge oder Helikopter, nein, nein … Alle Gefährte dort waren untertassenförmig oder wie Dreiecke oder Sechsecke …
„Das große Wesen erklärte: „Wie Sie sehen können, haben wir hier eine Basis für die Wartung unserer Fahrzeugsysteme, wir sind schon lange hier und haben nicht vor, sie zu verlassen.
Wir wollen, dass die Erdenmenschen wissen, dass wir es nicht böse meinen, dass wir euch auch nicht erobern wollen.

Wir möchten Sie erreichen und eine direkte Beziehung zu Ihnen aufbauen, die für beide Seiten von Vorteil ist. Erdenmenschen können sicher sein, dass wir es in keinster Weise böse meinen."
„Ich sagte: ‚Warum ich, ich bin ein einfacher Mann, niemand würde mir glauben', und er sagte: „Es spielt keine Rolle werden Sie hören, ebenso wie viele andere, mit denen wir Kontakt aufnehmen und die wir hierher bringen, um dasselbe zu sehen. Wenn Menschen mit Wissen hören, was Sie einfache Menschen, wie Sie sich selbst nennen, sagen,
„Danach brachten sie mich zurück nach Hause, und bevor sie gingen, sagten sie mir, dass sie eines Tages zurückkommen würden. Zuerst hatte ich Angst, darüber zu sprechen. Ich hatte Angst, dass mir niemand glauben würde, nicht einmal du … Ich habe nur geredet meiner Familie darüber. Aber als diese Sache mit den Jets passiert ist, habe ich mir Sorgen gemacht. Vielleicht hat das mit den Wesen da unten zu tun, und ich weiß, ich hatte das Gefühl, dass sie gut und harmlos sind. Ich habe das Gefühl, dass sie uns nichts Böses wollen , und da ich wusste, dass dies alles wichtig sein könnte, beschloss ich, mit Ihnen zu sprechen und Sie wissen zu lassen, was passiert war", sagte Mercado schließlich.
Wir kennen einen anderen Mann, einen hochrangigen Militäroffizier im Westen von Puerto Rico, der angeblich von dieser Art von Außerirdischen entführt und zu derselben unterirdischen UFO-Basis gebracht wurde. Daher können wir seinen Namen hier nicht preisgeben, um ihn nicht zu belästigen, aber alles, was er sagt, stimmt mit den Details überein, die Mr. Carlos Manuel Mercado gegeben wurden, insbesondere der Ort, an dem sich der

Berghang zur angeblichen Alienbasis El öffnet Cayúl-Berg.
Es gibt auch eine Frau, die in Lajas lebt und mit der Stadtverwaltung von Lajas arbeitet, die von der gleichen Art von „grauen" Außerirdischen entführt wurde.
Ihren Angaben zufolge wurde sie von ihnen untersucht und zu einer unterirdischen Basis unter der Sierra Bermeja gebracht, wo der „Eingang" im Berg „El Cayúl" an derselben Stelle lokalisiert wurde. All dies sind unabhängige Zeugen, die einander nicht kennen, aber die gleiche Art von Details in Bezug auf die Basis und den „Eingang" angegeben haben.

Laguna Cartagena... Gibt es dort wirklich eine Alien-Basis?

Wie wir sehen können, gibt es genügend Indizien dafür, dass im Südwesten von Puerto Rico, insbesondere in der Gegend von Lajas-Cabo Rojo, etwas Seltsames und sehr Wichtiges im Zusammenhang mit den UFOs vor sich geht.
Je mehr Zwischenfälle passieren, desto mehr Menschen glauben, dass es in der Gegend eine UFO-Basis gibt. Kürzlich gab eine Quelle uns und anderen puertoricanischen Ermittlern eine Skizze über etwas, von dem er behauptet, dass es sich um eine gemeinsame UFO-Basis der USA und der Außerirdischen unter dem Gebiet Sierra Bermeja - Laguna Cartagena handelt, zu dem er Zugang hatte.
Eine andere Quelle, ein Mann, den wir für sehr seriös und verantwortungsvoll halten, erzählte uns, wie er zusammen mit einem befreundeten Fischer aus La

Parguera, dessen Nachname Vega war, versehentlich Zugang zu dieser angeblichen Einrichtung durch einen anscheinend versteckten Lüftungsschacht in der Nähe des Geländes erlangte.

Unser Zeuge, dessen Namen wir aus Sicherheitsgründen nicht preisgeben können, was für die Leser nach dem Lesen dieses Artikels logisch sein wird, erklärte, dass es dort unten wirklich Aliens gibt und dass sie dort auch US-Militärsoldaten gesehen haben. Verängstigt flohen sie aus dem Ort, besorgt darüber, etwas gesehen zu haben, was sie vielleicht nicht hätten sehen sollen.

Unsere Quelle kehrte einige Tage später zum Standort zurück und fand die angebliche Öffnung mit einer schweren Betonplatte versiegelt. Einige Tage später wurde sein Freund, der Fischer, tot an einem kleinen Nagel in der Wand seines Hauses in La Parguera hängend aufgefunden. Nach Angaben der Behörden erhängte er sich mit einem seiner Schnürsenkel an dem Nagel.

Das Seltsame war, dass seine Hände frei waren und der Nagel, an dem er sich angeblich aufgehängt hatte, sehr tief über seinem Kopf saß. Außerdem konnte niemand erklären, wie ein so kleiner Nagel sein Gewicht halten konnte. Wir untersuchten dies und den Bruder des Toten, den Fischer Víctor „Lindo" Vega, der in La Parguera arbeitet und den wir bereits als Zeugen anderer UFO-Vorfälle dort kannten,

In den letzten Monaten des Jahres 1992 wurde ein starkes Desinformationsprogramm von Herrn Aníbal Roman, dem Direktor des Büros der Zivilschutzbehörde des Gebiets Mayaguez, und Polizeileutnant Rodríguez vom Polizeihauptquartier von

Lajas unter Verwendung des gesamten puertoricanischen

Fernsehens und Radios ins Leben gerufen und Pressemedien, um die Berichte der Zeugen und Ermittler über die in der Gegend gesehenen UFOs und Außerirdischen als Lügen und Erfindungen darzustellen und die Situation lächerlich zu machen, dies zusammen mit Beamten des US Wildlife and Fishing Service, wie Herrn Fred Schaffner .Während dies von Román getan wurde, sandte sein Vorgesetzter, Oberst José AM Nolla, Direktor der staatlichen Zivilschutzbehörde von Puerto Rico, eine interne Direktive an alle Regionalbüros in PR, in der die Richtlinien für eine geheime Untersuchung der UFO-Situation in dargelegt wurden die Insel durch die Zivilschutzbehörde und erklärte in dem Memo, dass die Situation im Zusammenhang mit den Sichtungen von UFOs und USOs in Puerto Rico real und wichtig sei. Eine Kopie dieser Anweisung wurde uns von einer Quelle innerhalb der Civil Defense Agency gegeben. Die Quelle erklärte, dass die Ergebnisse, selbst nachdem sie erklärt hatten, dass sie in der Verantwortung der Agentur lägen, eigentlich zur Analyse durch das US-Verteidigungsministerium bestimmt seien. und der US-Luftwaffe.

Auch Oberst Nolla, der früher Verbindungsoffizier der puertoricanischen US Army Reserve und Nationalgarde mit der Defense Intelligence Agency [DIA] war, ähnlich wie die CIA im US-Militär, hat kürzlich in einer Anhörung vor dem Senat unter Eid erklärt von PR, dass das Militär und die Civil Defense Agency die vielen UFO-Sichtungen und Viehverstümmelungen untersucht haben, die seit dem Jahr 1975 in Puerto Rico geschehen waren.

Das Desinformationsprogramm wird aufgedeckt

An denselben Tagen enthüllte Herr Freddie Cruz, Direktor der Zivilschutzbehörde von Lajas, dieses Desinformationsprogramm von Roman und RodrIguez in einem Interview, das wir mit ihm über einen wichtigen UFO-Vorfall führten, dessen Zeuge er und mehrere andere Personen am Nachmittag des Dienstags waren , 28. April 1992, als sie alle einen Düsenjäger sahen, der eine fliegende Untertasse in der Gegend jagte.

„Es passierte um 17:00 Uhr", sagte er, „… ich habe hier meinen Truck repariert und wir hörten einen Jet im Tiefflug. Einer der Kinder sagte: „Hey!, schau dir das Ding an! Wir blickten alle auf und sahen etwas wie eine fliegende Untertasse, die von einem Militärjet verfolgt wurde [wir zeigten allen Zeugen mehrere Fotos von Militärjets, und allen zufolge war es ein f-14 Tomcat]. Die Untertasse war metallisch, silbrig, sehr poliert, und es war, als würde sie mit dem Jet spielen.

„Er war ein wenig größer als der Jet, nicht viel [er muss einen Durchmesser von etwa 70 Fuß gehabt haben]. Er hielt plötzlich in der Luft an und als der Jet ihn einholen wollte, bewegte er sich sehr schnell vorwärts , und blieb weiter entfernt stehen. Die Untertasse war genau das, eine fliegende Untertasse, wie zwei abgeflachte Schalen, die durch die Ränder verbunden waren, und sie hatte oben eine Kuppel. Im letzten Moment, als der Jet sie wieder erreichen wollte, zerbrach die Untertasse Der obere Teil löste sich vom unteren Teil und dann flog jeder Teil oder Abschnitt weg, einer nach Südwesten und der andere nach Osten.

Der Jet blieb dort und umkreiste das Gebiet, als wüsste er nicht, was er tun sollte, und flog dann weg nach Osten."

Cruz erklärte: „Das hat mich davon überzeugt, dass ich sagen sollte, was ich über die Situation wusste. Es ist unfair, die Desinformation von Roman und den anderen fortzusetzen. Derzeit wird von der Zivilschutzbehörde von Puerto Rico eine geheime Untersuchung durchgeführt. Und ich weiß alles ist wahr, weil ich die UFOs selbst gesehen habe."

An diesem Punkt offenbarte uns Cruz andere wichtige Ereignisse, die er zusammen mit mehreren anderen Personen miterlebt hatte. „Letzten November [1991] erhielt die Polizei einen Tipp über eine erwartete Ankunft illegaler Ausländer in Booten aus der Dominikanischen Republik im Strandsektor ‚El Papayo', der zwischen La Parguera, Lajas und Guánica liegt, etwas weiter östlich ... Dort sahen wir um 21:00 Uhr einen großen, hellen Stern am Himmel. Plötzlich begann der Stern sehr schnell herabzusinken, und es war ein riesiges Ding! ... Ein UFO, eine fliegende Untertasse von der Größe eines Stadions Es war sehr hell, mit farbigen Lichtern ringsum.

„Er blieb dort bewegungslos etwa 25 Fuß von der Meeresoberfläche entfernt. Er war groß, wirklich groß, und blieb etwa eine halbe Stunde dort. Dann flog er sehr schnell nach oben und verschwand am Himmel. Das hat uns wirklich erschüttert. Ich bin ehrlich, als das Ding herunterkam, kroch ich unter meinen Truck und blieb dort, bis es weg war.

„Außerdem, Martin, haben wir die Laguna Cartagena vermessen und bunte, eiförmige und runde Objekte gesehen, die über den Ort hinweggeflogen sind und Kurven mit engen Winkeln gemacht haben ... und manchmal betreten sie ihn und verschwinden unter Wasser! Die UFOs sind da, wirklich sind!

Also, deshalb kann ich nicht schweigen, während Roman und die anderen sich über die Leute lustig machen, die diese Dinge hier gesehen haben! Es ist nicht fair. Unsere Leute sagen, was sie gesehen haben, weil sie wissen, dass was auch immer los ist hier ist wichtig. Ich kenne die meisten dieser Leute und sie sind ernsthafte, ehrliche und anständige Leute, und sie verdienen etwas Respekt."
Schließlich erklärte Herr Cruz: „Es gibt UFOs in der Laguna Cartagena, und in den Aerostat-Radaranlagen geht etwas Seltsames vor! Wenn nicht, warum müssen weiße Lastwagen der NASA gegen 2:00 Uhr morgens in das Aerostat-Gelände einfahren? am Morgen, eskortiert von Militär-Omni-Jeep-Fahrzeugen, zu einer Zeit, in der niemand sie sieht? Warum tun Sie das so versteckt? Was hat die NASA mit dem Anti-Drogen-Krieg zu tun? Nichts, wovon wir wissen. Für mich gibt es hier in der Nähe eine außerirdische Basis und die Behörden wissen davon oder so etwas, und sie wollen nicht, dass jemand anderes in die Angelegenheit einsteigt."
Tatsächlich erklärte uns ein hochrangiger Polizeibeamter aus der Zone vertraulich, dass die Nachbesprechung der Polizisten, die für die Sicherheit am Eingang der Straße zur Aerostat-Anlage ausgewählt wurden, von amerikanischen Bundesagenten durchgeführt wurde [angeblich vom FBI], und er sowie die Polizisten waren alle überrascht von den vielen UFO- und Alien-bezogenen Fragen, die sie ihnen stellten.
Sie stellten einige Dinge, die sich auf die Erfahrung der Polizisten und persönliche Fragen bezogen, aber plötzlich änderten sie ihre Fragestellung wie folgt: Hast du UFOs oder fliegende Untertassen gesehen? Wurden Sie von Außerirdischen kontaktiert? Glaubst du an UFOs? Hatte jemand in Ihrer Familie ein UFO-Erlebnis?

Von Zeit zu Zeit tauchte diese Art der Befragung in ihren Befragungen und Nachbesprechungen auf, während sie während der Befragungen auch einen Polygraphen oder Lügendetektor bei den Polizisten einsetzten.

Wie wir bereits gesagt haben, sind all dies Indizienbeweise, aber Indizienbeweise, die, wenn sie zusammen und logisch analysiert werden, stark auf die Möglichkeit hindeuten, dass es wirklich eine außerirdische Basis in der Zone gibt.

Die erwähnten Tatsachen sind nur ein kleiner Prozentsatz der vielen UFO/Alien-bezogenen Vorfälle dort.

Um über alle Informationen über die Situation zu berichten, würde ein ganzes Buch erforderlich sein, aber für den interessierten Leser wird dieser Bericht eine allgemeine Vorstellung von der Bedeutung dessen geben, was derzeit in der südwestlichen Region von Puerto Rico passiert.

Aber sehen wir uns einige andere Fälle aus anderen Regionen von Puerto Rico an.

UFO-Verfolgung in "El Yunque"

Dieser Vorfall ereignete sich am 4. Juli 1989, und mehrere Zeugen, die im Sektor Sabana / Yuquiyú der Stadt Luquillo leben, einem Gebiet neben dem Nationalen Karibischen Regenwald im Osten der Insel, konnten ein UFO sehen beschrieben als "... ein helles sternähnliches ovales Objekt" wurde von zwei Düsenjägern gejagt, die von der Roosevelt Roads Naval Station in Ceiba neben dem Gebiet gejagt wurden.

Laut Frau Rosa Dávila de Quiñones, Bewohnerin des

Sabana-Sektors [die einzige Zeugin, die bereit ist, für den Bericht identifiziert zu werden], gab es in dieser Nacht einen Stromausfall in der Gegend und sie sprach mit ihren Nachbarn darüber, als sie alle zusammen waren sah gegen 20:30 Uhr das UFO über den Nationalen Karibischen Regenwald und den Berg El Yunque fliegen [berühmt für die vielen UFO-Sichtungen und Vorfälle, die sich dort ereignet haben]. Ihnen zufolge war das UFO sehr hell und hatte eine ovale Form. „Zuerst sah es aus wie ein sehr großer und leuchtend weiß-blauer Stern, aber dann fing es an, sich schnell zu bewegen und mehrere Hochgeschwindigkeitswinkelkurven zu machen, und da wurde uns allen klar, dass es etwas Seltsames, etwas Unnormales war", sagte Frau Dávila. Sie erklärte weiter, dass das UFO nach mehreren Pässen und Wenden über die Berge dort im Regenwald zu sinken begann und direkt in einem 45-Grad-Winkel auf den Berg El Yunque zusteuerte, und dann sahen sie alle zwei Düsenjäger, die sich dem Gebiet von Osten näherten , auf dem Weg zum UFO.

Alle Zeugen waren sich sicher, dass die Düsenjäger von der Roosevelt Roads Naval Station geschickt worden waren, und sahen, wie sie sich dem leuchtenden Objekt näherten. In diesem Moment änderte das UFO mit hoher Geschwindigkeit seinen Kurs und leuchtete heller mit einem weißen Licht auf und verschwand am Himmel über den Pitahaya-Bergen südöstlich der Luquillo-Bergkette, immer noch verfolgt von den Düsenjägern. Alle Nachbarn waren erstaunt über das, was sie gesehen hatten.

Zufälligerweise war ich am selben Tag im El Yunque-Sektor, um andere Dinge zu überprüfen, die mir in Bezug auf UFOs dort gemeldet wurden, und deshalb bin ich Zeuge des Stromausfalls in Rio Grande und Luquillo, aber leider habe ich den Sektor verlassen um 19:30 Uhr stattfand und den UFO-/Düsenjäger-Vorfall verpasste, sonst hätte ich ihn mit meiner Videokamera auf Video aufnehmen können.

„Ball des Lichts" in Guavate

Am Freitag, den 22. Juni 1990, wurden Herr José Antonio Valdés, seine Frau Matilde und ein befreundeter Militäroffizier, der sie zu Hause besuchte, alle Zeugen einer weiteren überraschenden UFO-Begegnung.
An diesem Abend, um 18:30 Uhr, führten die beiden Männer einige Reparaturen am Holzhaus von Valdés im Sektor "Los Piñeros" in Guavate, Cayey, im östlichen zentralen Teil der Insel Puerto Rico, durch [siehe Karte], als sie plötzlich einen großen, seltsamen "Lichtball" mit großer Geschwindigkeit über Valdés' Haus fliegen sahen. Der „Ball" wurde von ihnen als „ein runder Ball aus hellgelbem Licht mit einem sehr hellen roten Licht in seiner Mitte" beschrieben. Weitere Details konnten von ihnen am UFO nicht beobachtet werden. Zeugen zufolge flog der "Lichtball" horizontal "auf einer Flugbahn von Nordosten nach Südwesten", und sobald er sie überflogen hatte, "tauchten vier Militärjets auf, als ob sie ihn mit großer Geschwindigkeit verfolgen oder jagen würden".
Die Jets wurden beschrieben als "... eine seltsame blaugraue Metallic-Farbe, mit zwei Booster-Triebwerken und alle hatten ihre Flügel nach hinten positioniert und flogen sehr schnell". Diese Beschreibung passt zu der der F-14 Tomcat-Düsenjäger der US Navy. „Die Jets flogen

sehr niedrig über das Gebiet und kreisten am Himmel – so die Zeugen – als ob sie nach etwas suchen würden, dann verließen sie die gleiche Richtung, in die der Lichtball ging, nach Südwesten, und verschwanden." Die scheinbare Größe des UFOs wurde auf das Dreifache der Jets geschätzt, die sie alle sahen. Wenn also die F-14 etwa 62 Fuß lang sind, dann muss die Größe des UFOs ungefähr 180 Fuß betragen haben.

„Nur fünf oder sechs Minuten waren vergangen, nachdem die Jets über das Gebiet geflogen waren, als wir alle einen großen Jet mit einem runden, flachen Ding auf der Oberseite über den Sektor fliegen sahen, und zwar in die gleiche Richtung, die das UFO und die Düsenjäger zuvor genommen hatten", sagte er Valdes. Laut dem Militäroffizier dort, den wir zu dem Vorfall befragt haben, war dieser letzte große Jet ein AWAC-Radarjet, und er sowie die anderen Zeugen waren sich sicher, dass das UFO sowohl von den Düsenjägern als auch vom AWAC-Jet verfolgt wurde , die alle sicher aus dem Osten kommen, von der Roosevelt Roads Naval Station. Der Beamte erklärte, er sei sich sicher, dass es sich bei dem, was er gesehen habe, um eine Verfolgungs- und Suchaktion der Düsenjäger und des AWAC-Jets gehandelt habe.

„Ich komme häufig in diese Gegend, und dies ist nicht das erste Mal, dass ich hier UFOs sehe. Bei vielen Gelegenheiten kann man diese Objekte herumfliegen sehen und plötzlich in bestimmte Berggebiete herabsteigen und dort verschwinden. Für
mich sind diese Militärflugzeuge, besonders
die AWAC hat versucht, den Ort zu lokalisieren, an dem diese Objekte möglicherweise in diesem Bereich landen. Vielleicht gehen sie hier irgendwo in den Untergrund,

und das prüfen sie", sagte der Beamte.
Das UFO, das sie alle beobachteten, war völlig lautlos und sehr hell. Ähnliche UFOs wurden häufig in der Region Guavate beobachtet, und ich habe eine Reihe der gemeldeten Sichtungen untersucht. Wir haben den Namen und die Adresse des Beamten, aber er hat uns gebeten, seinen Namen oder Rang nicht preiszugeben, aus Angst vor möglicher Belästigung aufgrund seiner Position. Für diejenigen, die daran interessiert sind, haben wir mehrere Zeugen unseres Interviews mit ihm zu diesem Vorfall, die bereit sind, sich zu melden und zu überprüfen, was er uns gesagt hat, falls dies erforderlich sein sollte.

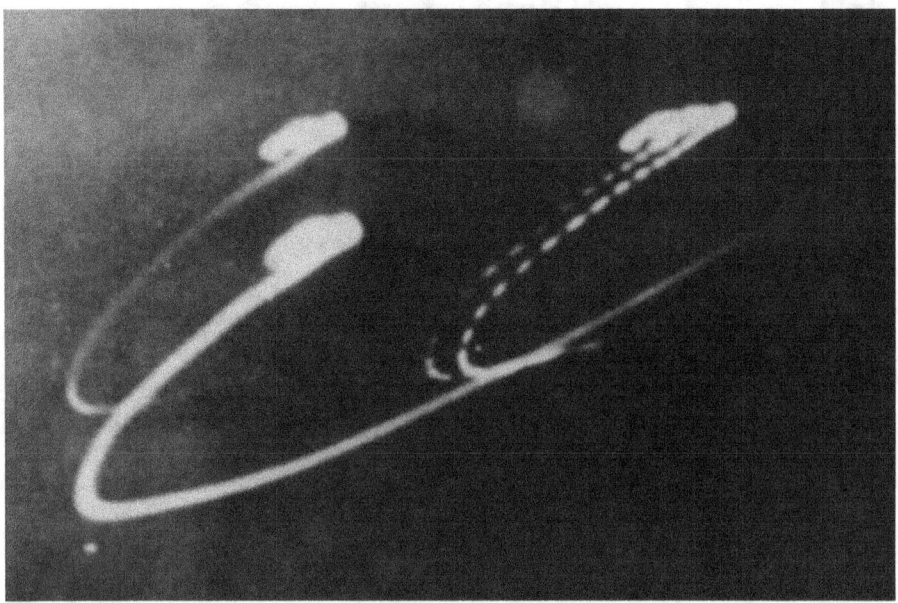

UFO's über Puerto Rico

"Verspieltes" UFO

Am 28. Juni 1990 sah Herr Jose Rodríguez, wohnhaft im Sektor von Barrio Playita, in Yabucoa, östlich der Insel, ebenfalls in der Nähe der Marinestation Roosevelt Roads, eine weitere überraschende Verfolgung eines UFOs durch US-Düsenjäger. "Das UFO spielte mit den Jets, wich ihnen einige Minuten lang mit großer Geschwindigkeit aus und flog dann sehr schnell davon und verschwand im Südwesten, immer noch von den Jets aus der Ferne verfolgt", sagte er während eines Interviews.

Begegnung neben einer Navy-Kommunikationsbasis in Juana Diaz

Der folgende Bericht wurde uns von einer vertraulichen Quelle gegeben, einem Militäroffizier, der in der Reserve- und Kommunikationsbasis der US-Armee in Fort Allen in Juana Díaz, Puerto Rico, im Süden stationiert ist. Es hatte mit einer weiteren Begegnung zwischen UFOs und Düsenjägern zu tun.
Nachdem er zugestimmt hatte, seinen Namen oder Rang nicht preiszugeben, erklärte er,
was in der Nacht des 18. Juli 1990 um 00:10 Uhr in dieser Basis passiert war.
Nach Angaben des Offiziers befanden sich in dieser Nacht alle Soldaten und Offiziere der Basis in ihren Kasernen, mit Ausnahme derjenigen, die mit ihren Aufgaben befasst waren, als plötzlich die Umgebung der Basis von einem starken weißen Licht erleuchtet wurde.

Unsere Quelle erklärte, dass in genau diesem Moment ein hochrangiger Offizier über das Intercom-System der Basis den Befehl gab, „... alle drinnen zu bleiben und unter keinen Umständen die Kaserne oder andere Einrichtungen der Basis zu verlassen".

Das Licht war sehr hell, aber als der Befehl gegeben wurde, schaute er bereits durch ein Fenster hinaus. Was er sah, versetzte ihm einen Schock.

„In einem Bereich an der Küste, direkt über der Basis und etwas südlich, gab es ein hell erleuchtetes, scheibenähnliches Objekt. Es war kreisförmig und sah metallisch aus ... als wäre es aus Aluminium – sagte er – und es hatte, was wie viele Fenster an seinem Mittelrand aussah, mit gelblich-weißen Lichtern, die sich darin drehten. An der Unterseite des Objekts gab es einen runden, turbinenartigen Vorsprung mit vielen farbigen Lichtern, die sich darum drehten [siehe Zeichnung eines Offiziers], und von unten die Objekt ging ein sehr heller Strahl aus weiß-rosa Licht aus, der nach unten ging, als würde er nach etwas suchen. Dasselbe Licht war es, das den Umfang der Basis beleuchtete.

Diese F-18 müssen von einem Flugzeugträger sein, der an den UNITAS-Militärübungen teilnimmt, die in Roosevelt Roads und auf der Insel Vieques durchgeführt werden, da es normalerweise keine F-18 in Puerto Rico gibt. "

Was er als nächstes sagte, überraschte mich: „Etwas Großes passiert hier mit all diesen UFO-Aktivitäten. Kürzlich wurden dem gesamten Militärpersonal in Fort Allen mehrere Videos gezeigt, in denen wir über die Realität von UFOs informiert wurden. Sie zeigten ein altes Schwarz-Weiß Film über einen UFO-Absturz, der angeblich vor vielen

Jahren in New Mexico passiert ist, und wir alle sahen das Schiff, das in einem 45-Grad-Winkel halb im Boden vergraben war, und es
gab mehrere Leichen der UFO-Besatzung zeigte uns, dass diese Wesen etwa 1,50 m groß, dünn, sehr bleich waren und große kahle Köpfe hatten, große runde Augen und eine kleine Nase, aber ich erinnere mich nicht an Münder oder Ohren.

„Sie zeigten uns auch ein weiteres Video von UFOs, das angeblich von ihnen auf der ganzen Insel gefilmt wurde. Sie wollten, dass wir wissen, dass UFOs echt sind, aber sie wollten nicht näher darauf eingehen, als sie nach weiteren Details gefragt wurden. Weißt du, mir, was sie wollten [die Offiziere sie über die UFOs zu unterrichten] war für uns zu wissen, dass dies real ist und dass diese Wesen nicht perfekt sind, dass sie fehlbar sind, dass ihre Schiffe abstürzen und sie auch sterben, dass sie nicht unverwundbar sind. Offenbar wollten sie uns darauf konditionieren die Vorstellung, dass sie existieren, und die Möglichkeit zu akzeptieren, dass sie eines Tages bei ihnen eingreifen müssen.

Die Beamten würden nicht sagen, dass es sich um außerirdische Schiffe oder ähnliches handelt, sondern nur, dass sie real sind und dass die Regierung sie genau im Auge behält.

Endlich;Sie haben uns gesagt, dass sie etwas Großes erwarten, sie wollten nicht erklären, was, aber es hatte damit zu tun, und dass wir uns in diesem Fall mit der Situation und mit den Menschen, der
Öffentlichkeit auseinandersetzen müssten",
sagte der Beamte. Dieser vertrauliche Bericht wurde später von zwei anderen unabhängigen Militärquellen bestätigt, die uns in der Augustwoche in der UFO-

Fotoausstellung, die wir Mr. John Timmerman von CUFOS im Einkaufszentrum Plaza Las Américas in San Juan, Puerto Rico, zeigten, näher kamen 13.-18.1990. Sie erklärten, dass spezielle militärische Gruppen auf der Insel seit 1988, dem Jahr, in dem die Düsenjäger von dem riesigen dreieckigen UFO in Cabo Rojo und San Germán entführt wurden, offizielle Informationen über die UFO-Situation erhalten.

UFO von Hubschraubern in Caguas gejagt

Am 19. Dezember 1990 um 17:30 Uhr sah Mr. Mario Orlando Rodríguez, wohnhaft in der Urbanisation Bairoa Park in Caguas, zentralöstlich von Puerto Rico, etwas, das er nie vergessen wird. Laut seinem Bericht arbeitete er an diesem Nachmittag zu Hause in seinem Atelier [er ist freiberuflicher Grafiker], als er das Geräusch von Hubschraubertriebwerken hörte, die sehr niedrig über seinem Haus flogen. Neugierig ging er nach draußen, um zu sehen, was los war, und zu seiner Überraschung und Verwunderung wurde er Zeuge von etwas, das er nie erwartet hatte:

„Als ich herauskam, sah ich dunkelgrüne Militärhubschrauber ohne Markierungen, Nummern oder Ausweise, die sehr tief über den Häusern flogen. Sie schienen wie die gewöhnlichen Hubschrauber der PR National Air Guard zu sein. Einer von ihnen hatte eine Öffnung an der Seite und dort war ein Mann, der gefesselt oder mit einer Art Gürtel festgeschnallt war. Der Mann schrie etwas, das ich wegen der Hubschraubermotoren nicht hören konnte, und er zeigte in eine bestimmte Richtung. Als ich in diese Richtung schaute, war ein seltsames Ding da... Es war so etwas wie eine große Kugel, wie eine große Perle mit einer gelblichen Aura, die sie umgab, und in der Mitte, im Inneren, war wie ein rötliches Licht [siehe Zeichnung von Rodríguez]. UFO, daran habe ich keinen Zweifel. Das UFO flog auf einer Flugbahn von Südosten nach Nordwesten und die Hubschrauber jagten es."

Wir fragten Rodríguez, ob er etwas zu den Abmessungen des UFOs sagen könne, und er antwortete: „Das Ding war im Vergleich zu den Hubschraubern so groß wie ein Jumbo-747-Flugzeug. Und das Seltsamste war, dass es völlig geräuschlos flog, überhaupt kein Lärm."

Zahíra Milagros Larregoity, ein 13-jähriges Mädchen, eine weitere Zeugin des Vorfalls, erklärte: „Ich kam zu Marios Haus, um um etwas Eis zu bitten, und plötzlich sah ich diesen großen Ball aus gelbem Licht geräuschlos über mich hinwegfliegen und er flog über den Berg und verschwand, dann sah ich, dass einige Helikopter es in die gleiche Richtung jagten. Es war ein sehr schönes Licht. Etwas Schönes zu sehen."

Der Berg, über dem dies geschah, liegt nördlich des Bairoa-Parks und des Stadtentwicklungsgebiets Mirador Bairoa, und bei früheren Gelegenheiten wurden andere UFOs über demselben Berg gesichtet. Einmal war ich selbst Zeuge einer solchen Sichtung im November 1981. Die beteiligten Hubschrauber müssen entweder von der PR National Air Guard oder von Roosevelt Roads gewesen sein, aber keiner von ihnen würde einen solchen Vorfall oder ihre Teilnahme an der Verfolgungsjagd anerkennen. Ein interessantes Detail ist, dass das von Rodríguez gesehene Objekt dem ähnelt, das José Antonio Valdés, seine Frau Matilde und der Militäroffizier einige Monate zuvor in Guavate, Cayey, gesehen haben.

"Elektrisches UFO" in Carraízo

Damit die Leser eine weitere Vorstellung von der Bedeutung der Art von Vorfällen in Puerto Rico bekommen, werden wir hier auf einen schockierenden Vorfall eingehen, der sich im März 1991 in der Stadt Trujillo Alto ereignete.
Es war die Nacht zum Sonntag, dem 17. März 1991. Alles war ruhig und normal im Carraízo-Sektor der Stadt Trujillo Alto. Aber kurz nach Mitternacht gab es eine plötzliche Explosion von Lichtern, Farben und einem seltsam starken Geräusch.
Im Umkreis von vielen Meilen wurde die Dunkelheit der Nacht erleuchtet und sehr hell mit einem Licht von unglaublichen Ausmaßen. In der Ferne war zu sehen, wie der Nachthimmel eine intensive türkisblaue Farbe angenommen hatte und gleichzeitig der Strom in mehreren Sektoren Meilen entfernt vom Ort ausfiel. Sofort wurde alles in ein sehr helles grünliches Licht getaucht, das sich sofort in orangefarbenes Licht verwandelte. Um dem Ganzen eine spektakuläre Note zu verleihen, war ein heller weißer Lichtstrahl zu sehen, der sich in den Himmel projizierte und sich in einer fächerartigen Bewegung und mit Gleichmäßigkeit von links nach rechts und umgekehrt bewegte. Dies wurde von Tausenden von Zeugen kilometerweit um Trujillo Alto gesehen. Diejenigen jedoch, die näher am Gebiet sind, und diejenigen in hohen Positionen in den Sektoren von Rio Piedras,
Direkt über einem Umspannwerk, das sich direkt hinter der Urbanisation El Conquistador im Carraízo-Sektor befand, befand sich ein riesiges kreisförmiges UFO, das bewegungslos in der Luft schwebte und eine intensive

Lichtmenge ausstrahlte. Viele Bewohner von El Conquistador konnten sehen, wie die elektrische Energie der Umspannstation von dem seltsamen Schiff darüber angezogen wurde. Um die Umspannstation war so etwas wie ein Energievorhang zu sehen, und in diesem „Vorhang" konnte man sehen, wie die elektrische Energie in die Unterseite des riesigen Objekts floss. Es dauerte nur einige Augenblicke, bis sich die Menschen in der Umgebung des Umspannwerks versammelten, während viele andere die Polizei oder Radiosender anriefen, um zu melden, was passiert war, oder um Informationen über das beobachtete Phänomen baten.

TEIL VIER

Einer der Anwesenden, Mr. Josue Marrero, beschrieb alles wie aus einem Steven-Spielberg-Film: „Das war riesig. Und das Licht war so intensiv wie Sonnenlicht. Es war, als wäre die Nacht plötzlich zum Tag geworden. Und die elektrische Energie ging in einer Wand aus Funken und elektrischen Entladungen hoch, die nach oben gingen. Ich habe so etwas noch nie gesehen! Ich musste sogar meine Augen davon abwenden, das Licht war zu hell und verletzte sie.
Entladungen steigen, in Farben, so etwas. Dieser ganze Bereich war wie im Tageslicht, und das Licht wechselte von grün zu blau zu orange ... so. Ich habe es etwa 30 Sekunden dort oben gesehen ... und als der Strom komplett ausfiel, schoss das Ding mit großer Geschwindigkeit nach Norden davon. Ich rannte zum vorderen Fenster, um nachzusehen, und schon war es weg.

„Meine Frau, die einen Teil dessen gesehen hatte, was passiert war, schrie in ihrem Bett wegen des Eindrucks, den es auf sie machte, weil wir noch nie ein so großes Fahrzeug so nah und über unseren Häusern hängen gesehen hatten. Das Ding einfach würde den größten Teil dieses Gebiets abdecken, weil es so groß war ... Es war riesig, riesig. Es war nichts wie ein Flugzeug oder so etwas. Für mich war das, was ich sah, ein außerirdisches Raumschiff, etwas nicht normales ... etwas nicht von diesem Planeten."

Sein Nachbar, Herr Rafael Benítez, ein professioneller Psychologe, den wir persönlich kennen, fügte hinzu, was er sah: „Als ich aus dem Heckfenster schaute, weil alles wie bei Tageslicht war und der Strom weg war, sah ich etwas mit drei sehr große, helle Lichtquellen in der Mitte darunter. Ich sah auch wie eine Wand aus elektrischen Strahlen, die nach oben gingen, wie Tausende winziger elektrischer Kapillaren, dünne elektrische Entladungen, die nach oben gingen, und man konnte einen chhh, chhh, chhh-Ton hören, so etwas wie wann du hörst
die statische Elektrizität, so etwas in der Art. Die Wand aus Elektrizität war an ihrer Basis breiter und als sie zu diesem Ding in der Luft hinaufging, wurde sie dünner.Um dieses Ding herum war so etwas wie eine Wolke, die es umgab.

„Das, was ich sah, war nichts, was ich von der irdischen Technologie kenne. Die Lichter waren so intensiv ... wie Scheinwerfer, die nach unten scheinen, aber wirklich intensiv, blendend. Für mich war das, was ich sah, ein außerirdisches Raumschiff, das uns besuchte und die Elektrizität der Station absorbierte Energie, sie luden alles auf, was sie in ihrem Schiff aufladen wollten, vielleicht hatten sie Energieprobleme, und sie gingen."

Danny Rodríguez, ein junger Mann, der neben dem Umspannwerk wohnt, sah dort auch die unglaublichen Lichteffekte, als die Systeme explodierten, aber leider blickte er nicht über sein Haus, da er die Objekte nicht sah, die viele andere dort sahen.

Aber er erinnert sich deutlich, dass er nach Ende des Vorfalls einige Minuten lang einen seltsamen grünen phosphoreszierenden Lichtstrahl sehen konnte, der in einem 45-Grad-Winkel vom Himmel auf das Umspannwerk herabkam.

Der Lichtstrahl kam aus Nordwesten. „Es war wie ein starker Lichtstrahl einer Taschenlampe, der vom Himmel kam, und er stand einige Minuten dort. Hier ist etwas Unnatürliches passiert", sagte er.

Herr Genaro Bigas, ebenfalls ein Nachbar, der in der Diego-Velázquez-Allee wohnt, erklärte, als er auf seinen Balkon ging, um zu sehen, was vor sich ging, sah er über seiner Decke etwas, das sich darüber erstreckte „… so etwas wie einen riesigen Halbkreis von ungefähr 180 Grad. Es stand da in der Luft über unseren Häusern. In dem Moment, als ich es sah, war es an der Unterseite ziemlich dunkel und es blitzte von seinen Seiten rundherum helle orangefarbene Lichter auf.

Das war die Quelle des Lichts, das war alles hier zu beleuchten.

Das war etwas Festes da oben, weil man an seinem Rand einige orangefarbene Lichter sehen konnte, und dann darüber konnte man die Wolken und den Himmel sehen, aber vom Rand nach innen konnte man eine feste dunkle Oberfläche sehen. Dann, danach erschienen dort an seiner Unterseite in der Mitte einige sehr helle weiße Lichter [siehe Zeichnung eines Zeugen].

„Was ich gesehen habe, ist kompatibel mit

dem, was traditionell eine fliegende Untertasse genannt wird. Es war riesig, wirklich groß, so groß wie die meisten dieser städtischen Wohngebiete, aber es war da oben, bewegungslos. Wie konnte das sein, das Ding da oben einfach da oben in der Luft zu stehen? Es muss sehr schwer gewesen sein... Es war einfach unglaublich, aber wir haben es alle gesehen. Eine andere Sache ist, dass man, während das Ding da oben war, ein Hitzegefühl spüren konnte, als es die Gegend verließ wir alle spürten im selben Moment einen erfrischenden Windstoß.

„Es tut mir leid, dass ich nicht ganz herausgekommen bin, um es mir besser anzusehen, aber vielleicht war es unser Schutzinstinkt, der mich daran gehindert hat. Das kann ich sagen, wenn es etwas Außerirdisches war, war es nicht feindselig , weil es uns bis auf die Schäden am Umspannwerk nicht geschadet hat."

Frau Evelyn Suárez, wohnhaft in Colinas de Fairview, ebenfalls in Trujillo Alto, aber etwa 3 Meilen entfernt von dem Ort, an dem sich der Vorfall ereignete, konnte das über dem Sektor El Conquistador schwebende Objekt sehen: „Was ich sah, war riesig, enorm. Es war rund und sein äußeres Metall sah aus wie Kupfer, mit einem orangefarbenen Glanz rundherum. Wenn Sie den Film Starman gesehen haben, war das UFO darin so etwas wie eine riesige Kugel aus rot-orangefarbenem Licht mit vielen Lichtern, es war genau so etwas. Es hatte auch grüne und andere farbige Lichter um sich herum. Und ich bin sicher, dass es überall andere kleinere leuchtende Objekte in der Nähe gab. Oh!, das war ein höllisches Handwerk, das ist der beste Weg, es zu beschreiben Ich hätte nie erwartet, so etwas zu sehen, niemals."

José und Sonia Adorno, die im 15. Stock des Los Cedros Condominium wohnen, ebenfalls in Trujillo Alto, etwa

5 Meilen entfernt, gaben bekannt, dass sie alles von ihrer Wohnung aus gesehen hatten. Sie kommentierte: „Es war ungefähr 00:20 Uhr und plötzlich wurde alles sehr hell. Als wir hinaussahen, sahen wir etwas sehr Großes und Rundes in der Luft, umgeben von einer Art Wolke. Da war ein helles gelblich-bläuliches Licht vom Boden zu so etwas wie einer riesigen Plattform, die über El Conquistador in der Luft schwebte. Es war etwas Rundes und an der Spitze etwas abgeflacht, mit gelb-orangem Licht ringsum. Ich hatte Angst vor dem, was ich sah, und vor mir Mein Mann sagte, dass es nichts sei, vielleicht nur ein defekter elektrischer Transformator, aber das war es nicht, es war etwas Seltsames.„Es war etwas Riesiges. Ich würde seine Größe mit der des Parkplatzes des Einkaufszentrums Trujillo Alto Plaza vergleichen, aber natürlich habe ich es aus der Entfernung gesehen. So riesig war es. Ich hatte so etwas noch nie gesehen. Es müssen noch viel mehr Leute gesehen haben." Sonia hatte Recht, denn ihre Nachbarin, Mrs. Rosa Flores, sah es auch.

Ramses Díaz, ein Jugendlicher, der in der Urbanisation Ciudad Universitaria am Stadtrand von Trujillo Alto lebt, sah es auch zusammen mit seinem Bruder: „Es war leuchtend – er sagte –, etwas Riesiges in einer Wolke, wirklich groß. Eine große Kugel von orangefarbenes Licht mit vielen kleineren Lichtern darauf. Ich rief den nationalen Wetterdienst in Isla Verde an, und ihr Prognostiker sagte mir, dass es in dieser Nacht keinen Gewittersturm gab und dass sie nicht erklären konnten, was die Leute beschrieben und was passierte.

Nachdem es passiert war Ich kontaktierte CUFOS in Illinois, USA, und sprach mit Mr. John Timmerman, der mir einige Berichtsformulare schickte, damit ich die

Details dessen, was ich sah, ausfüllen und spezifizieren konnte sah, war ein UFO."Herr Sergio Serrano sah alles von der Tankstelle, an der er arbeitet, in der De Diego Straße, in Sabana Llana, Rio Piedras. „Ich habe das Ding gesehen, als es auf dem Weg nach Trujillo Alto über uns hinweggeflogen ist. Es kam aus dem Sektor El Yunque." Der Zeuge beschrieb das Objekt ähnlich wie die anderen Zeugen.

Auch viele Bewohner des Wohngebiets Covadonga in Trujillo Alto, darunter Miss Elizabeth Torres, sahen diesen unglaublichen Anblick. "Es war wunderschön! - sagte sie - Es war eine große fliegende Untertasse. Als alles beleuchtet wurde, kamen wir heraus, um zu sehen, und wir sahen dieses große Ding dort in der Luft regungslos über den Bergen stehen, über Carraízo. Es war eine Untertasse, sehr groß, mit orangefarbenem Licht und kleineren Lichtern, die überall die Farben wechseln. Wunderschön! Dieser ganze Ort war voller Menschen, die dieses Ding dort sahen.

Herr Luis Rodríguez, ein Wachmann, der auf dem Gelände einer Firma in Carolina neben der Firma Travenol patrouilliert, sagte, er habe das Objekt gesehen, als es sehr schnell nach Westen in Richtung Trujillo Alto flog. Er erklärte, dass es riesig war, wie ein orangefarbener Lichtball mit vielen kleineren farbigen Lichtern darauf, und dass es aus dem Westen zu kommen schien. "Das Ding kam aus El Yunque. Es war immens. Ich werde immer noch nervös, wenn ich an das denke, was ich gesehen habe", erklärte er.

Herr Enzo Rizzo, der in der Wohnanlage Los Olmos in Rio Piedras, etwa 6 Meilen von Carraízo entfernt, lebt, berichtete, er habe den Vorfall ebenfalls gesehen und beobachtet „...das Objekt und seine große Leuchtkraft sowie eine Reihe von sehr starke und helle weiße Lichtstrahlen, die von oben herauskommen und sich in den Raum projizieren, während sie sich in einer fächerartigen Bewegung bewegen." Rizzo, ein Italiener, der an denselben Tagen nach Puerto Rico gekommen war, sagte, er habe noch nie zuvor in seinem Leben so etwas gesehen wie in der Nacht zum 17. März 1991. "Es war ein unglaublicher Anblick, etwas nicht von dieser Welt.", sagte er.

Reparaturbrigaden für elektrische Energiesysteme

Am nächsten Tag reparierten mehrere Brigaden der Behörde für elektrische Energie von Puerto Rico die Schäden an der Umspannstation, die sich auf 355.000,00 USD an Verlusten beliefen.
Ausgebrannte Strommasten, mehrere Hochspannungsleitungen und eine Reihe ausgebrannter Transformatoren gehörten zu den beschädigten Geräten. Wir haben zwei Vorgesetzte und Ingenieure der dortigen Energiebehörde von Puerto Rico zu dem Vorfall befragt, Herrn José Luis García und Herrn Orlando Lozada.
Laut Lozada: „Wir können immer noch nicht erklären, was all diese Schäden verursacht hat. Es gab keinen Grund dafür, dass dies so geschehen war.
Zuerst gab es einen sehr starken Kurzschluss aufgrund eines offensichtlichen Kontakts zwischen zwei Hochspannungsleitungen, die waren weit genug voneinander entfernt, um das zu verhindern... aber es ist irgendwie passiert."

Technisch implizierte seine Antwort bereits, dass bei dem, was passiert war, ein mysteriöser Faktor im Spiel war.

Aber es gab noch eine andere Frage; Wenn es sich um einen Kurzschluss handelte, wie es offiziell erklärt wurde, warum wurden die Systeme, die dies verhindern, nicht von den Sicherheitssystemen abgeschaltet, anstatt die elektrische Energie mehrere Minuten lang weiter fließen zu lassen und zuzunehmen die Stromstärke auf ein erstaunliches Niveau?

Darauf antwortete Ingenieur García: „Diese Station hat ein automatisches System, um das zu verhindern. Sobald es zu einer Überladung kommt, soll sie den Energiefluss unterbrechen.

Wenn sie das nicht tut, gibt es eine Alternative, die unterbricht." die Energie abgeschaltet. Was hier passierte, war jedoch so groß, dass keines der Notsysteme reagierte. Dies verursachte eine extreme Energieüberladung, und das Energieniveau ging ins Unendliche. Das erklärt die Schäden hier..."

Ein anderer Vorgesetzter dort sagte: "Was passiert ist, war einfach nicht natürlich. Es gibt keine Erklärung dafür, wie die Dinge gestern Abend hier passiert sind."

Nachdem er Kontakt mit "einem hochrangigen Vorgesetzten der Behörde für elektrische Energie" aufgenommen hatte, vertraute er uns an, dass "die Controller oder "Erhöher" dort nicht funktionierten und die Art des Fehlers, der dort passierte, nicht üblich ist, noch mehr dort, wo die Ausrüstung eine gute Wartung hat.

Wir nennen diese Art von Entladungen „Shoot-Outs", und in diesem Fall nannten wir es genau das, weil die Raiser nicht funktionierten, ein Shoot-Out. Aber in Puerto Rico kommt es aufgrund unbekannter und mysteriöser Ursachen zu vielen „Schießereien". Etwas, das dies erklären könnte, ist das, was mir ein Mitarbeiter über ähnliche Vorfälle in Arecibo [ungefähr 40 Meilen von San Juan entfernt] erzählte.

Er erklärte ihm, dass er sah, wie eine fliegende Untertasse herunterkam und begann, Energie von einer anderen Umspannstation dort in Cruce Dávila in Barceloneta neben den Abbot Pharmaceutical Labs zu absorbieren. Verbindung, mit ähnlichen Wirkungen wie in Trujillo Alto."

Alles deutet darauf hin, dass von zahlreichen Zeugen in Trujillo Alto und den Nachbargemeinden tatsächlich ein riesiges UFO beobachtet wurde, ein UFO, das anscheinend irgendwie die Notsysteme der Umspannwerke kontrollierte, um sie daran zu hindern, den Energiefluss zu unterbrechen. Die anschließende große Energieüberladung war anscheinend das, wonach dieses Objekt oder Fahrzeug suchte, vielleicht um einige interne Systeme aufzuladen oder für etwas anderes, was wir uns im Moment nicht einmal vorstellen können. Das Wichtige hier ist, dass bis zu diesem Moment bereits mehr als hundert Zeugen dieser wichtigen Sichtung aufgetaucht sind, die alle genaue ähnliche Beschreibungen des dort gesehenen Objekts geben, Zeugen bis zu 10 Meilen voneinander entfernt, die dies nicht tun kennen sich sogar, und der nationale Wetterdienst bestätigte, dass es in der Nähe von Puerto Rico keinen Gewittersturm gab, wie offiziell von der Regierung und den Beamten der Electrical Energy Authority erklärt wurde, um den Vorfall zu vertuschen. Aber den Bewohnern von El Conquistador und der Carraizo-Gemeinde ist eines klar: Sie sind sich sicher, dass sie von einem außerirdischen Schiff besucht wurden, möglicherweise außerirdischen Ursprungs.

Randphänomene

Zusätzlich zu der Sichtung wurden mehrere andere Phänomene gemeldet:

Eine Reihe von Bewohnern von El Conquistador mit Deckenventilatoren in ihren Häusern berichteten, dass sich die Arme des Ventilators nach oben beugten, während das UFO über ihren Häusern war, als ob eine starke magnetische Kraft sie anziehen würde.

- Andere Zeugen sagen, dass ihre Tischventilatoren rückwärts zu kreisen begannen und sich nach dem Abflug des UFOs wieder normalisierten.

- Die Anrufbeantworter einiger Zeugen begannen selbstständig zu arbeiten und ihre aufgezeichneten Nachrichten freizugeben.

- Eine in El Conquistador lebende Dame und eine Verwandte des Zeugen José Miranda, die aufgrund einer Gehirnoperation eine Metallplatte im Kopf hat, gibt an, dass sie, solange das UFO dort war, einen sehr scharfen Schmerz in ihrem Kopf verspürte besser, wenn es den Ort verlassen hat.
Am nächsten Tag, nachdem sie das Phänomen und das UFO dort gesehen hatte, schwebte ein 17-jähriges

Mädchen in ihrem Zimmer schwebend, was von ihrer Mutter gesehen wurde.

Ein weiteres interessantes Detail war das Verhalten der Tiere im Sektor. Viele Hähne und Hunde von dortigen Nachbarn, die für ihr lärmendes Verhalten bekannt waren, blieben die ganze Nacht bis zum späten nächsten Tag völlig still. Sie schwiegen und schienen verängstigt. Mindestens zwei spezielle Radio-Talkshows wurden ausgestrahlt, damit die Menschen über das Gesehene und Erlebte sprechen konnten. Die meisten Berichte ähnelten denen, die bereits hier vorgestellt wurden.

Es sind noch viele Fragen zu all diesen wichtigen Vorfällen, die in diesem Bericht vorgestellt werden, unbeantwortet, Vorfälle, die nur einen Bruchteil der Fülle solcher Fälle auf der Insel Puerto Rico darstellen. Aber ohne Zweifel zeigen diese Ereignisse, dass das UFO/Alien-Phänomen der alltäglichen Realität Puerto Ricos sehr nahe kommt.

Andererseits erhalten wir jeden Tag mehr UFO-/Düsenjäger-Jagdberichte und Berichte über Entführungen/Begegnungen mit Außerirdischen von glaubwürdigen und zuverlässigen Zeugen von überall auf der Insel, kurz bevor ich diesen Bericht fertigstellte, erhielt ich ein paar mehr, aber aus Mangel an Platz hier kann ich sie nicht mit ihren Details präsentieren. Manchmal frage ich mich aufgrund der Menge an UFO-Aktivitäten hier, ob Puerto Rico als ein Ort ausgewählt wurde, an dem offener Kontakt mit einer außerirdischen Spezies getestet wird, um die psychologischen und soziologischen Reaktionen und Auswirkungen eines solchen Kontakts zu

überprüfen. Wir müssen hier bedenken, dass Puerto Rico ein US-kolonialer Territorialbesitz ist und es sehr gut möglich ist, dass "jemand" die Insel für einen solchen Test ausgewählt haben könnte, weil sie unter US-Gerichtsbarkeit steht, und das würde eine genaue Prüfung der sich entwickelnden Situation durch die Regierung ermöglichen.
Viele in den USA und im Ausland glauben, dass es eine geheime Vereinbarung zwischen der US-Regierung und einer bestimmten Art von Außerirdischen gibt, und selbst wenn es dafür keinen konkreten soliden Beweis gibt, gibt es viele Indizienbeweise, die genau darauf hindeuten.
Bei den meisten der in diesem Bericht beschriebenen Vorfälle ist die Beziehung zwischen der UFO-Situation und der US-Marinestation Roosevelt Roads, einer Haupteinrichtung des US-Militärs im Osten von Puerto Rico, offensichtlich. Aus diesem Grund und in Bezug auf die zunehmende Anzahl von UFO-Vorfällen aller Art und die vielen UFO-/Düsenjäger-"Verfolgungs"berichte, dies zusammen mit dem, was einige Zeugen über UFOs gesehen haben, die aus dieser
Marinestation kommen, kann ich nicht Ich muss mich nur wundern und mich fragen:
Werden die US-Düsenjäger mit diesen UFOs gesehen, die sie verfolgen ... oder eskortieren sie sie wirklich?[27]

Seit Dezember 1994 ist die karibische Insel Puerto Rico Schauplatz einer ständigen Welle von UFO-Sichtungen sowie zahlreicher Erscheinungen einer seltsamen Kreatur, die
Vieh getötet hat und von der Sensation als "Chupacabras" [der Ziegensauger] bezeichnet wird.

Die Kreatur ist anscheinend für den Tod von Rindern, Schafen, Ziegen, Kaninchen, Hühnern, Enten, Katzen und Hunden usw. verantwortlich. Nach dem Tod scheint die Kreatur Blut und andere Flüssigkeiten aus dem Körper der Tiere zu extrahieren.
Tausende Tiere wurden getötet, und die Gemeinschaften leben jetzt in Angst.
Während der gesamten Tötungen haben die Behörden behauptet, die Todesfälle seien auf Angriffe von Gruppen streunender Hunde, Paviane (!) oder exotischer Tiere zurückzuführen, die illegal in das Territorium der Insel eingeführt wurden. Der Direktor von Puerto Rico' Hector Garcia, Abteilung für Veterinärdienste des Landwirtschaftsministeriums, hat erklärt, dass "es Hunde sein könnten, deren kleine Einstichwunden, die in den Hälsen der Opfer beobachtet werden, denen ähneln, die von den Reißzähnen von Eckzähnen verursacht wurden." Er erklärte auch, dass bei den von seiner Abteilung untersuchten toten Tieren keine anderen ungewöhnlichen Merkmale festgestellt wurden, einschließlich keines Blutverlusts. Der Tierarzt Angel Luis Santana von der privaten Gardenville-Klinik in San Juan sagte: „Es könnte ein Mensch sein, der einer religiösen Sekte angehört, sogar ein anderes Tier. Es könnte auch jemand sein, der sich über den Puertoricaner lustig machen will Personen." Alle oben genannten offiziellen "Erklärungen" zu dem Rätsel haben es versäumt, die Art und Weise zu identifizieren, in der die Tiere starben, und die Beobachtungen unbekannter Kreaturen durch seriöse zuverlässige Zeugen in ganz Puerto Rico. Die Fakten sprechen eine ganz andere Sprache...
Die Tiere wurden mit vielen kleinen, perfekt

kreisförmigen Löchern mit einem Durchmesser von etwa 1/4" - 1/2" gefunden, die paarweise in Dreiecksform angeordnet sind. Diese dringen tief in den Hals des Unterkiefers der Opfer ein [siehe Fotos]. Dr. Carlos Soto, ein qualifizierter Veterinär, stellt fest, dass die Wunden in vielen Fällen ein regelmäßiges Muster haben – in den Kopf des Tieres – ein Loch, das durch den rechten Kieferknochen, Muskel und Gewebe und direkt ins Gehirn eindringt: genauer gesagt direkt auf das Kleinhirn, punktieren es und verursachen den sofortigen Tod des Tieres.

Diese regelmäßige Art von Wunde und der Weg, dem alles folgt, was in den Körper eindringt, weist auf Vorsatz hin - und Intelligenz. Von großem Interesse ist, dass der Angriff eine Art Euthanasie-Technik offenbart, denn diese Methode verhindert, dass das angegriffene Tier leidet. Auch dies offenbarte Intelligenz.

Die offizielle Forschung erklärt Folgendes nicht: Wenn ein Hund oder ein bekanntes Raubtier beißt, um ein Opfer zu töten, muss es zuerst Druck auf beide Seiten des Kopfes, des Halses oder des Körpers ausüben. In den „Chupacabras"-Fallakten wurden von den Untersuchern auf der gegenüberliegenden Seite der Wunde keine Verletzungen, Abschürfungen, Kratzer, Bisse oder Druckstellen beobachtet, und somit wird deutlich, dass wir es nicht mit einer gewöhnlichen Raubtier-/Fleischfresserart zu tun haben der Wissenschaft bekannt.

Die Wunden können im Aussehen den Bissen von Hunden oder Pavianen ähneln, da sie rund und klein sind, aber die Ähnlichkeit endet hier. Regierungsbeamte und Tierärzte, die der „offiziellen Linie" oder Grundsatzerklärungen gefolgt sind, haben sich oft

geweigert, Daten über die Wunden preiszugeben. Sie ignorieren bequemerweise die Tatsache, dass alles, was in das Tier eindringt, ist mindestens drei oder vier Zoll lang, und in einigen Fällen ist bekannt, dass es die Wundwand kauterisiert - anscheinend um übermäßigen Blutverlust zu verhindern. Keine bekannte Tierart auf der Erde kann dies tun. Einige der Wunden dieser Art treten an den Seiten und am Bauch des Opfers auf. Diese Penetration durchschneidet normalerweise den Magen - bis hinunter zur Leber, wobei anscheinend Teile des Organs entfernt und Flüssigkeit daraus absorbiert werden. Solche Eingriffe würden einen Einschnitt von bis zu fünf Zoll erfordern – eine Tatsache, die bei Autopsien der Tiere bestätigt wurde. Es wurde festgestellt, dass die dreieckigen Wunden in den Körper eindringen und die Leber treffen. Einige der Wunden dieser Art treten an den Seiten und am Bauch des Opfers auf. Diese Penetration durchschneidet normalerweise den Magen - bis hinunter zur Leber, wobei anscheinend Teile des Organs entfernt und Flüssigkeit daraus absorbiert werden. Solche Eingriffe würden einen Einschnitt von bis zu fünf Zoll erfordern – eine Tatsache, die bei Autopsien der Tiere bestätigt wurde. Es wurde festgestellt, dass die dreieckigen Wunden in den Körper eindringen und die Leber treffen. Einige der Wunden dieser Art treten an den Seiten und am Bauch des Opfers auf. Diese Penetration durchschneidet normalerweise den Magen - bis hinunter zur Leber, wobei anscheinend Teile des Organs entfernt und Flüssigkeit daraus absorbiert werden.
Solche Eingriffe würden einen Einschnitt von bis zu fünf Zoll erfordern – eine Tatsache, die bei Autopsien der Tiere bestätigt wurde.

Es wurde festgestellt, dass die dreieckigen Wunden in den Körper eindringen und die Leber treffen.
Während „etwas" offensichtlich in das Tier eindringt, ausgedehnte Traumata und Verletzungen verursacht und seltsames Material im Gewebe zurücklässt, wurden keine natürlichen Entzündungsprozesse in den Geweben der toten Tiere beobachtet.
Das ist extrem unnatürlich. In den meisten Fällen fehlt den Opfern die Totenstarre und sie bleiben flexibel – Tage nach ihrem Tod.
Unglaublicherweise gerinnte oder koagulierte das im Körper verbleibende Blut bei manchen Vorfällen tagelang nach dem Tod nicht. Bei einigen Tieren wurden mehrere größere Löcher oder Schnitte entdeckt.
Diese bestehen aus Wunden mit einem Durchmesser von einem Zoll bis zu einer Länge von zwölf Zoll.
Diese speziellen Öffnungen befinden sich im Hals-, Brust-, Bauch- und Analbereich und scheinen mit einem Skalpell eines Chirurgen gemacht worden zu sein.
Sauber geschnittene Öffnungen, durch die bestimmte Organe aus den Körpern herausgeschnitten
werden. Fortpflanzung, Geschlechtsorgane, Anus, Augen und anderes Weichgewebe wurden entfernt.
Eine andere offizielle Erklärung weist auf die Möglichkeit hin, dass jemand, der mit einer religiösen oder satanischen Sekte zu tun hat, dafür verantwortlich sein könnte.
Die schiere Zahl der Fälle scheint dieses Potenzial zu negieren. Die Morde ereignen sich jeden Tag, rund um die Uhr und auf der ganzen Insel.
Es gibt keine einzelne Sekte, die auch nur annähernd über die Ressourcen verfügt, um eine solche Tat durchzuführen.

Nur die Regierung könnte eine solche Operation durchführen, aber welche möglichen Gründe müssten sie dafür haben?

DIE KREATUR BEOBACHTET

Viele der Tötungen stehen im Zusammenhang mit seltsamen Kreaturen, die wir Anomale Biologische Entitäten (ABEs) nennen.
Es handelt sich Berichten zufolge um eine Kreuzung zwischen einer Kreatur, die als „grauer" außerirdischer Humanoid bekannt ist, hauptsächlich wegen der Form ihres Kopfes und ihrer Augen, und dem, was die meisten Zeugen als den Körper eines zweibeinigen, aufrechten Dinosauriers beschreiben, aber ohne Schwanz.
Sein Kopf ist oval und hat einen länglichen Kiefer. Es wurde über zwei längliche rote Augen berichtet, zusammen mit kleinen Löchern im Nasenlochbereich, einem kleinen schlitzartigen Mund mit fangartigen Zähnen, die nach oben und unten aus dem Kiefer herausragen.
Andere Zeugen haben kleine spitze Ohren gesehen, aber dieses Merkmal wurde von anderen Zeugen nicht gesehen.
Es scheint starkes grobes Haar am ganzen Körper zu haben; und während die meisten
Beobachter behaupten, dass das Haar schwarz ist, hat es die bemerkenswerte Fähigkeit, die Farbe nach Belieben zu ändern. Im Dunkeln verfärbt es sich schwarz oder tiefbraun - in einem sonnenbeschienenen, von Vegetation umgebenen Bereich wechselt es zu grün, grüngrau, hellbraun oder beige. Die Kreatur hat zwei kleine Arme mit einer dreifingrigen Krallenhand und zwei starke

Hinterbeine, wiederum mit drei Krallen.
Dies scheint es ihm zu ermöglichen, schnell zu laufen und über Bäume (!) zu springen – einige Zeugen behaupten, dass er mit einem einzigen Sprung über sechs Meter weit war. Nach vielen Beobachtungen sehen die Beine der Kreatur fast reptilien- oder ziegenartig aus. Es hat federartige Anhängsel, die von seinem Rücken herunterlaufen, mit scheinbar fleischigen Membranen, die ihre Farbe von blau zu grün, rot zu lila usw. ändern. Eine Reihe von Zeugen behaupten, dass die Kreatur (mit unglaublicher Geschwindigkeit) mit ihrem Schwanz und ihren Anhängen schlägt. damit es tatsächlich fliegen kann (!).
Zuerst in der Stadt Orocovis gemeldet, wurden die ABEs in der Gemeinde Canovanas und in vielen Gebieten von Puerto Rico gesichtet. Seine Gewohnheiten sind sowohl tag- als auch nachtaktiv - tatsächlich wurde er von mehreren Zeugen am helllichten Tag gesehen.
Eine solche Gelegenheit wurde von Madeline Tolentino und ihren Nachbarn in der Gemeinde Campo Rico (Gemeinde Canovanas) miterlebt.
Sie alle beobachteten, wie es um 15:00 Uhr nachmittags eine Straße entlangging (!). Als sie sich ihm näherten, rannte die Kreatur „mit einer fantastischen Geschwindigkeit" davon und entkam. Die Morde sind ein großer Verlust für die Bauern, und die Situation hat den Präsidenten der Landwirtschaftskommission des Repräsentantenhauses von Puerto Rico, Juan E. [Kike] Lopez, dazu veranlasst, eine Resolution einzubringen, in der eine offizielle Untersuchung zur Klärung der Situation gefordert wird.
Zu diesem Zeitpunkt wurde ich darauf aufmerksam

gemacht, dass mindestens zwei dieser Kreaturen von Regierungsbeamten, sowohl von der US-Bundesregierung als auch von der puertoricanischen Regierung, gefangen (!) wurden. Sie wurden vor dem 6. und 7. November gefangen genommen, einer von ihnen in der Stadt San Lorenzo im mittleren Osten von Puerto Rico; der andere im National Carribean Rain Forest in El Yunque im Osten. Beide lebten und wurden angeblich von Spezialpersonal in die Vereinigten Staaten gebracht. Unsere Regierung leugnet weiterhin die Tatsachen, doch unsere Leute nehmen wahr, dass sie belogen werden. Die Tötungen und Begegnungen mit diesen Kreaturen gehen weiter. Wahrscheinlich liegt es daran, dass die Vorfälle mit UFOs in Verbindung gebracht werden, dass die Regierung weiterhin die Tatsachen vertuscht.

SICHTUNGEN

Leuchtende ovale und pyramidenförmige UFOs wurden in der Nähe gesehen, wo Tiere verstümmelt und ohne Blut gefunden wurden. Diese wurden in den Städten Cabo Rojo, Canovanas, Ponce und Naranjito gemeldet – weit voneinander entfernt.
In Barrio Hato beobachtete die Familie Rojas ein UFO. Ein Pferd und mehrere Ziegen wurden kurz nach der Beobachtung verstümmelt aufgefunden.

Am 18. November 1995 positionierte sich eine leuchtende Scheibe mit einem Durchmesser von etwa 40 Fuß und einer Reihe dunkler "Fenster" um ihren mittleren Rand über den Antennen von Radio Procer, einem Radiosender in der Stadt Barranquitas im Zentrum von Puerto Rico . Gleichzeitig spielte die elektronische Ausrüstung der Station verrückt, die Zifferblätter spielten einfach verrückt.
Unglaublicherweise schaltete sich ein veraltetes Gerät aus dem Jahr 1957, das auf der Station gelagert wurde, selbst ein.
Noch erstaunlicher war die Tatsache, dass der Apparat nicht an eine Stromquelle angeschlossen war. Dieser Vorfall wurde in den Medien diskutiert, da viele Bewohner dieser Gegend das UFO sahen, als es über der Station schwebte. Leider unterdrückten Fernsehen, Radio und Nachrichtenmedien die Informationen über mehrere Begegnungen – einige von Bewohnern neben dem Radiosender. Kanal 4 [WAPA TV] und Kanal 11 [Tele 11] berichteten über den Vorfall, versäumte es jedoch, die Anwesenheit von Kreaturen während der Sichtung zu erwähnen. Dies impliziert eine Vertuschung durch die Medien.

Eine Zeugin beobachtete die Kreatur Anfang November auch in der Gemeinde Canovanas. Die ABE sprang oder flog und fuhr über ihrem Auto in ein rundes leuchtendes Objekt ein.

GENETISCHE MANIPULATIONEN

Die Berichte legen eine Verbindung zwischen den ABEs und UFOs oder außerirdischen Phänomenen nahe.
Aber wir können die Möglichkeit nicht ausschließen, dass die ABEs auch das Produkt hochentwickelter genetischer Manipulationen durch menschliche Agenturen sein können.
Ein chinesisch-russischer Wissenschaftler namens Dr. Tsian Kanchen hat genetische Manipulationen durchgeführt, die neue Arten elektronisch gekreuzter pflanzlicher und tierischer Organismen hervorgebracht haben. Kanchen entwickelte ein elektronisches System, mit dem er das bioenergetische Feld der DNA lebender Organismen aufnehmen und elektronisch auf andere lebende Organismen übertragen kann. Auf diese Weise hat er unglaubliche neue Enten-/Hühnerrassen geschaffen, mit körperlichen Merkmalen beider Arten; Ziegen/Kaninchen und neue Pflanzenzüchtungen wie Mais/Weizen, Erdnüsse/Sonnenblumenkerne und Gurken/Wassermelonen. Diese werden hergestellt, indem die genetischen Daten verschiedener lebender Organismen, die in ihren bioenergetischen Feldern enthalten sind, mittels biologischer Verknüpfung mit ultrahohen Frequenzen verknüpft werden. Wenn die Russen diese Technologie entwickelt haben, dann zweifellos auch die USA und andere Mächte. Daher ist es durchaus möglich, dass die „Chupacabras" oder ABEs von Menschen entwickelt worden sein könnten.

EXPERIMENTE UND BLUTTESTS

Puerto Rico ist seit Jahrzehnten Schauplatz zahlreicher Experimente der Vereinigten Staaten über die Bevölkerung und das Territorium der Insel. Beispiele hierfür finden sich in den Experimenten mit Talidomida und Antikonzeptiva an unseren Frauen, die in den 1950er Jahren zur Geburt vieler missgebildeter Kinder führten. Der tödliche „Orange-Agent" und andere auf Dioxin basierende Chemikalien wurden an mehreren Orten auf der Insel getestet, ebenso wie Gammastrahlungstests in unseren Wäldern.
Aus diesem Grund können wir die "Möglichkeit" nicht ausschließen, dass jemand in unserem Land mit neuen und fortschrittlichen Genprodukten experimentiert. Die ABEs könnten die Folge sein – und sind schief gelaufen … wer weiß? Vielleicht sind die Kreaturen entkommen und jemand hat die Kontrolle über die Situation verloren?

Wir haben angeblich Blutproben von einer der Kreaturen erhalten, die entdeckt wurde, nachdem sie über einen Zaun gesprungen und gestolpert war. Dies geschah am 3. Oktober 1995 um 21.00 Uhr in Campo Rico in Canovanas. Zwei Tage zuvor hatte ein Polizist eine der Kreaturen in Camp Rico erschossen, die von der Stelle geflohen war. Das Blut könnte durchaus von dieser ABE stammen.
Wir fuhren fort, die Blutprobe zu einem Facharzt und hoffentlich zur DNA-Analyse zu bringen. Diese Tests werden derzeit in den USA durchgeführt, aber hier sind die vorläufigen Ergebnisse.

PROBE 1. Die ursprüngliche Blutprobe schien ähnliche Eigenschaften wie menschliches A-Typ-Blut mit Rh-Faktor aufzuweisen. Weitere Analysen waren diesbezüglich nicht schlüssig.

PROBE 2. Andere Analysen des Blutes und der damit verbundenen Materie in der Probe zeigten einen Materialgehalt vergleichbar mit Kot mit Detritus, E.Coli-Bakterien, Würmern und anderen Parasiten. Auch pflanzliches Zellmaterial wurde gefunden. Der Inhalt war vergleichbar mit Fällen, in denen es um ein verletztes Tier oder einen Menschen mit offenen Wunden im Darm ging, durch die eine Blutung ausgetreten war.

PROBE 3. Die bisherige genetische Analyse hat ergeben, dass das Blut in keiner Weise mit menschlichem Blut oder einer der Wissenschaft bekannten Tierart kompatibel ist. Das Spurenverhältnis von Magnesium, Phosphor, Calcium und Kalium ist mit dem des normalen menschlichen Blutes unverträglich, es ist viel zu hoch. Das Albumen/Glouline [RG-Verhältnis] war ebenfalls inkompatibel. Die gefundenen Verhältnisse lassen keine Kompatibilität der Analyseergebnisse mit denen bekannter Tierarten zu.

Derzeit können wir die Probe keinem irdischen Organismus zuordnen. Daher könnte es durchaus das Produkt einer hochentwickelten genetischen Manipulation sein, ein Organismus, der unserer eigenen Umgebung fremd oder vielleicht außerirdisch ist. Andere vorläufige Tests zu Subtypen und genetische Analysen sind noch nicht schlüssig, aber die bisherigen Ergebnisse implizieren, dass die Proben von einem unbekannten Organismus stammen.

Desinformation und Verschleierung

Offensichtlich wäre das außerirdische Potenzial für die US-amerikanischen und puertoricanischen Behörden schwer zu erklären und hat zu einem Desinformationsprogramm geführt, durch das die Regierungsbehörden die „bereits diskreditierten" offiziellen Erklärungen über wilde Hunde, Paviane, Affen und andere exotische oder satanische Tiere verbreiten Kulte als diejenigen, die zu diesen Handlungen fähig sind. Dies wurde durch bestimmte „Medienjoker" verstärkt, die sensationell gemacht und die Situation auf die leichte Schulter genommen haben. In vielen Fällen wurde Spott als „Waffe" gegen ernsthafte Zeugen eingesetzt. Andere Desinformations- und Entlarvungskampagnen schienen von den US-Geheimdiensten über UFO-Gruppen organisiert worden zu sein. Seriöse Ermittler haben ihre Glaubwürdigkeit in Mitleidenschaft gezogen. Mindestens zwei Gruppen verbreiten Informationen über die Medien – und verbreiten Panik, wenn sie davon erzählen, wie die...„

Es ist klar, dass jemand, der offenbar mit den Geheimdiensten in Verbindung steht, beabsichtigt, eine Panik auszulösen, während gleichzeitig jemand aus unbekannten Gründen versucht, zu verhindern, dass diese alarmierende Situation die ernsthaften Teile der Medien in den Vereinigten Staaten erreicht. Auf der einen Seite haben wir die falschen UFO-Untersuchungsgruppen, die vom US-Geheimdienst in Puerto Rico geschaffen wurden, um die Medien mit lächerlichen Geschichten zu desinformieren und zu berauschen. Auch eine Crew der US-TV-Show „Inside

Edition" besuchte Puerto Rico, um über die Chupacabras zu berichten, aber es war für jeden hier offensichtlich, dass sie versuchten, einen der Zeugen lächerlich zu machen. Jose Soto, Bürgermeister der Stadt Canavanas, hatte einen heftigen Streit mit den Produzenten, die auch versuchten, ihn lächerlich zu machen. Unsere Organisation wurde auch dummen Fragen ausgesetzt.

Dies ist nicht das erste Mal, dass dieses spezielle Programm die Glaubwürdigkeit unseres Studienprogramms beeinträchtigt hat, viele erinnern sich noch an die wichtigen UFO-Sichtungen in Fyffe County, Alabama, 1990. Das Fernsehprogramm hat die Zeugen und Fallakten grob verspottet. Das sollte Ermittler in den USA alarmieren. Die Ereignisse in Puerto Rico mögen gute Gründe für Diskussionen liefern, und sie sind zu wichtig, um sie vor der Öffentlichkeit zu verbergen.

SPEZIELLES UPDATE

Graham Sheppard, ein erfahrener Flugzeugpilot und enger Mitarbeiter des Autors Timothy Good, verbrachte im Januar mehrere Tage auf der Insel, um die Chupacabras und UFO-Sichtungen zu untersuchen. Seine Forschungen haben ergeben, dass Sichtungen sowohl tagsüber als auch nachts stattfinden. Das Interesse der Medien ist jetzt so groß wie nie zuvor, und eine in Miami ansässige Zeitung hat Gespräche mit der örtlichen Polizei geführt.
Sheppard erfuhr weiter, dass bewaffnete Polizeipatrouillen nun nach den Chupacabras suchen. Der Ermittler hat weitere interessante Daten über die Kreatur erhalten. Die Kreatur

scheint eine Form von Reptilien- oder Insektenhybriden zu sein, und Beamte schließen die Möglichkeit nicht aus, dass es sich um eine Art Dinosaurier handeln könnte – möglicherweise unbekannt für den Menschen. Gipsabdrücke seiner Fußabdrücke wurden angefertigt und zeigen drei Krallen, die ungefähr so groß sind wie ein großer Hund. Es gab weitere Angriffe auf Hunde (darunter eine Deutsche Dogge) und Kaninchen. Diese ereigneten sich etwa zwanzig Meilen nördlich von Cabo Roco in Maya Guez. Sheppard bemerkt auch, dass täglich Berichte über UFOs und die Kreatur in der lokalen Presse erscheinen. „Die Behörden stecken in der Klemme", kommentierte er. Die US-Forscherin und Fernsehproduzentin Linda Moulton Howe ist jetzt auf der Insel, um viele der Berichte zu untersuchen. In der Zwischenzeit hofft Graham, weitere Informationen von Einheimischen und Beamten auf der Insel zu erhalten. Er ist jetzt auf der Insel und untersucht viele der Berichte. [28]

Ist Puerto Rico also nun ein Hotspot für unerklärliche Erscheinungen? Preastronauten sind jedenfalls der Meinung!

Experten stimmen dem UFO Video über Puerto Rico zu[32]

Seit der Veröffentlichung eines Berichts, der ein UFO-Video analysiert, das angeblich von einem Flugzeug der Zoll- und Grenzschutzbehörde (CBP) mit einer Wärmebildkamera aufgenommen wurde, haben Online-UFO-Forscher viele Meinungen geteilt. Mehrere haben alternative Theorien aufgestellt. Die wenigen Experten, die eine Meinung geteilt haben, unterstützen jedoch die Ergebnisse des Berichts.

Der Bericht wurde von einer Gruppe von UFO-Forschern mit wissenschaftlichem und technologischem Hintergrund verfasst, die ihre Ergebnisse auf einer Website namens Scientific Coalition for Ufology (SCU) veröffentlicht haben Robert Powell, einer der Autoren des Berichts, der auch Forschungsdirektor des Mutual UFO Network (MUFON) ist, sagt, sie hätten von einer französischen Organisation namens The Aernautical and Astronatical Association France (3AF) gehört. Sie sind eine wichtige Mainstream-Organisation in Europa, ähnlich dem American Institute of Aeronautics and Astronautics in den Vereinigten Staaten. Powell sagt, dass sie von den Ergebnissen der SCU beeindruckt waren und auch keine Erklärung für das Objekt im Video haben.

Ein weiterer Experte, der eine Stellungnahme zu dem Bericht abgegeben hat, ist Dr. Richard Haines, ein ehemaliger Forschungswissenschaftler der NASA. Er sagte zu Billy Cox von der Sarasota Herald Tribune :
„Aus mehreren Gründen glaube ich nicht, dass es sich um einen Schwindel handelt. Es verdient eine viel ernsthaftere Untersuchung für das, was es uns über

kleinvolumige, im Allgemeinen kugelförmige (dh eingeschlossene), dynamische, Wärme abgebende Ressourcen sagen kann."

Haines ist der Gründer einer gemeinnützigen Organisation namens National Aviation Reporting Center on Anomalous Phenomena (NARCAP) . NARCAP untersucht UFO-Begegnungen aus der Perspektive der Luftsicherheit.

Haines sagte Cox, dass sie 2013 eine Kopie des Videos von einem Zeugen erhalten hätten. NARCAP beschloss jedoch, aufgrund von Fragen darüber, wie das Video erworben wurde, keine Nachforschungen anzustellen.

„Soweit ich weiß, wurde [der eingeschränkte Zugriff] noch immer von niemandem festgelegt", sagt Haines, „und das ist einer der Gründe, warum wir (NARCAP) vor langer Zeit nicht mehr als eine oberflächliche Untersuchung des Videos vorgenommen haben wir haben zuerst davon erfahren.

Wir wollten (und wollen) in dieser Hinsicht sozusagen nach den Regeln spielen (und wollen es immer noch), wenn man bedenkt, dass es sich um geheime Informationen handeln könnte."

Morgan Beall, ein weiteres Mitglied des SCU-Teams, sagte Cox etwas Ähnliches, was er OpenMinds.tv kürzlich in einem Interview auf Open Minds UFO Radio interview sagte .

Cox schrieb: „Laut unserem Zeugen", sagt Beall, der Direktor des MUFON im Bundesstaat Florida, der die Ermittlungen koordinierte, „hat der Geheimdienst der Air Force es wieder heruntergefahren, sagte: ‚Wir wissen nicht, was es ist', und sagte, wir

sollten die 800 anrufen Nummer einer zivilen Forschungsorganisation. Eigentlich gibt es zwei bis drei

Zeugen, und als es kein Interesse von der oberen Ebene zu geben schien, war ihre Haltung, nun, bedeutet das, dass wir frei darüber reden können? Und da begannen die Leaks."

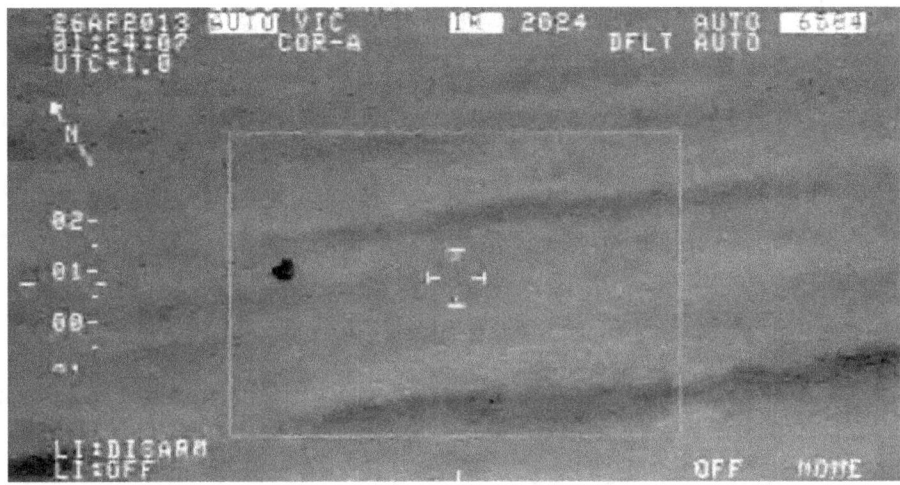

Der Experte mit der größten Erfahrung mit dem genauen Typ des Wärmebildsystems, mit dem das Video aufgenommen wurde, hat darum gebeten, dass sein vollständiger Name und das Unternehmen, für das er arbeitet, nicht gedruckt werden. OpenMinds.tv hatte Zugriff auf seinen Namen und seine persönlichen Daten, und wir konnten seine Identität und Erfahrung bestätigen.

Er sagt jedoch, dass er immer noch an Regierungsaufträgen arbeitet und seine Karriere nicht gefährden wollte, aber er und seine Kollegen finden das Video faszinierend, also wollten sie ihr Fachwissen teilen. Der Name dieses Experten ist Dave, und er sagt, er sei ein „Infrarotspezialist, der mit staatlichen FLIR-Systemen, einschließlich des fraglichen, ziemlich vertraut ist".

Er sagt: „Ich habe 10 Jahre Erfahrung mit Infrarotsystemen und ich habe Tausende von Stunden kombinierter Live- und aufgezeichneter Videos angesehen."

Er sagt: „Das Fehlen eines offensichtlichen Antriebssystems und die Hitze, die es erzeugt, ist ziemlich faszinierend. Die Bewegung des Objekts ist untypisch für das, was ich im Allgemeinen in Infrarotvideos sehe; es bewegt sich eher wie ein Projektil."

Dave glaubt auch nicht, dass das Video gefälscht ist. Er schreibt: „Meiner Meinung nach ist das Video legitim, es wäre ziemlich schwierig zu fälschen. Das Video entspricht der manuellen Verfolgung eines in der Luft befindlichen Objekts."

Dave sagt, dass er und seine Kollegen, die sich alle für das Video interessieren, nicht wissen, was das Objekt ist. Marc D'Antonio, Foto- und Videoanalytiker von MUFON, sagt, dass er glaubt, dass das Objekt ein Ballon sein könnte. Eines der Hauptargumente der SCU-Forscher, die dies ihrer Meinung nach ausschließen, ist die Geschwindigkeit, mit der sich das Objekt bewegt. D'Antonio sagt jedoch, dass sie die Geschwindigkeit falsch verstanden haben. Er sagt, dass das Objekt näher ist, als es aussieht, und wenn das Objekt hinter Bäumen und anderen Objekten zu verschwinden scheint, handelt es sich tatsächlich um eine „Anomalie" des Systems.

D'Antonio sagt, er arbeite mit Wärmebildsystemen und habe diese Art von Videoanomalien schon einmal gesehen.

David ist anderer Meinung. „Ich habe schon früher Ballons am Himmel mit IR beobachtet und sie verhalten

sich anders als im Video dargestellt. Sie neigen dazu, „auf der Thermik zu reiten" und steigen – oder fallen – willkürlich. Das hängt natürlich von den jeweiligen Winden, dem noch vorhandenen Auftrieb und der Größe des Ballons ab.
Dieses Objekt scheint einen bestimmten Weg zu haben und es ist in der Natur seiner Reise fast linear. Zugegeben, das Flugzeug bewegt sich, zusammen mit der FLIR, die sich kontinuierlich nach links dreht, und es kann leicht sein, die Orientierung zu verlieren. Aber was mich interessiert, ist die scheinbare Geschwindigkeit des Objekts und die Hitze."
Dave sagt, dass dieses Objekt im Vergleich zu den anderen Wärmequellen im Video, wie den Autos und Flugzeugen auf dem Rollfeld, viel zu heiß ist, um ein Ballon zu sein.

Er fuhr fort: „Was das Ein- und Ausblenden des Objekts betrifft, verstehe ich nicht ganz, worauf sich die Herren beziehen. Es gibt ein heißes Objekt, das sich durch den Himmel bewegt, mit allen möglichen schwankenden Hitzeszenen im Hintergrund. Es scheint wenig bis gar nichts an automatischer Verstärkung oder automatischem Pegel zu geben, bei dem die IR-Kamera subtile Anpassungen an Verstärkung/Pegel vornimmt, um das Bild zu verbessern. Es scheint ziemlich konsistent zu sein. Daher würde ich davon ausgehen, dass das Objekt, wenn es ein- und ausgeblendet wird, sich hinter Bäumen, Nebel, Gebäuden usw. befindet."
Ein weiteres Argument war, dass das Objekt tatsächlich ein Vogel ist. Das gründlichste Argument für diese Theorie stammt von einem paranormalen Ermittler namens Chriss Pagani.

Sie veröffentlichte ihre Analyse auf ihrer Website U Debunked It .

Ähnlich wie D'Antonio hat sie das Gefühl, dass die SCU-Gruppe die Geschwindigkeiten falsch verstanden hat. Sie glaubt, dass das Objekt näher ist und sich langsamer bewegt, und sie glaubt auch, dass Flügel im Video zu sehen sind. Ihre Theorie erklärt auch einen seltsamen Teil im Video, wo das Objekt sich in zwei Teile zu teilen scheint. Sie sagt, der Vogel sei höchstwahrscheinlich auf dem Wasser gelandet und das Wasser auf den Flügeln habe dazu geführt, dass er abgekühlt sei und auf dem Video nicht zu sehen sei.

An diesem Punkt hoben zwei Vögel ab und ließen es erscheinen, als ob das Objekt in zwei Teile geteilt wurde.

Auch Dave widerspricht dieser Theorie. Er glaubt jedoch, dass Pagani einige gültige Punkte macht.

Dave schrieb: „Lassen Sie mich zunächst sagen, dass Chriss darauf hinweist, dass das FLIR das fragliche Objekt nicht verfolgt. Das ist richtig. Sie sagt, dass es stattdessen die Entfernung zum Boden verfolgt, wobei die Entfernung unten in der Mitte rechts steht (in Seemeilen).

Das stimmt auch. Selbst wenn das Objekt vom FLIR verfolgt würde, bezweifle ich sehr, dass [das Objekt] eine Rückmeldung an den Laser-Entfernungsmesser geben würde, der zur Berechnung der Triangulation verwendet wird. Ein Schiff – ja. Ein Flugzeug – ja. Dieses kleine Objekt, das sich in einem anderen Winkel bewegt – auf keinen Fall.

Es gibt meiner Meinung nach wirklich keine Möglichkeit, die Geschwindigkeit des Objekts in diesem Video zu bestimmen.

Für mich ist es wirklich egal, wie schnell es unterwegs ist – das ist nicht relevant für das, was an diesem Objekt seltsam ist." Bezüglich der Flügel argumentiert Pagani: „Einige Leute haben eingewandt, dass man keine Flügel sehen kann, aber man kann es – nur an bestimmten Stellen. Sie müssen bedenken, dass dies ein Infrarotvideo ist; es liest Wärmesignaturen. Da Flügel dünn sind und eine geringe Vaskularisierung aufweisen, haben sie eine sehr geringe Wärmesignatur. Für Infrarot sind sie fast unsichtbar." "Nein. Hier liegt sie falsch", sagt Dave. „Aber nehmen wir mal an, sie hatte Recht. Würden die kühlen Flügel dann nicht tatsächlich die Körperwärme blockieren?

Wie kann sie das kreisförmige Aussehen des Objekts rechtfertigen, wenn die großen coolen Flügel im Weg sind? Diese coole Flügeltheorie ist nur Spekulation ihrerseits. Die Wahrheit ist, dass die Flügel eines großen Vogels für eine IR-Kamera deutlich sichtbar sind. Ich weiß das genau, weil ich die ganze Zeit Geier, Reiher, Fischadler und alle Arten von Vögeln bei der Arbeit im Flug sehe. Wenn wir das nächste Mal ein System draußen betreiben, werde ich mich um ein Video für Sie kümmern. Sie können ihnen dabei zusehen, wie sie die Thermik reiten und dabei die Richtung und Körperhaltung entsprechend ändern. In dem Wissen, dass die Flügel tatsächlich sichtbar sind, würde dieses Objekt sie zeigen, wenn es ein Vogel wäre. Selbst wenn es den ganzen Weg gleiten würde, würde es dann nicht kreisförmig aussehen, Dave fügt hinzu: „Das erste, was auffällt, ist die lineare Natur der Bewegung des Objekts. Das ist bei keinem Vogel normal, den ich gesehen habe. Es scheint keine Höhenschwankungen zu geben, wie dies bei den meisten Vögeln beim

Flügelschlagen der Fall ist. Es gibt keine wirkliche Richtungsänderung. Das ist das Seltsamste daran. Dann gibt es die Wärmesignatur selbst. Was ist kreisförmig, bewegt sich in einer linearen Richtung und hat keine offensichtlichen beweglichen Teile oder Flügel? Bei dieser Hitze – die etwa so heiß ist wie ein Düsentriebwerk oder ein Autoauspuff? Kein Vogel."

Ein anderer Vorschlag war, dass das Objekt eine Art Drohne ist, aber Dave hat das ebenfalls ausgeschlossen. Er sagt: „Ich bezweifle, dass das Objekt eine menschengemachte Drohne ist, aufgrund der Geschwindigkeit, mit der es sich bewegt, und der fehlenden Neigung. Ganz zu schweigen davon, dass es nachts geflogen wird und die Entfernung, die es zurücklegt."

Dave sagt, dass er und seine Kumpels im „Laden" nicht wissen, was das Objekt im Video ist. Er sagt: „Niemand kennt FLIRs so gut wie wir und es ist nichts, was wir zuvor gesehen haben."[30]

Aber Flugschiffe wurden nicht nur hier gesichtet, welche aus dem Meer steigen und wieder im Meer versinken! Lars A. Fischinger hat in seinem Bericht über USO's einige Fakten festgehalten!

USOs - unbekannte Objekte im Meer! Kaum jemand kennt dies Phänomen, und doch ist es nicht minder interessant als das Thema UFO. Auch in den Gewässern der Welt geht es unheimlich zu.

Fast jeder kennt UFOs – unbekannte Flugobjekte - jene mythischen Erscheinungen am Himmel, die zahlreiche Autoren als außerirdische Raumfahrzeuge ansehen und die seit Jahrhunderten, wenn nicht Jahrtausenden am Himmel gesehen werden.

Doch die Erde ist zu sieben Zehnteln von Wasser bedeckt; Ozeane und Meere machen die Erde eigentlich zu einem blauen und nicht grünen Planeten. Die bis zu elf Kilometer tiefen Ozeane haben schon lange die Fantasie der Menschen angeregt. Was alles mag sich auf den Tiefen des Meeresbodens verbergen? Welche rätselhaften Tiere mag es dort unten geben, und mag gar die versunkene Stadt Atlantis wirklich irgendwo auf dem Grund des Ozeans schlummern?

Doch ein fast unbekanntes Phänomen sind die USOs, jene nicht identifizierbaren Meeresobjekte, die in allen Weltmeeren seit langem gesehen wurden und werden. Es handelt sich dabei um eine erstaunlich große Anzahl an Zeugenaussagen von Küstenbewohnern oder Seefahrern, die immer wieder beschrieben haben, dass seltsame Objekte vom Himmel in das Meer stürzten oder geradewegs flogen. Umgekehrt wurden offenbar auch künstliche Körper gesichtet, wie sie aus dem Meer aufsteigen und am Himmel verschwinden. Auch liegen eine Reihe von Aussagen vor, die beschreiben, dass diese USOs unter der Meeresoberfläche fuhren und dabei deutlich eine Beleuchtung zu erkennen war. Ja, selbst Sonarkontakt zu diesen unbekannten Objekten der Meere hat es bereits gegeben.

Aus Skandinavien und auch anderen Teilen der Welt sind auch Fälle bekannt, bei denen diese USOs in Seen oder Flüssen stürzten und verschwanden. In den letzten

Tagen des Zweiten Weltkrieges und in der Nachkriegszeit nannte man diese Objekte auch "Geisterraketen", die immer wieder im Norden Europas in Seen geflogen sein sollen. So etwa im Sommer 1946, als Tausende Menschen solche Geschehnisse beobachten konnten. Damals vermutete man geheime Waffenentwicklungen Russlands, wobei man sich aber fragen muss, warum dann keine Trümmer dieser Technologien auf der Erde gefunden wurden. Auch in den Jahrzehnten nach dem Krieg bis heute kommt es zu solchen Vorfällen in Skandinavien.

Besonders interessant ist, dass raketenförmige Objekte auch im Mittelalter gesehen wurden, wie etwa 1479 über Arabien, wie es die "Chronik des Prodigies" von Conrad Lycosthens beschreibt (Bild unten rechts).

In Schweden fand man 1968 im Uppramensee ein 20 mal 30 Meter großes Loch in der einen Meter dicken Eisschicht. Auch in den Jahren danach rissen die Meldungen darüber nicht ab und Zeugen sahen teilweise auch Objekte in die Gewässer stürzen, die von runden Kugeln von der Größe einer Bowlingkugel bis zu zylindrischen Objekten von einigen Metern Länge reichten.
Man könnte natürlich argumentieren, das seien Asteroiden oder Weltraummüll gewesen. Vor Beginn der Raumfahrt ist Schrott aus dem All natürlich nicht des Rätsels Lösung. Doch herniederstürzende Asteroiden sind mit hoher Wahrscheinlichkeit für eine Reihe dieser und anderer Meldungen aus aller Welt verantwortlich zu machen.

Aber wie ist es mit festen Körpern, die nicht nur in das Meer fallen, sondern auch aus diesem aufsteigen und in ihrer Flugbahn Kursveränderungen aufweisen?

Zu einem seltsamen Vorfall kam es zum Beispiel im Februar 1963 rund 50 Meilen von der Küste Spitzbergens entfernt. Damals befand sich die Nordatlantikflotte der britischen Marine dort im Manöver, als das Radar in zehn Kilometern Höhe plötzlich ein unbekanntes Objekt erfasste. Das UFO wurde auf 35 Meter geschätzt und es gelang nicht, Funkkontakt zu ihm aufzunehmen. So entschloss sich der Kommandierende, Abfangjäger aufsteigen zu lassen.

Die Piloten konnten aus rund zehn Meilen Entfernung beobachten, wie das UFO sehr schnell in steilem Sinkflug auf das Meer zuschoss und dann von ihren Radarschirmen verschwand. Doch genau an der Stelle erfasste nun das Sonargerät der Marine einen Unterwasserkontakt zu einem USO, das sehr schnell weiter in die Tiefe sank und dann auch vom Sonar nicht mehr erfasst werden konnte. Was war hier geschehen?

Ein geradezu dramatischer Fall ereignete sich am 12. November 1887 vor der Küste Neuschottlands nahe Kap Race. Er wurde von dem legendären Phänomene-Forscher Charles Fort dokumentiert. Gegen Mitternacht an diesem Tag konnte die Besatzung der "Le Sibérian" eine riesige Kugel aus Feuer beobachten. Doch das leuchtende Objekt stürzte nicht ins Meer, sondern stieg aus dem Ozean herauf. In nur rund 16 Metern Höhe flog das USO auf das Schiff zu und verschwand dann in Richtung Südosten. Die Zeugen betonten außerdem, dass das seltsame Objekt gegen den Wind geflogen sei. Dieser Vorfall liegt weit über 100 Jahre zurück – er geschah zu einer Zeit, als es keinerlei irdische Technologien gab, die hierfür verantwortlich gewesen sein könnten.

Am 20. Juli 1967 wurde die argentinische Mannschaft der "Naviero" Zeuge einer bis heute nicht geklärten Begegnung mit einem USO. Das Schiff befand sich etwa 120 Meilen vor Kap Santa Marta Grande, Brasilien, als die Männer an Bord aufgeregt ihren Kapitän auf ein über 30 Meter langes UFO am Himmel aufmerksam machten. Das Objekt war offensichtlich metallisch und schimmerte in blau-weißen Farben. Über 15 Minuten lang flog das zylindrische Objekt mit dem Schiff mit - so, als wolle es die Mannschaft beobachten. Doch plötzlich änderte der fliegende Zylinder seinen Kurs und tauchte im Meer unter. Die Mannschaft der "Naviero" und der Kapitän konnten jedoch auch unterhalb der Meeresoberfläche weiterhin ein seltsames Leuchten erkennen.

Ebenfalls 1967, am 4. Oktober, kam es im Hafen von Shag Harbour zu einer unheimlichen Sichtung eines USO. Die Zeugen sahen von der Küste aus, wie auf dem Meer ein seltsames Objekt mit blinkenden, roten und orangefarbenen Lichtern erschien und dann in den Wogen versank. Einige Zeit später erschien das USO erneut und schien nur eine halbe Meile vor der Küste auf den Wellen zu treiben. Neugierig machten sich eine Reihe der Zeugen mit ihren Booten hinaus auf das Meer, um der rätselhaften Erscheinung auf den Grund zu gehen. Doch sie fanden nichts, denn das USO war verschwunden. An der Stelle, wo man das Objekt vermutete, fand sich nur eine aufgewühlte See und gelblicher Schaum auf den Wellen. Auch nach zwei Tagen Suche wurde nichts weiter gefunden.

Ein klassisches UFO konnte ein Kapitän aus den Niederlanden im Jahre 1954 aus dem Meer fliegen sehen. Auf dem Weg nach New York beobachtete er 80 Meilen vor der Küste, wie eine graue, flache Scheibe aus dem Atlantik stieg. Er sah durch sein Fernglas, dass die untere Seite des Fahrzeuges hell leuchtete. Auch habe das USO eine Reihe von Lichtern besessen, die er für Fenster oder Luken hielt.

Zwei Soldaten der US-Air-Force machten im März 1955 eine erstaunliche Beobachtung von ihrem Bomber aus. Damals waren sie über den Bahamas unterwegs, als sie unterhalb ihrer Maschine unter dem Meeresspiegel ein rätselhaftes Leuchten entdeckten. Kurz darauf stieg das "Licht" aus dem Meer heraus, und die Piloten sagen eine Kugel, die gelblich-orange schimmerte. Einige Minuten lang konnten sie beobachten, wie das USO über dem Ozean verharrte, dann Geschwindigkeit aufnahm und in einiger Entfernung über dem Meer verschwand.
In den selben Gewässern kam es bei einem Manöver der US-Streitkräfte 1963 zu einem unglaublichen Vorfall. Der bekannte Flugzeugträger "Wasp", zwei Zerstörer und eine Reihe von U-Booten waren damals Teil eines Marinemanövers im karibischen Meer um die Insel Puerto Rico. Das Sonargerät eines der Zerstörer zeigte plötzlich deutlich, dass eines der U-Boote seinen vorgegebenen Kurs verließ um ein nicht identifiziertes Objekt zu verfolgen. Doch unglaublich war die Geschwindigkeit, mit der sich das USO unter dem Meer bewegte, denn die diese betrug zirka 280 Stundenkilometer. Vier Tage lang versuchten die Soldaten der US-Marine, das unbekannte Objekt zu verfolgen.

Doch immer wieder verschwand es, um dann ebenso plötzlich wieder auf dem Sonar zu erscheinen. Zum Teil erfassten die Geräte das USO in einer Tiefe von 8.000 Metern – damals unglaubliche Leistungen.

Die Berichte über Begegnungen mit Objekten im Meer sind sehr zahlreich. Doch auch Taucher schildern dann und wann, dass sie in den Meeren der Welt auf seltsame und technisch erscheinende Körper getroffen seien. Teilweise sind diese Schilderungen sehr detailliert, vage und mehr als spannend. So etwa im Juli 1965 vor der Küste Floridas nahe Fort Pierce. Dr. Dimitri Rebikoff leitete dort ein Forschungsprojekt, bei denen die Taucher aus bis zu 30 Metern Tiefe Proben bergen sollten um mehr Informationen über die Natur des wichtigen Golfstromes zu erlangen. In der Los Angeles Times schildert Kapitän L. J. Nicholas, der Koordinator der Forschungen, eine unheimliche Begegnung, die Dr. Rebikoff bei einem Tauchgang hatte. Dr. Rebikoff habe dabei ein unbekanntes Objekt in Form einer Art Birne hinter den Fischbänken gesehen:

"Der Form nach haben wir zuerst an eine Art Hai gedacht. Doch Richtung und Geschwindigkeit waren zu stetig. Das Ding schien von einem Autopiloten gesteuert zu sein. Wir haben kein Signal empfangen und können das Objekt daher nicht näher bestimmen."

Auch vor der Küste von Alcocebre im östlichen Spanien kam es zu einem direkten Kontakt mit einem USO. Am 26. Juli 1970 waren Sporttaucher rund 60 Meter weit draußen auf dem Meer in nur maximal zehn Metern Tiefe auf einem Tauchgang, als sie sich plötzlich einem zylindrischen Körper von sechs Metern Länge gegenüber sahen. Neugierig versuchten die Taucher das Objekt zu bewegen, konnten es aber nicht von der Stelle rücken.

Auch versuchten sie mit ihren Tauchmessern die Hülle des Objektes zu zerkratzen, erzielten aber keine Wirkung. Als die Sportler tags darauf erneut das USO aufsuchen wollten, sahen sie ein unbekanntes Fluggerät aus dem Wasser steigen und bei ihrem Tauchgang gelang es ihnen nicht, das USO wiederzufinden - es war fort.
Es lässt sich nicht sagen, wann erstmals USOs gesehen wurden. Gerade bei den frühen Berichten der Seefahrt ist es nicht auszuschließen, dass die antiken Seefahrer einfach nur Asteroiden niedergehen sahen. Das würde aber natürlich nicht erklären, dass diese USOs auch aus dem Meer kommen oder einen Zick-Zack-Kurs fliegen.

Die Norwegische Marine hat unlängst eine ganze Reihe von Berichten über Begegnungen mit Phantom-U-Booten veröffentlicht. Und das Erstaunliche ist dabei, dass die königliche Marine Norwegens bei 42,8 Prozent der Berichte davon ausgeht, dass es sich nicht um Spionage-U-Boote gehandelt haben kann - es waren also wirkliche USOs.

In den Gewässern Skandinaviens gab es in den letzten Jahrzehnten regelrechte Jagden auf die unbekannten Gefährte. So etwa am 1. Juni 1958. An diesem Tag stürzte um 11:58 Uhr ein "Flugzeug" in den Alta Fjord und schien in dem 70 Meter tiefe Wasser zu versinken. Die Zeugen Björn Taraldsen, Nils M. Turi, Kate Julsen und Rasmus Hykkerud beschrieben das Objekt als Maschine mit Deltaflügeln, die einem Jet mit zwei Triebwerken ähnelte. Die Norwegische Marine schickte die Fregatte "KNM Arendal", das U-Boot "KNM Sarpen" und eine Reihe von Tauchern in das Gebiet. Doch sie fanden nichts. Jedoch gelang es der Fregatte, unterhalb der

Meeresoberfläche Sonarkontakt zu einem Fahrzeug unbekannter Herkunft zu bekommen. Ein Flugzeug konnte hier also nicht abgestürzt sein.

Am 27. April 1983 kam es im Hunes Fjord, im Hardanger Fjord und den umliegenden Gewässern zu einer wahren Jagd eines USO. Zeugen meldeten eine Art U-Boot im Fjord und um 13 Uhr rückte die Marine mit der Korvette "KNM Sleipner", zwei U-Booten und einem Flugzeug mit Anti-U-Boot-Raketen vom Typ "Terne" am Ort der Sichtung an. Einen Tag später wurde der Verband noch von der "KNM Oslo" und zwei zusätzlichen Fregatten verstärkt. Um 16:55 kam es an Deck der "Oslo" südlich von Leivik zu einem Kontakt. Als Warnung feuerte sie eine Anti-U-Boot-Rakete ab.
In der Nacht hatte ein weiteres Schiff Sonarkontakt mit einem USO im nahen Selbjörn Fjord, konnte aber aufgrund der nähe ihres U-Bootes nicht reagieren. Reagieren konnte aber, nachdem sie mehrere Kontakte hatte, die "Oslo", die am 30. April eine Mine und eine Rakete auf das unbekannte Objekt abfeuerte.
Doch das vermeintliche Spionage-U-Boot zeigte keine Reaktion und so schoss man nur fünf Minuten später gleich vier weitere Raketen ab, worauf man den Sonarkontakt verlor.
Doch um 16 Uhr schien das USO im Halsenöy zu sein, denn dort schoss man umgehend gleich fünf Raketen ab.
USOs - unbekannte Objekte im Meer.
Kaum jemand
kennt dies Phänomen, und doch ist es nicht minder interessant als das Thema UFO. Auch in den Gewässern der Welt geht es unheimlich zu.

Die Berichte über Begegnungen mit Objekten im Meer sind sehr zahlreich. Doch auch Taucher schildern dann und wann, dass sie in den Meeren der Welt auf seltsame und technisch erscheinende Körper getroffen seien. Teilweise sind diese Schilderungen sehr detailliert, vage und mehr als spannend. So etwa im Juli 1965 vor der Küste Floridas nahe Fort Pierce. Dr. Dimitri Rebikoff leitete dort ein Forschungsprojekt, bei denen die Taucher aus bis zu 30 Metern Tiefe Proben bergen sollten um mehr Informationen über die Natur des wichtigen Golfstromes zu erlangen. In der Los Angeles Times schildert Kapitän L. J. Nicholas, der Koordinator der Forschungen, eine unheimliche Begegnung, die Dr. Rebikoff bei einem Tauchgang hatte. Dr. Rebikoff habe dabei ein unbekanntes Objekt in Form einer Art Birne hinter den Fischbänken gesehen:

"Der Form nach haben wir zuerst an eine Art Hai gedacht. Doch Richtung und Geschwindigkeit waren zu stetig. Das Ding schien von einem Autopiloten gesteuert zu sein. Wir haben kein Signal empfangen und können das Objekt daher nicht näher bestimmen."

Auch vor der Küste von Alcocebre im östlichen Spanien kam es zu einem direkten Kontakt mit einem USO. Am 26. Juli 1970 waren Sporttaucher rund 60 Meter weit draußen auf dem Meer in nur maximal zehn Metern Tiefe auf einem Tauchgang, als sie sich plötzlich einem zylindrischen Körper von sechs Metern Länge gegenüber sahen. Neugierig versuchten die Taucher das Objekt zu bewegen, konnten es aber nicht von der Stelle rücken. Auch versuchten sie mit ihren Tauchmessern die Hülle des Objektes zu zerkratzen, erzielten aber keine Wirkung. Als die Sportler tags darauf erneut das USO aufsuchen wollten, sahen sie ein unbekanntes Fluggerät aus dem

Wasser steigen und bei ihrem Tauchgang gelang es ihnen nicht, das USO wiederzufinden - es war fort.

Es lässt sich nicht sagen, wann erstmals USOs gesehen wurden. Gerade bei den frühen Berichten der Seefahrt ist es nicht auszuschließen, dass die antiken Seefahrer einfach nur Asteroiden niedergehen sahen. Das würde aber natürlich nicht erklären, dass diese USOs auch aus dem Meer kommen oder einen Zick-Zack-Kurs fliegen.

Die Norwegische Marine hat unlängst eine ganze Reihe von Berichten über Begegnungen mit Phantom-U-Booten veröffentlicht. Und das Erstaunliche ist dabei, dass die königliche Marine Norwegens bei 42,8 Prozent der Berichte davon ausgeht, dass es sich nicht um Spionage-U-Boote gehandelt haben kann - es waren also wirkliche USOs.

In den Gewässern Skandinaviens gab es in den letzten Jahrzehnten regelrechte Jagden auf die unbekannten Gefährte.

So etwa am 1. Juni 1958. An diesem Tag stürzte um 11:58 Uhr ein "Flugzeug" in den Alta Fjord und schien in dem 70 Meter tiefe Wasser zu versinken. Die Zeugen Björn Taraldsen, Nils M. Turi, Kate Julsen und Rasmus Hykkerud beschrieben das Objekt als Maschine mit Deltaflügeln, die einem Jet mit zwei Triebwerken ähnelte. Die Norwegische Marine schickte die Fregatte "KNM Arendal", das U-Boot "KNM Sarpen" und eine Reihe von Tauchern in das Gebiet. Doch sie fanden nichts. Jedoch gelang es der Fregatte, unterhalb der Meeresoberfläche Sonarkontakt zu einem Fahrzeug unbekannter Herkunft zu bekommen. Ein Flugzeug konnte hier also nicht abgestürzt sein.

Am 27. April 1983 kam es im Hunes Fjord, im Hardanger Fjord und den umliegenden Gewässern zu einer wahren Jagd eines USO. Zeugen meldeten eine Art U-Boot im Fjord und um 13 Uhr rückte die Marine mit der Korvette "KNM Sleipner", zwei U-Booten und einem Flugzeug mit Anti-U-Boot-Raketen vom Typ "Terne" am Ort der Sichtung an. Einen Tag später wurde der Verband noch von der "KNM Oslo" und zwei zusätzlichen Fregatten verstärkt. Um 16:55 kam es an Deck der "Oslo" südlich von Leivik zu einem Kontakt. Als Warnung feuerte sie eine Anti-U-Boot-Rakete ab.

In der Nacht hatte ein weiteres Schiff Sonarkontakt mit einem USO im nahen Selbjörn Fjord, konnte aber aufgrund der nähe ihres U-Bootes nicht reagieren. Reagieren konnte aber, nachdem sie mehrere Kontakte hatte, die "Oslo", die am 30. April eine Mine und eine Rakete auf das unbekannte Objekt abfeuerte. Doch das vermeintliche Spionage-U-Boot zeigte keine Reaktion und so schoss man nur fünf Minuten später gleich vier weitere Raketen ab, worauf man den Sonarkontakt verlor. Doch um 16 Uhr schien das USO im Halsenöy zu sein, denn dort schoss man umgehend gleich fünf Raketen ab.

Dann blieb alles ruhig - bis Mitternacht, denn da erschien das USO wieder auf den Sonargeräten. Diesmal wieder etwas südlich von Leivik und sogleich wurde es beschossen. Am folgenden Tag spitzte sich die Lage zu: am 1. Mai um 16:20 Uhr gab es im Skanevjks Fjord wieder Kontakt und man schoss diesmal gleich sechs Raketen auf das seltsame Objekt und gleich darauf warf ein Orion-Flugzeug eine Anti-U-Boot-Mine ab. Doch nichts geschah, und die Militärs wurden unruhig. Also entschloss man sich erneut sechs Anti-U-Boot-Raketen abzufeuern – wieder nichts.

In der folgenden Nacht verschwand das USO endgültig. Um 20:30 Uhr wurde von dem Flugzeug die letzte Mine abgeworfen und nachts jagte man mit Minen im Selbjörn Fjord das unbekannt Objekt. Das Katz-und-Maus-Spiel war in dieser Nacht vorbei und das USO zeigte sich nicht mehr. Was hier geschah, ist und bleibt ein Rätsel.

Das Phänomen der USOs hat einen "Schlüsselfall", der zwar bei weitem nicht der erste ist, aber als Anfang angesehen wird.[29]

Die Geheimnisse um die UFO's, welche in Puerto Rico gesichtet wurden, könnten ans Licht kommen, nach der Anfrage einer Gemeinschaft von 55 Wissenschaftlern, die versichern, dass das über das Phänomen aufgezeichnete Material eines der interessantesten ist, das es gibt.
Die Wissenschaftler schickten einen Brief an den Senat der Vereinigten Staaten, in dem sie ihn aufforderten, die Dokumente und Informationen von Dutzenden von Fällen freizugeben, unter denen jedoch die Sichtung von UFOs auf der Insel hervorsticht.
In einem Brief an eine Gruppe von Senatoren wird ein 55-seitiger Bericht der Scientific Coalition for Unidentified Aerial Phenomena (SCU) erwähnt, der diese Wissenschaftler, Ingenieure und Ex-Militärs zusammenbringt.

Der Bericht argumentiert, dass eine Reihe von Bildern, die von einem Flugzeug der US-Zoll- und Grenzschutzbehörde (CBP) über Puerto Rico aufgenommen wurden, die „überzeugendsten" aller UFO-Videos sind, die in letzter Zeit veröffentlicht wurden.

Laut SCU-Sprecher Jonathan Lace zeigen Bilder, die am 25. April 2013 von einem Flugzeug der Nationalen Sicherheit über Puerto Rico aufgenommen wurden, „ein Objekt, von dem angenommen wird, dass es bis zu fünf Fuß lang ist und sich mit einer Geschwindigkeit von bis zu 120 Meilen pro Stunde in Bodennähe bewegt scheinbar in den Ozean eintauchen und sich in zwei Teile teilen. "

„ Es gibt keine Erklärung dafür, dass ein Objekt in der Lage ist, unter Wasser mit mehr als 90 Meilen pro Stunde mit minimalem Aufprall zu fliegen, wenn es ins Wasser eintritt, und in der Luft mit 120 Meilen pro Stunde in geringer Höhe durch ein Wohngebiet ohne Navigationslichter und schließlich in der Lage sein, sich in zwei separate Objekte aufzuteilen. Keine Vögel, keine Ballons, kein Flugzeug und keine bekannten Drohnen haben diese Fähigkeit ", erklärte der SCU im Vorfallbericht.

Zu diesen Schlussfolgerungen kamen die SCU-Wissenschaftler, nachdem sie mehr als tausend Stunden mit der Erforschung des Phänomens verbracht hatten.

In einem Interview mit der Zeitung The Sun sagte Lace, dass das Unternehmen der Ansicht sei, dass die Bilder – von dem, was auf Englisch als UAP oder nicht identifizierte Luftphänomene bekannt ist – von Aguadilla aus dem Jahr 2013 „den überzeugendsten Beweis für ungewöhnliche Flugeigenschaften bieten. dieser UAP „.

Obwohl die Gruppe von Wissenschaftlern keine „offizielle" Position oder Theorie zu dem Fall hat, möchte sie, dass der Senat der Vereinigten Staaten ihnen die Tür öffnet, damit sie die Untersuchung fortsetzen können. Aus diesem Grund schickten sie einen Brief an die Senatoren Mark Warner und Marco Rubio, in dem sie den Senate Select Committee on Intelligence (SSCI) aufforderten, mehr Informationen über UFOs zu veröffentlichen.

„Die SCU ist der Ansicht, dass alle Regierungsdaten zu nicht identifizierten Luft- und Raumfahrtobjekten der Öffentlichkeit zur offenen Untersuchung durch die breitere wissenschaftliche Gemeinschaft zur Verfügung gestellt werden sollten, vorausgesetzt, dass diese Daten die Quellen oder Methoden der Datenerfassung nicht beeinträchtigen." schrieben sie in einer Erklärung.

„Eine gründliche wissenschaftliche Untersuchung solcher Daten könnte wertvolle Informationen sowohl im Zusammenhang mit der nationalen Sicherheit als auch mit der Förderung unseres Verständnisses der Physik, der Luft- und Raumfahrttechnik und unserer Welt aufdecken", fügten sie hinzu.

Diese wissenschaftliche Gemeinschaft hofft, dass ein Pentagon-Bericht über UFOs, der vom Geheimdienstausschuss des Senats angefordert wurde, vor dem 1. Juni veröffentlicht wird.

Senator Rubio ist Autor eines Projekts mit dem Titel Intelligence Authorization Act für das Geschäftsjahr 2021, das am 17. Juni 2020 im Auftrag des Geheimdienstausschusses des Senats vorgestellt wurde und auf der Website des Senats der Vereinigten Staaten veröffentlicht wird.

„Das Komitee unterstützt die Bemühungen der Office of Naval Intelligence Task Force, das Office of Naval Intelligence zu standardisieren, um die Erfassung und Meldung nicht identifizierter Luftphänomene zu standardisieren", sagt er.[33]

In einem Interview mit Fox News äußerte sich der frühere US Geheimdienstchef John Ratcliffe zu Einzelheiten. „Offen gesagt, gibt es weit mehr Sichtungen, als bisher öffentlich bekannt wurden", sagte er. „Und wenn wir über Sichtungen sprechen, sprechen wir über Dinge, die Piloten der Air Force oder der Navy gesehen haben oder von Satelliten beobachtet wurden und die Aktionen zeigen, die schwierig zu erklären sind." Als Beispiele nannte er, Bewegungen, die schwer zu reproduzieren seien. Bewegungen, für die man nicht die nötige Technologie besitze. Oder Objekte, die die Schallmauer ohne einen Knall durchbrochen hätten. Man gehe immer auf die Suche nach plausiblen Erklärungen, so Ratcliffe weiter. Dennoch gebe es Fälle, „in denen wir keine guten Erklärungen für die Dinge haben, die wir gesehen haben." Sobald der Bericht freigegeben werde, könne er ausführlicher über die Thematik reden. Auf die Frage, wo die Sichtungen gemacht worden seien, antwortete Ratcliff: „Weltweit." Und, dass sie über „nur einen Piloten oder nur einen Satelliten oder eine Nachrichtensammlung" hinausgehen würden. „Einige von ihnen sind unerklärte Phänomene und es gibt einige mehr, als bislang veröffentlicht wurden", betonte er noch einmal. [34]

Ebenfalls gibt es Weltweit Fälle, in denen UFO's aus dem Meer kamen oder ins Meer stürzten!

Die Sichtung von UFOs hat eine lange Vergangenheit. Die José-Bonilla-Beobachtung zählt zu einer der ersten dokumentierten Observationen eines nicht identifizierbaren Flugobjekts. Der mexikanische Astronom José Bonilla konnte im August 1883 viele kleinere Objekte vor der Sonnenscheibe beobachten und dokumentieren. Zu dem Zeitpunkt wurde keine logische Erklärung gefunden, mittlerweile haben Forscher der Nationaluniversität Mexikos die Sichtungen als mögliche Bruchstücke eines Kometen eingestuft. Aber auch heute wissen wir bei Weitem nicht alles über das Universum, dementsprechend kommt es immer wieder zu unerklärlichen Sichtungen - die jüngste ereignete sich jetzt vor der Küste Indonesiens. Am Strand von Jangkar Beach filmten Zeugen ein längliches Flugobjekt am Horizont, welches langsam im Wasser verschwindet, eine Art Rauchspur hinter sich herziehend. Die „Landung" erscheint zudem sehr kontrolliert, wie ein Absturz wirkt das ganze Geschehen nicht. Der Chef der indonesischen Weltraumbehörde lässt den Vorfall jetzt untersuchen, ein Team wurde zum betroffenen Ort in Ost-Java entsandt. Eine Insel Richtung westlicher weiter befindet sich übrigens die Touristeninsel Bali. [35]

Fazit
Sollte es eine parallele Evolution gegeben haben, so leben unsere Verwandten weitaus länger auf unseren Planeten und sind uns Milliarden Jahre in der Entwicklung voraus!

Quellenangabe

1. Text Susanne Wagner / Planet- Schule.de
2. PNAS & Since Alert
3. Spiegel Nina Weber und Axel Bojynowski   mit Material von dpa dapd
4. Quarks TV Christina Schmidt
5. Universität Basel

Cordier T.et a.:patterns of eukaryotic diversity from the surface to the   deep-   ocean   sediment Science Advances, Vol.8   Iscue5,2022

Ramirez Llodra, E.Z. Etal: Deep, diverse   and definitely different: uniquw attributes   of the World's largest ecosystem) Biogeoscienes 2010)

Jamieson, A.: The Hadal Zone:life in the   Deepest Oceans (Cambridge Universtity   Press,   United Kingdome 2015) Hekinia,   R.Sea Floor Exploration Scientific Adventures Diving into the   Abyss (Springer Science & Buisiness Media 2014)

Ochsenbauer, L.Tiefsee-reise zu einem   unerforschten Planeten (Kosmos Verlag   2012)

Baker, M. et al.: Tiefer als das Licht (Bergen Museum Press, Universität Bergen, 2007)

Tyler, P. A. (Ed.): Ecosystems of the deep oceans (Elsevier, 2003)

Herring, P.: The Biology of the Deep Ocean (Oxford University Press, USA, 2002)

Who has Walked on the Moon? (NASA)

Black Hole Image Makes History; NASA Telescopes Coordinated Observations (NASA)

Den Geheimnissen der Tiefsee auf der Spur (Bundesministerium für Bildung und Forschung)
James Cameron Completes Record-Breaking Mariana Trench Dive (National Geographic News)
Die Vermessung des Meeresbodens (Earth System Knowledge Platform)
Full Ocean Depth Submersible Limiting Factor (Five deeps expedition)
AUV ABYSS (GEOMAR)
7,000 m Class Remotely Operated Vehicle KAIKO 7000 (Japan Agency for Marine-Earth Science And Technology)
Die Meeresstrategie-Rahmenrichtlinie (MSRL) (Bundesamt für Naturschutz)
Europäisches Forschungsschiffe Infodatenbank (European Reserch Vessels Infobase)

Publikation:
Zuzana Musilova, Fabio Cortesi, Michael Matschiner. WayneI.L. Davies, Jagdish Suresh Patel, Sara M.Stieb, Fanny de Busserolles,
Martin Malmstrom, Ole K. Torresen, CelesteJ. Brown, Jessica K.Mountford, Reuinhold Hanel, deborah L. Stenkamp, , Kietill S. Jakobsen, Karen L.Carleton, Sissel Jentoft, justin Marshall, Walter Salzburger, Vision Using Multiple Distinct Rod Opisins in deep Sea Fishes Science(2019) , DOI:10.11.26/ Science.aav4632

6. Gisela Fritz Planet Schule
7. National Journal of Maxxilofacial Surgery

7.1. Ford GR. BALArishan A. Evans JN, BaileyCM. Astspalten-und Pouchanomalien. J Laryngol Otol 1992; 106:137-43.

7.2. Shin LK, Gold BM, Zelman WH, Katz DS. Fluoroskopische Diagnose einer zweiten Kiemenspaltfistel. AJR Am J Roentgenol 2003;181:285.

7.3. Augustine AJ, Pai KR, Govindarajan R. Kliniken für diagnostische Bildgebung(66). Rechte komplette Kiemenfistel. Singapore Med J 2001;42:494-5.

8. focus.de Christina Steinlein
9. Planet Schule Peter Bernstein
10. Marc Fleischmann Reporter bei Welt.de

11. Graham Sheppard & Steve Wingate
12. Domenik Schönleben vice.com
13. Merkur.de Marcel Görmann
14. octopus.org.nz(content/dna-proves- octopuses-are-aliens
15. Tanja Fieber BR24
16. Zeiten*Schrift*-Druckausgabe Nr. 1.
17. © dpa-infocom, dpa:220623-99-765525/2
18. https://morninglive24.com/
19. Geheimsache UFO, Michael Hesemann, Seite 465
20. Wikipedia
21. morninglive24.com
22. cover-up-newsmagazin.de
23. Patrik Gross
    Bericht von Sebastian Robiou Lamarche, im Ufologie-Magazin *Flying Saucer Review* (FSR), UK.

- Ufologie-Magazin *MUFON UFO Journal*, Seite 3, März 1978.
- „ HUMCAT: Catalogue of Humanoid Reports ", ca. 1977-36, zusammengestellt von David F. Webb und Ted Bloecher, unter Berufung auf Sebastian Robiou Lamarche und Jorge Martin, ca. 1978.
* " Charles Berlitz' World of Strange Phenomena ", Buch von Charles Berlitz, Charles Berlitz und Stoneson Press, Inc., USA, 1988.
* " Les Phénomènes Etranges du Monde ", Buch von Charles Berlitz, Übersetzung von "Charles Berlitz' World of Strange Phenomena", Editions du Rocher, Frankreich, S. 262-263, 1989.
* „Modern Mysteries of the World ", Buch von Janet und Colin Bord, Guild Publishing, UK., Seite 348, 1989.
* " The World's Greatest UFO Mysteries ", Buch von Roger Boar und Nigel Blundell, Hamlyn Publisher, UK, Seite 39, 1995.
* „ UFO Occupant Sightings ", zusammengestellt von Richard H. Hall, ca. 1998, unter www.nicap.org/occupants_hall.htm
* „ UFO Roundup ", zusammengestellt von Joseph Trainor, USA, Band 4, Nr. 36, 30. Dezember 1999.

* „ <u>1977 Humanoid Reports</u> ", zusammengestellt von Albert Rosales, ca. 2001, unter www.ufoinfo.com/humanoid/humanoid1977.shtml

* „ <u>Cuaderno de Fenómenos Paranormales en el Mundo Angloparlante</u> ", zusammengestellt von Scott Corrales, Institute of Hispanic Ufology, in *Arcana Mundi*, Nr. 17, Dezember 2005.

24. journalnews.com. Jorge Martin
25. Wikipedia
26. heise online Martin Holland
27. Text S. 210 bis 365 bei Jorge Martin
28. Docplayer.org / Teygeta
29. Lars A. Fischinger
30. Alejandro Rojas OpenmindsTV
31. UFO Hunters
32. Reuters
33. prinforma.com
34. merkur.de
35. merkur.de Lena Bammert

www.ingramcontent.com/pod-product-compliance
Lightning Source LLC
Chambersburg PA
CBHW052342220526
45465CB00003BA/922